Helmbrecht Bauer

Lasertechnik

Kamprath-Reihe

Prof. Dipl.-Phys. Helmbrecht Bauer

Lasertechnik

Grundlagen und Anwendungen

Vogel Buchverlag

Professor Dipl.-Phys. HELMBRECHT BAUER, 1935 geboren. Abitur über den zweiten Bildungsweg nach einer Lehre bei der AEG als Starkstrommonteur. Physikstudium an der Technischen Hochschule Stuttgart. Ab 1962 im AEG-Forschungsinstitut Frankfurt a. M. Seit 1966 Dozent an der Fachhochschule für Technik Esslingen. Leitung des Labors für Technische Optik. Fachgebiete: Technische Optik, Lasertechnik, Experimentalphysik.

Die Deutsche Bibliothek – CIP-Einheitsaufnahme

Bauer, Helmbrecht:
Lasertechnik: Grundlagen und Anwendungen / Helmbrecht Bauer. – Würzburg : Vogel, 1991
   (Kamprath-Reihe)
   ISBN 3-8023-0437-3

ISBN 3-8023-0437-3
1. Auflage 1991
Printed in Germany
Copyright 1991 by Vogel Verlag und Druck KG, Würzburg
Herstellung: Satz-Offizin Hümmer GmbH, Waldbüttelbrunn
Druck: Wilhelm Röck, Weinsberg

Vorwort

Die Anwendungsgebiete des Lasers dringen immer mehr in die verschiedenen technischen Bereiche ein. Darum werden anwendungsorientierte Kenntnisse der kohärent optischen Erscheinungen für das Studium und den in der Praxis stehenden Ingenieur immer wichtiger. Das Ziel dieses Buches ist es, mitzuhelfen, dieses Bedürfnis zu decken.

Das vorliegende Buch ist aus Vorlesungen entstanden, die ich an der Fachhochschule für Technik Esslingen für Studenten der Fachrichtungen Feinwerktechnik, Maschinenbau, Nachrichtentechnik und Technische Informatik mit unterschiedlichen Schwerpunkten gehalten habe.

Erfahrungsgemäß sind die Vorkenntnisse im Bereich Wellenoptik und Halbleiterphysik in den verschiedenen Fachrichtungen sehr unterschiedlich. Deshalb sind in den Kapiteln «Lichtwelle» und «Optoelektronik» die wichtigsten Grundlagen nochmals angesprochen. Dadurch ist gewährleistet, daß auch bei unterschiedlichen Fachrichtungen auf gemeinsamer Grundlage aufgebaut werden kann.

Bei der Behandlung der verschiedenen Themen wurde auf eine kurze und anschauliche Darstellung mit vielen Abbildungen Wert gelegt. Dabei sind Vereinfachungen zugunsten einer didaktisch vorteilhaften Darstellung erforderlich.

Das Kapitel 2 stellt die Eigenschaften des Lichts im Wellenbild dar, insbesondere auch den für die Lasertechnik wichtigen Begriff «Kohärenz». Im Kapitel 3 werden Grundlagen aus der Atomphysik und der Wechselwirkung von Licht und Materie benötigt. Hier muß das Quantenbild des Lichts benutzt werden. Nach den physikalischen Grundlagen des Lasers werden verschiedene technisch wichtige Lasertypen und Laserbauelemente dargestellt. Im Kapitel «Optoelektronik» steht die Laserdiode im Vordergrund. Dieses Gebiet befindet sich wegen der zunehmenden Miniaturisierung in einer raschen Entwicklung. Das Kapitel «Anwendungen in der Lasermeßtechnik» behandelt eine Auswahl heute technisch wichtiger Verfahren. Jeder Anwender von Laserstrahlung sollte sich auch über die Gefahren, die von einer Laserstrahlung ausgehen, informieren. Dazu soll das letzte Kapitel (Laserstrahlenschutz) anregen, sich mit diesem Thema zu befassen.

Für die Durchsicht des Manuskripts und für konstruktive Kritik danke ich meinem Kollegen Prof. Dr. Rolf Martin. Außerdem möchte ich dem Vogel Buchverlag für die gute Zusammenarbeit danken.

Esslingen   Helmbrecht Bauer

Inhaltsverzeichnis

Vorwort	. . . .	5
1	**Einleitung**	11
2	**Lichtwelle**	13
2.1	Wichtige Begriffe der Wellenlehre	13
2.2	Interferenz	15
2.2.1	Interferenz von gleichgerichteten Wellen gleicher Schwingungsrichtung	15
2.2.2	Interferenz von Wellen mit entgegengesetzter Ausbreitungsrichtung (stehende Wellen)	17
2.2.3	Interferenz von zwei Kugelwellen	18
2.2.4	Interferenz von gleichgerichteten Wellen mit zueinander senkrecht stehenden Schwingungsrichtungen (Polarisationsrichtung)	18
2.3	Beugung	19
2.3.1	Beugungserscheinung	19
2.3.2	Beugung am Spalt	20
2.3.3	Beugung am Doppelspalt	22
2.3.4	Beugung am Gitter	22
2.3.5	Beugung an der Lochblende	24
2.3.6	Auflösungsvermögen eines Fernrohrs	25
2.3.7	Fourier-Formalismus und Fourier-Optik	27
2.4	Polarisation	31
2.4.1	Dipolstrahlung	31
2.4.2	Polarisationsfilter	34
2.4.2.1	Dichroitische Filter (Folienfilter)	34
2.4.2.2	Polarisation durch Reflexion	35
2.4.2.3	Optische Doppelbrechung	38
2.4.2.4	Linearer elektrooptischer Effekt (Pockels-Effekt)	41
2.4.2.5	Faraday-Effekt	42
2.5	Kohärenz	42
2.5.1	Interferenzfähigkeit und Kohärenz	42
2.5.2	Räumliche Kohärenz	44
2.5.3	Zeitliche Kohärenz	46
2.5.4	Laser-Speckle (Granulation des Laserlichts)	48
2.6	Übungsaufgaben	50
3	**Laser als Strahlungsquelle**	53
3.1	Grundlagen aus der Quantenoptik und Atomphysik	53
3.2	Absorptions- und Emissionsvorgänge	57
3.3	Homogene und inhomogene Linienverbreiterung	59
3.3.1	Homogene Linienverbreiterung	59
3.3.2	Inhomogene Verbreiterung (Dopplerverbreiterung)	60
3.4	Lichtverstärker, Einwegverstärkung	62
3.5	Rückgekoppelter Verstärker	65
3.6	Laser	67
3.6.1	Schwelle des Oszillators, Anschwingvorgang	67
3.6.2	Bilanzgleichungen	70
3.6.3	Relaxationsschwingungen (Spiking)	71
3.7	Moden des Lasers	71
3.7.1	Optische Resonatoren	71
3.7.2	Gaußsche Strahlen	77
3.8	Lasertypen	79

3.8.1	Nd : YAG-Laser (Vier-Niveau-Laser)	79
3.8.2	Rubin-Laser (Drei-Niveau-Laser)	83
3.8.3	Helium-Neon-Laser	85
3.8.4	CO_2-Laser	86
3.8.5	Excimer-Laser	89
3.8.6	Edelgas-Ionenlaser	90
3.8.7	Farbstoff-Laser	91
3.9	Wichtige optische Bauelemente der Lasertechnik	93
3.9.1	Laserspiegel	93
3.9.2	Brewster-Platten	93
3.9.3	Raumfrequenzfilter	94
3.9.4	Perot-Fabry-Etalon	94
3.9.5	Elektrooptischer Schalter	96
3.9.6	Akustooptischer Modulator und Deflektor	97
3.9.7	Modenkopplung (Mode Locking)	99
3.9.8	Frequenzverdopplung	100
3.10	Übungsaufgaben	103
4	**Optoelektronik**	**105**
4.1	Einleitung	105
4.2	Bändermodell	105
4.3	Störstellenhalbleiter und pn-Übergang	108
4.4	Laserdiode	114
4.4.1	Aufbau und Wirkungsweise	114
4.4.2	Eigenschaften der Strahlung	118
4.5	Strahlungsempfänger mit Sperrschicht	124
4.5.1	Absorption von Lichtquanten	124
4.5.2	pn-Fotodiode	124
4.5.3	PIN-Fotodiode	126
4.5.4	Anwendungsbeispiele	127
4.5.4.1	Lateraleffekt-Diode	127
4.5.4.2	Quadranten-Fotodiode	129
4.5.5	Lawinen-(Avalanche-)Fotodiode	129
4.6	CCD-Kamera	129
4.7	Übungsaufgaben	133
5	**Anwendungen in der Lasermeßtechnik**	**135**
5.1	Holographie	135
5.1.1	Einleitung	135
5.1.2	Aufnahme eines einfachen Hologramms	137
5.1.3	Rekonstruktion der Objektwelle	140
5.1.4	Experimentelle Bedingungen	141
5.1.5	Holographische Interferometrie	145
5.1.5.1	Doppelbelichtungs- und Echtzeit-Holographie	145
5.1.5.2	Doppelpulsverfahren	148
5.1.5.3	Zeitmittel-Holographie	149
5.1.5.4	Bildauswertung mit Hilfe des Phasenshift-Verfahrens	150
5.2	Speckle-Meßverfahren	153
5.2.1	Einleitung	153
5.2.2	Messung von Oberflächenverschiebungen	154
5.2.3	Elektronische Speckle-Pattern-Interferometrie (ESPI)	156
5.3	Laserdoppler-Anemometrie (LDA)	158
5.3.1	Einleitung	158
5.3.2	Beispiel für einen experimentellen Aufbau	159
5.3.3	Entstehung des Meßsignals durch den Dopplereffekt	160

5.3.4   Deutung mit dem Interferenzstreifen-Modell   160
5.3.5   Auswertung des Dopplersignals   161
5.3.6   Messung der Geschwindigkeitsrichtung   164
5.4   Laserinterferometrie   164
5.4.1   Frequenzstabilisierte Laser   164
5.4.2   Wellenlänge in Luft   166
5.4.3   Interferometrische Längenmessung   167
5.4.3.1   Messung mit einer Wellenlänge   167
5.4.3.2   Heterodyn-Verfahren   168
5.4.4   Interferometrische Geradheitsmessung   169
5.4.5   Optische Mikroprofilometrie und Rauheitsmessung   170
5.5   Übungsaufgaben   170

6   **Laserstrahlenschutz**   173
6.1   Gefahren durch Laserstrahlung   173
6.2   Gefährdung des Auges   173
6.3   Klassifikation der Lasereinrichtungen und Sicherheitsmaßnahmen   175

Verwendete Größen und Formelzeichen   177

Ergebnisse der Übungsaufgaben   181

Literaturverzeichnis   183

Stichwortverzeichnis   186

1 Einleitung

Laser ist die Abkürzung für *Light Amplification by Stimulated Emission of Radiation*, also Lichtverstärkung durch stimulierte Emission von Strahlung. Unter dem Begriff Licht wird meist die Strahlung in den Bereichen Infrarot (IR), sichtbares Licht (VIS) und ultraviolettes Licht (UV) verstanden. Die Lehre von der Erzeugung, Verarbeitung, dem Nachweis und der Anwendung von Licht ist die Optik.

Nach demselben Prinzip wie der Laser arbeitet auch der Maser (M steht für Microwave, Mikrowelle), der zeitlich schon vor dem Laser realisiert war. Laser für langwellige Röntgenstrahlung sind derzeit in der Entwicklung.

Das Gebiet der Laser und Maser und ihre wissenschaftlichen Anwendungen wird auch als Quantenelektronik bezeichnet.

Einen Überblick über das gesamte Spektrum elektromagnetischer Wellen zeigt Tabelle 1.1. Die Einteilung in die verschiedenen Bereiche erfolgt im wesentlichen nach den Erzeugungsmechanismen der Wellen. Die Laser nutzen also zur Strahlungserzeugung molekulare und atomare Übergänge (eine Ausnahme ist der Freie-Elektronen-Laser, der die Strahlung bei der Beschleunigung von Elektronen in magnetischen Feldern nutzt).

Die besondere Qualität der Laserstrahlung wird in der Wellenlehre durch den Begriff *Kohärenz* beschrieben.

Die Nachrichtentechnik (NT) und die Optik entwickelten sich weitgehend unabhängig voneinander. Die NT hat schon immer monochromatische kohärente Wellen benutzt, d.h. Wellen mit einem hohen Ordnungsgrad.

In der Optik stand – aufgrund anderer Erzeugungsmechanismen der Wellen – bei höheren Strahlungsleistungen kein monochromatisches kohärentes Licht zur Verfügung.

Die für den Laser wichtige erzwungene oder stimulierte Emission wurde von A. EINSTEIN im Jahre 1917 in seinem Aufsatz «Zur Quantentheorie der Strahlung» theoretisch eingeführt.

Eine Auswahl einiger Daten zur Geschichte der Entwicklung des Lasers nach M. BERTOLOTTI, «Laser and Masers» [3.6] ist im folgenden dargestellt:

Tabelle 1.1 Spektrum der elektromagnetischen Wellen, ihre Frequenzen, Wellenlängen und Photonenenergien

Frequenz f/Hz	Wellenlänge λ	Photonenenergie $h \cdot f$/eV	Bezeichnung	Erzeugung	
1	$3 \cdot 10^8$ m	$4,1 \cdot 10^{-15}$	Techn. Wechselstrom	Generatoren	
10^3	$3 \cdot 10^6$ m	$4,1 \cdot 10^{-12}$	Radiowellen	Schwingkreis	
10^9	0,3 m	$4,1 \cdot 10^{-6}$	Mikrowellen	Magnetron, Klystron	
10^{12}	0,3 mm	$4,1 \cdot 10^{-3}$	Infrarot (IR)	Rot. schwg. v. Molekülen	MASER
$3,9 \cdot 10^{14}$	780 nm	1,59	sichtbares Licht	Elektronenübergänge in	L A S E R
$7,9 \cdot 10^{14}$	380 nm	3,26	Ultraviolett (UV)	Atomen und Molekülen	
10^{16}	30 nm	41	Röntgenstrahlung		
$3 \cdot 10^{18}$	0,1 nm	$1,2 \cdot 10^4$	γ-Strahlen	Kernschwingungen	
$3 \cdot 10^{20}$	1 pm	$1,2 \cdot 10^6$			

1917	A. EINSTEIN	Theoretische Einführung der stimulierten Emission
1928	R. LADENBURG u.a.	Experimenteller Nachweis der stimulierten Emission
1954	C. H. TOWNES u.a.	Erster Maser (Ammoniakmaser 23,9 GHz)
1958	SCHAWLOW und TOWNES	Vorschlag zur Verstärkung durch stimulierte Emission im optischen Spektralbereich
1960	T. H. MAIMAN	erster Laser (Rubin-Laser) (694 nm)
1961	A. JAVAN u.a.	erster Helium-Neon-Laser (1,15 μm)
1962	R. N HALL et al. M. I. NATHAN et al. T. M. QUIST et al.	erster Halbleiter-Laser (GaAs, 840 nm, gepulst)
1965	KASPER, PIMENTEL	erster chemischer Laser (HCl, 3,8 μm)
1966	P. P. SOROKIN et al. F. P. SCHÄFER et al.	erster Farbstoff-Laser
1977	D. A. G. DEACON et al.	erster Freie-Elektronen-Laser (3,5 μm)

Durch den Laser ist es möglich, Strahlung im IR, VIS und UV bei hoher Strahlungsleistung auch monochromatisch und kohärent zu erzeugen.

Die Anwendungen des Lasers kann man in folgende Gruppen einteilen:
□ Exakte Längenmessung mit dem Laserinterferometer
□ Messung von Strömungsgeschwindigkeiten mit dem Laseranemometer
□ Schwingungsanalysen und Verformungsmessungen mit Hilfe der Holographie
□ Schweißen, Schneiden, Löten, Härten
□ Nachweis von Schadstoffen in der Atmosphäre durch Fernmessung (LIDAR)
□ Schnelle Informationsübertragung mit hoher Datenrate

Aus den angeführten Beispielen folgt:

Laserstrahlung ist also
□ Maßstab (Wellenlänge λ)
□ Uhr (Frequenz f)
□ Werkzeug (hohe Leistungsdichte)
□ schneller Informationsträger (Vakuumlichtgeschwindigkeit ist die höchste Geschwindigkeit im Weltall)

In Verbindung mit dem Computer kann Laserstrahlung als ein sehr schnelles, präzises und universelles Instrument angesehen werden. Computer arbeiten zumindest heute noch elektronisch. Deshalb benötigen wir Ausrüstungen, die

optische Signale in elektrische (optische Sensoren)
und
elektrische Signale in optische (optische Aktoren)

umwandeln. Diese Kopplungsglieder finden wir in der *Optoelektronik*.

Aus Erfahrung wissen wir, daß das Licht der herkömmlichen (klassischen) Lichtquelle – z.B. Sonne, Glühlampe, Kerze – nicht oder nur sehr beschränkt für die genannten Aufgaben geeignet ist.

Der wesentlichste qualitative Unterschied zwischen der Strahlung klassischer Lichtquellen und der des Lasers besteht in der Kohärenz.

Um diese Unterschiede herauszuarbeiten und um *das physikalische Prinzip der verschiedenen Anwendungsfälle zu verstehen*, benötigen wir Grundlagen aus der Wellenoptik und der Atomphysik. Mit diesen Gebieten wollen wir uns zuerst beschäftigen.

Nach dem Thema Kohärenz und einer Darstellung des Laserprinzips werden wir eine Auswahl verschiedener Lasertypen und einige wichtige Anwendungen der Lasertechnik behandeln.

2 Lichtwelle

2.1 Wichtige Begriffe der Wellenlehre

Wir wollen mit einem einfachen Beispiel beginnen (Bild 2.1) und betrachten zunächst eine eindimensionale Welle, die sich in einem wellenleitenden Medium längs der z-Achse mit der Phasengeschwindigkeit c ausbreitet (z. B. längs eines in der z-Achse gespannten Seils). Der Sender habe die Amplitude $\hat{E}$, die Kreisfrequenz $\omega = 2\pi f$ und den Nullphasenwinkel φ_0.

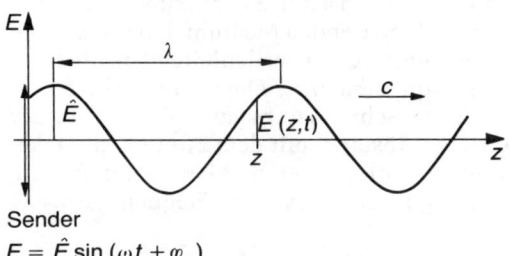

Sender
$$E = \hat{E} \sin(\omega t + \varphi_0)$$

Bild 2.1   Ausbreitung einer Welle in z-Richtung

Hier sollen nur Transversalwellen betrachtet werden, bei denen also die Elongation E (Auslenkung) der Schwingung senkrecht zur Ausbreitungsrichtung erfolgt. Um unterschiedliche Schwingungsrichtungen zu unterscheiden, werden wir später die Elongationen als Vektoren betrachten.

Die Elongation bei z zur Zeit t ist $E(z,t) = \hat{E} \cdot \sin[\omega(t - z/c) + \varphi_0]$, dabei ist z/c die Laufzeit der Welle vom Sender zum Beobachtungspunkt.

Der Weg der Welle während einer Schwingungsdauer $T = 1/f$ ist gleich der Wellenlänge

$$\lambda = c \cdot T = c/f, \quad \text{also ist } c = \lambda \cdot f \quad \text{(Gl. 2.1)}$$

Die Wellenzahl k ist

$$k = \omega/c = 2\pi/\lambda \quad \text{(Gl. 2.2)}$$

Somit gilt für die eindimensionale Welle:

$$E(z,t) = \hat{E} \cdot \sin(\omega t - kz + \varphi_0) \quad \text{(Gl. 2.3)}$$

Mit Hilfe der Eulerschen Gleichung

$$e^{j\theta} = \cos\theta + j\sin\theta,$$

wobei $\quad j = \sqrt{-1}$ ist:

$$E(z,t) = \hat{E} \cdot \text{IM} \{ e^{j[\omega t - kz + \varphi_0]} \}$$

IM bedeutet Imaginärteil des Zeigers in der komplexen Zahlenebene. Anstelle des Imaginärteils könnte man auch den Realteil verwenden.

Bei der Darstellung von Schwingungen und Wellen – und dazu gehört auch die Optik – wird bevorzugt die komplexe Schreibweise verwendet, d. h., eine Welle hat dann folgende mathematische Form:

$$E(z,t) = \hat{E} \cdot e^{j[\omega t - kz + \varphi_0]} \quad \text{(Gl. 2.4)}$$

In der komplexen Zahlenebene stellt dann $E(z,t)$ einen Zeiger der Länge $\hat{E}$ dar, der sich mit der Winkelgeschwindigkeit ω dreht.

Physikalisch meßbare Realität hat natürlich immer nur der Realteil oder der Imaginärteil. Die komplexe Schreibweise läßt sich mathematisch viel leichter handhaben als die trigonometrische Darstellung. Solange Realteil und Imaginärteil nicht miteinander verknüpft werden (wie z. B. bei der Addition, Subtraktion, Differentiation, Integration und Multiplikation mit einem konstanten Faktor), wird das Ergebnis, das durch Trennung in Realteil und Imaginärteil erhalten wird, nicht beeinflußt.

Die *Phase* ist gleich dem Argument der Winkelfunktion, in unserem Beispiel

$$\text{Phase} = \phi = \omega t - kz + \varphi_0$$

Die *Wellenfront* (Wellenfläche oder Phasenfläche) ist der geometrische Ort aller Punkte des Wellenfeldes, die mit gleicher Phase schwingen. Für eine eindimensionale Welle erhält man als Wellenfronten parallele Ebenen. Wir bezeichnen diese daher als ebene Wellen.

Eine Welle transportiert Energie, aber keine Materie. Jedes von der Welle erfaßte Volumenelement ΔV enthält Schwingungsenergie ΔW.

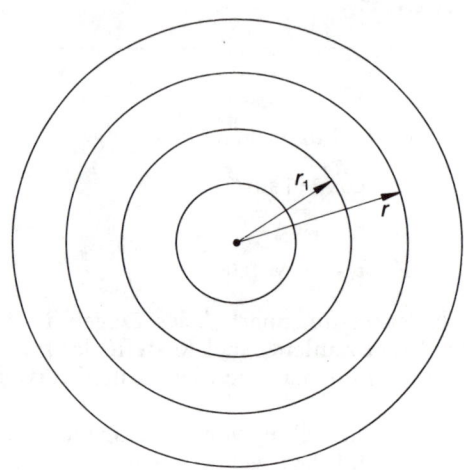

Bild 2.2   Schnitt durch die Wellenfronten einer Zylinderwelle

Aus der Schwingungslehre ist bekannt:

Energie $W \sim$ Quadrat der Amplitude.

Die Energiedichte w_v ist die Energie pro Volumeneinheit, also

$$w_v = \Delta W / \Delta V \sim \hat{E}^2 = E \cdot E^* \qquad \text{(Gl. 2.5)}$$

E^* ist die zu E konjugiert komplexe Größe.

Der Energietransport einer Welle pro Zeiteinheit und je Flächeneinheit ist die Energieflußdichte S. Es wird

$$S = w_v \cdot c \sim \hat{E}^2 \qquad \text{(Gl. 2.6)}$$

Die **Zylinderwelle** (Bild 2.2) ist eine zweidimensionale Welle, die sich radial ausbreitet. Die Energieströme durch die Zylinder der Radien r_1 und r müssen gleich sein. Mit der Zylinderlänge l und der Energieflußdichte S (Intensität) gilt:

$$2\pi r_1 \cdot l \cdot S_1 = 2\pi r \cdot l \cdot S$$
$$S \qquad = S_1 \cdot r_1 / r \sim \hat{E}^2$$

Die Amplitude einer Zylinderwelle sinkt also mit steigendem Radius r:

$$\hat{E} \sim 1/\sqrt{r}$$

Für die Zylinderwelle ergibt sich somit (Zylinderradius r)

$$E_{\text{zyl}} = \left(\hat{E}_{0z} / \sqrt{r}\right) \cdot e^{j(\omega t - k r + \varphi_0)} \qquad \text{(Gl. 2.7)}$$

Analog findet man für die **Kugelwelle** (Kugelradius r)

$$E_{\text{kugel}} = \left(\hat{E}_{0k} / r\right) \cdot e^{j(\omega t - k r + \varphi_0)} \qquad \text{(Gl. 2.8)}$$

Beispiel Dopplereffekt: Mit Hilfe der Wellenfronten läßt sich der Dopplereffekt verstehen.

Bezüglich eines wellenleitenden Mediums, in dem sich die Wellen mit der Phasengeschwindigkeit c ausbreiten, bewegen sich längs einer Geraden ein Sender mit der Geschwindigkeit v_s und ein Empfänger mit v_e. Der Sender sendet in seinem Bezugssystem die Frequenz f_s aus. In Bild 2.3 sind die Wellenfronten mit den Phasen $n \cdot 2\pi$ (Maxima) bezüglich dem wellenleitenden Medium dargestellt. Die Wellenlänge λ_M im wellenleitenden Medium ist richtungsabhängig. Die vom Empfänger beobachtete Schwingungsdauer $T_e = 1/f_e$ ist der zeitliche Abstand, mit dem zwei Maxima den Empfängerort passieren. Man erhält für die vom Empfänger registrierte Frequenz f_e:

$$f_e = 1/T_e = \frac{c - v_e}{\lambda_M} = \frac{c - v_e}{c - v_s} \cdot f_s$$

Bei dieser Schreibweise werden die Geschwindigkeiten v_s, c, v_e positiv gezählt, wenn sie nach rechts $(+z)$ gerichtet sind.

Der *Dopplereffekt des Lichts* muß mit Hilfe der speziellen Relativitätstheorie berechnet werden. Beim Licht entfällt im Vakuum ein wellenleitendes Medium, deshalb kann jedes

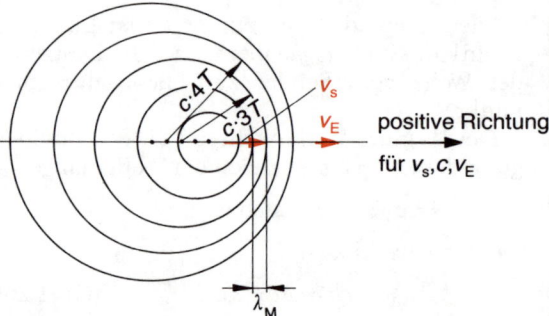

Bild 2.3   Dopplereffekt: Wellenfronten bei einem bewegten Sender in einem wellenleitenden Medium

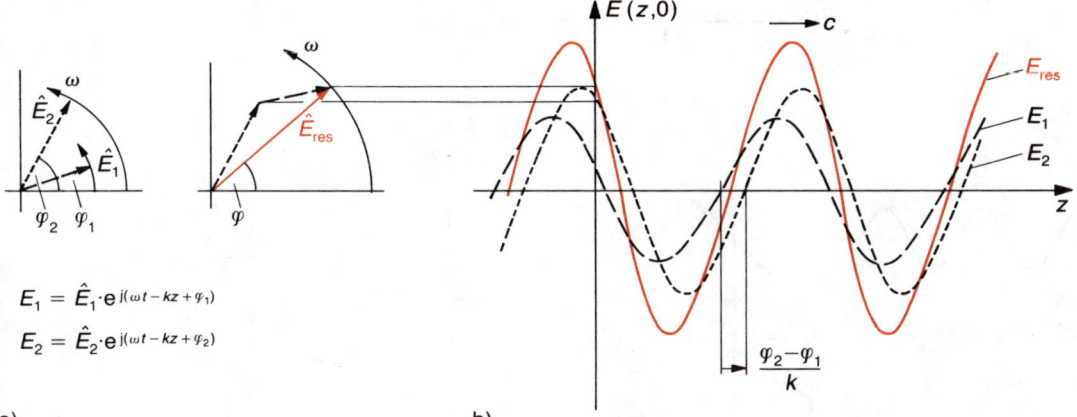

$$E_1 = \hat{E}_1 \cdot e^{j(\omega t - kz + \varphi_1)}$$

$$E_2 = \hat{E}_2 \cdot e^{j(\omega t - kz + \varphi_2)}$$

a)   b)

Bild 2.4
a) Addition von zwei Schwingungen konstanter Phasendifferenz bei z = 0 in Zeigerdarstellung
b) Einzelwellen und resultierende Welle, die sich in +z-Richtung ausbreiten

gleichförmig bewegte Bezugssystem gewählt werden, also z. B. das System des Senders oder des Empfängers. Der Dopplereffekt des Lichts hängt nur von der Relativgeschwindigkeit v zwischen Sender und Empfänger ab.

Es ergibt sich für die Frequenz, die der Empfänger beobachtet:

$$f_e = f_s \sqrt{(c+v)/(c-v)}$$

$\begin{cases} v>0 \quad \text{Sender und Empfänger} \\ \quad \text{nähern sich.} \\ v<0 \text{ Sender und Empfänger} \\ \quad \text{entfernen sich.} \end{cases}$ (Gl. 2.9)

c ist die Vakuumlichtgeschwindigkeit $(c=299\,792{,}458$ km/s) und v die Relativgeschwindigkeit von Quelle und Beobachter. Falls $v \ll c$, gilt folgende Näherung:

$$f_e \cong f_s (1+v/c) \qquad \text{(Gl. 2.10)}$$

2.2 Interferenz

In einem Wellenfeld, das von mehreren Wellen durchdrungen wird, kann an jedem Beobachtungspunkt P durch vektorielle Addition (Überlagerung, Superposition) der Elongationen der einzelnen Wellen eine resultierende

Elongation gebildet werden. Handelt es sich um *Überlagerung von Wellen gleicher Frequenz*, dann sprechen wir von *Interferenz*.

2.2.1 Interferenz von gleichgerichteten Wellen gleicher Schwingungsrichtung

In einem ersten Beispiel zur Interferenz werden zwei ebene Wellen, die sich in derselben Richtung ausbreiten und die Phasenverschiebung $(\varphi_2 - \varphi_1)$ bzw. den Gangunterschied $\Delta = \lambda \cdot (\varphi_2 - \varphi_1)/2\pi$ haben, betrachtet. In Bild 2.4a ist in Zeigerdarstellung der Schwingungszustand an einem bestimmten Ort (z. B. $z=0$) im Zeitpunkt $t=0$ dargestellt. Die Zeiger der Einzelschwingungen $\hat{E}_1$ und $\hat{E}_2$ sowie der resultierende Zeiger $\hat{E}_{res}$ drehen sich mit ω. Bild 2.4b zeigt die Welle im Zeitpunkt $t=0$ als Funktion des Ortes z.

In der komplexen Schreibweise erhalten wir für die resultierende Welle:

$$E_{res} = E_1 + E_2 = (\hat{E}_1 \cdot e^{j\varphi_1} + \hat{E}_2 \cdot e^{j\varphi_2}) e^{j(\omega t - kz)}$$

$$= \hat{E}_{res} \cdot e^{j\varphi} \cdot e^{j(\omega t - kz)}$$

(Gl. 2.11)

$\hat{E}_{res} \cdot e^{j\varphi}$ nennen wir die komplexe Amplitude der resultierenden Welle.

Aus dem Zeigerdiagramm folgt:

$$\tan\varphi = \frac{\hat{E}_1 \sin\varphi_1 + \hat{E}_2 \sin\varphi_2}{\hat{E}_1 \cos\varphi_1 + \hat{E}_2 \cos\varphi_2} \qquad \text{(Gl. 2.12)}$$

Der Betrag der Amplitude $\hat{E}_{res}$ ergibt sich mit

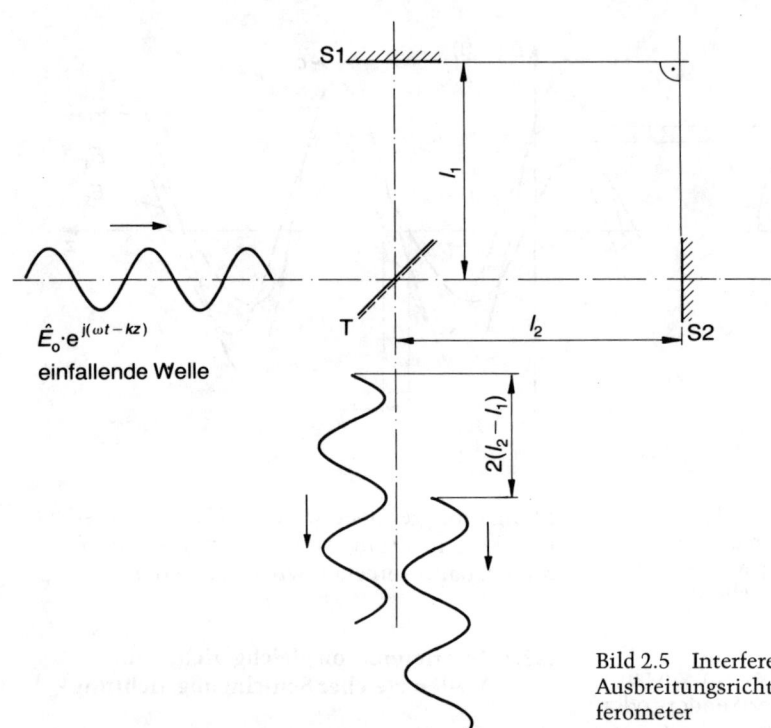

S1

l_1

$\hat{E}_o \cdot e^{j(\omega t - kz)}$
einfallende Welle

T

l_2

S2

$2(l_2 - l_1)$

Schirm

Bild 2.5   Interferenz von ebenen Wellen gleicher Ausbreitungsrichtung in einem Michelson-Interferometer

Hilfe des Cosinussatzes aus dem Zeigerdiagramm. Es ist

$$\hat{E}^2_{\text{res}} = \hat{E}^2_1 + \hat{E}^2_2 + 2\,\hat{E}_1\,\hat{E}_2\cos(\varphi_1 - \varphi_2) \quad \text{(Gl. 2.13)}$$

Für die Intensität I und die Energiedichte w_v der resultierenden Welle ergibt sich

$$I \sim w_v \sim E^2_{\text{res}} = \hat{E}^2_1 + \hat{E}^2_2 + 2\,\hat{E}_1\,\hat{E}_2\cos(\varphi_1 - \varphi_2)$$

Je nach dem Wert von $(\varphi_1 - \varphi_2)$ können sich die beiden Wellen verstärken bzw. teilweise oder ganz auslöschen.

Für $\varphi_1 - \varphi_2 = 0$:
Amplitude der resultierenden Welle ist größer als die der Einzelwellen *(konstruktive Interferenz)*.

$\varphi_1 - \varphi_2 = \pi$:
Die resultierende Welle hat kleinere Amplitude als die der Einzelwellen *(destruktive Interferenz)*. In diesem Fall wird durch die beiden Wellen auch keine Energie in z-Richtung transportiert, wenn die Amplituden der Einzelwellen gleich sind.

Da die Energie einer Welle dem Quadrat der Amplitude proportional ist, führt also die *Interferenz* zu einer *Umverteilung der Energie der Wellen im Raum*.

Die Interferenz von Wellen gleicher Ausbreitungsrichtung kann in der Optik zum Beispiel mit dem Michelson-Interferometer (Bild 2.5) demonstriert werden. Eine einfallende ebene Welle

$$E_{\text{ein}} = \hat{E}_0 \cdot e^{j(\omega t - kz)}$$

wird von einem Strahlenteiler T geteilt. Die beiden Spiegel S 1 und S 2 sollen senkrecht zueinander stehen. Der Phasenunterschied auf dem Schirm beträgt

$$\varphi_1 - \varphi_2 = \frac{2 \cdot (l_2 - l_1)}{\lambda} \cdot 2\,\pi$$

Eine Verschiebung von S 2 um $\Delta l_2 = \lambda/4$ bedeutet auf der Schirmebene den Übergang von konstruktiver zur destruktiver Interferenz.

2.2.2 Interferenz von Wellen mit entgegen-gesetzter Ausbreitungsrichtung (stehende Wellen)

In einem **zweiten Beispiel** wollen wir zwei Wellen gleicher Amplitude, jedoch entgegengesetzter Ausbreitungsrichtung zur Interferenz bringen. Dies kann z. B. realisiert werden, indem man ein an beiden Seiten fest eingespanntes Seil (Saite) der Länge L in unmittelbarer Nähe einer Einspannstelle periodisch erregt (Bild 2.6). Die hinlaufende Welle ($+z$-Richtung) und die bei $z = L$ reflektierte Welle interferieren. Da bei *fester Einspannung bei der Reflexion ein Phasensprung vom Wert* π *auftritt, gilt:*

hinlaufende Welle:

$$E_h = \hat{E} \sin(\omega t - k z)$$

reflektierte Welle:

$$E_r = \hat{E} \sin[\omega t - k(L + L - z) + \pi]$$

(läuft nach der Reflexion bei $z = L$ zurück).

Die Einspannstellen dürfen die hin- und herlaufenden Wellen nicht behindern. Dies wird durch die Randbedingungen $E_{res}(z = 0) = 0$ und $E_{res}(z = L) = 0$, die für alle Zeiten t gelten müssen, erreicht. Daraus folgt für die möglichen Wellenlängen

$$\lambda_q = 2 \cdot L / q = c / f_q$$

mit $q = 1, 2, 3 \ldots$

Nach einer Zwischenrechnung ergibt sich für die q-te Harmonische:

$$E_q(z, t) = -2 \hat{E}_q \sin(\pi q z / L) \cos(\omega_q t)$$

mit der Frequenz

$$f_q = \omega_q / 2\pi = q \cdot (c / 2 L) \quad \text{(Gl. 2.14)}$$

Das Ergebnis zeigt, daß die Saite nur mit bestimmten Frequenzen f_q (Resonanzfrequenzen) erregt werden kann.

Die Anzahl der Knoten (Stellen der Saite, die immer in Ruhe sind) ist gleich $(q + 1)$ (Bild 2.7).

Die Frequenz $f_1 = c / 2 L$ nennen wir Grundfrequenz.

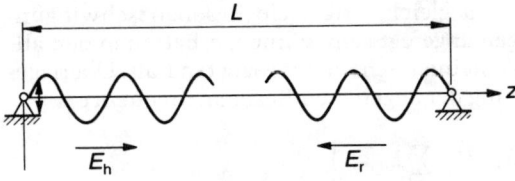

Bild 2.6 Interferenz von Wellen mit entgegengesetzter Ausbreitungsrichtung

Resonanzschwingungen einer Saite

$$f_q = q \cdot \frac{c}{2L}$$

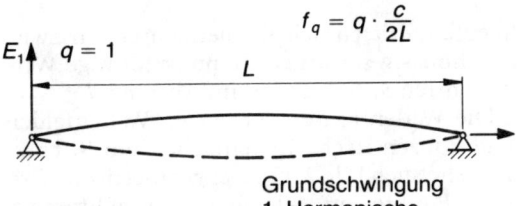

Grundschwingung
1. Harmonische

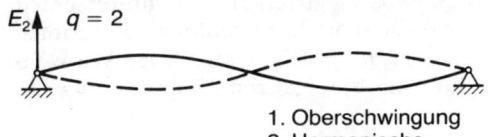

1. Oberschwingung
2. Harmonische

Allgemeiner Schwingungszustand: $E = \sum\limits_{q=1}^{\infty} E_q$

Bild 2.7 Resonanzschwingungen einer Saite, stehende Wellen

Da gleichzeitig viele Resonanzschwingungen angeregt sein können, erhält man den allgemeinen Schwingungszustand als Überlagerung der angeregten Resonanzfrequenzen.

$$E(z,t) = \sum_{q=1}^{\infty} E_q(z,t)$$

$$= \sum_{q=1}^{\infty} [-2\hat{E}\sin(\pi\,q\,z/L)]\cos(\omega_q\,t)$$

(Gl. 2.15)

2.2.3 Interferenz von zwei Kugelwellen

In einem **dritten Beispiel** betrachten wir zwei gleichphasig schwingende punktförmige Wellenzentren S_1, S_2 (Sender) im Abstand d.

Die Wellenfronten der beiden Wellenfelder sind konzentrische Kugelflächen um S_1 bzw. S_2 (siehe auch Bild 2.47). Der geometrische Ort aller Punkte mit gleicher Phasendifferenz $\Delta\varphi = m \cdot 2\pi$ bzw. gleichem Gangunterschied $\Delta l_{opt} = m \cdot \lambda$ sind ortsfeste konfokale Rotationshyperboloide für jede beliebige Zeit t. Wir wählen für m die ganzen Zahlen ($m = \ldots,$

$-3, -2, -1, 0, 1, 2, 3 \ldots$) und nennen m die *Interferenzordnung* der konstruktiven Interferenzen.

In der Schnittebene senkrecht zur Hyperboloidachse sind die Interferenzlinien konzentrische Kreise. In einer Ebene, die die Rotationssymmetrieachse enthält, ergeben sich als Interferenzlinien konfokale Hyperbeln (Bild 2.8).

2.2.4 Interferenz von gleichgerichteten Wellen mit zueinander senkrecht stehenden Schwingungsrichtungen (Polarisationsrichtung)

Die beiden Wellen $\vec{E}_1(z,t)$ und $\vec{E}_2(z,t)$ sollen nun senkrecht zueinander schwingen, d.h., sie sind senkrecht zueinander linear polarisiert (Bild 2.9).

$$\vec{E}_1 = \vec{E}_1 \cdot e^{j(\omega t - kz + \varphi_1)}$$
$$\vec{E}_2 = \vec{E}_2 \cdot e^{j(\omega t - kz + \varphi_2)} \quad \text{mit } \vec{E}_1 \perp \vec{E}_2$$

Die resultierende Welle ist

$$\vec{E}_{res} = \vec{E}_1 + \vec{E}_2$$

und die Intensität

$$I(x,y,z) \sim \vec{E}_{res} \cdot \vec{E}_{res}^{\star} = \hat{E}_1^2 +$$
$$\hat{E}_2^2 + 2\,\vec{E}_1 \cdot \vec{E}_2 \cos(\varphi_1 - \varphi_2)$$

Es ist hier $\vec{E}_1 \cdot \vec{E}_2 = 0$, also ist $I(x,y,z) = $ const.

Wellen, die senkrecht zueinander polarisiert sind, zeigen keine Interferenzerscheinungen.

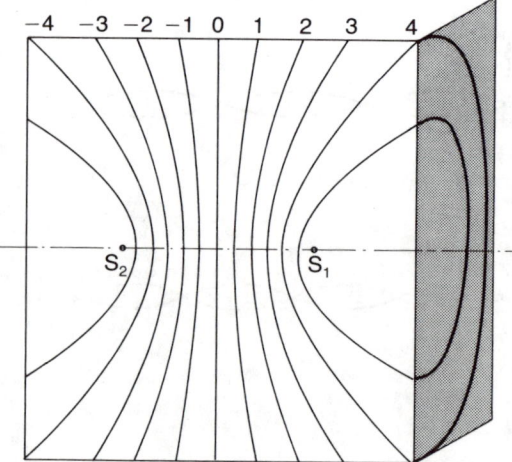

Bild 2.8   Schnitt durch das Interferenzfeld von zwei Kugelwellen, die von den gleichphasig schwingenden Sendern S_1 und S_2 ausgehen. Gezeichnet sind die Schnittlinien der konstruktiven Interferenzen der Ordnung m.

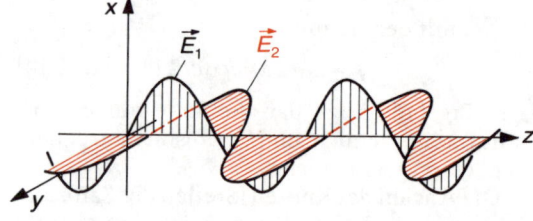

Bild 2.9   Zwei senkrecht zueinander polarisierte Wellen

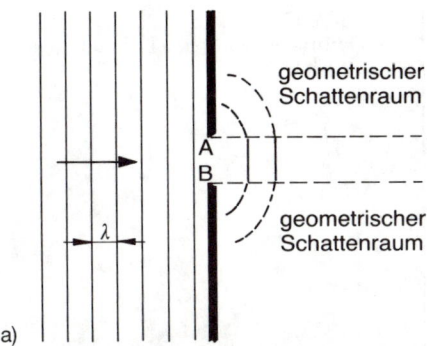

a)

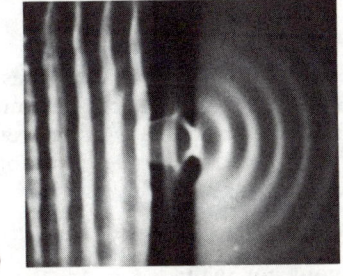

b)

Bild 2.10 Beugung am Spalt
a) Experimentelle Anordnung (schematisch)
b) Ergebnis in der Wasserwellenwanne

2.3 Beugung

2.3.1 Beugungserscheinung

In Bild 2.10 läuft eine ebene Welle gegen einen Spalt der Breite $b = \overline{AB}$. Das experimentelle Ergebnis zeigt, daß die Welle in den geometrischen Schattenraum eindringt. Dieser Effekt wird als Beugung bezeichnet. Die Beugungserscheinung wird um so stärker, je größer der Quotient λ/b ist.

Die Deutung dieser Erscheinung gelang HUYGENS und FRESNEL.

Huygens-Fresnelsches Prinzip: Jeder von einer Welle getroffene Punkt ist Ausgangspunkt von Elementarwellen. Durch Interferenz aller Elementarwellen entsteht die neue Wellenfront (Einhüllende der Elementarwellen).

Zunächst zeigt Bild 2.11 a, daß sich mit Hilfe der Elementarwellen eine ebene Welle selbst

rekonstruiert. Durch Interferenz der Elementarwellen entsteht als Einhüllende die neue ebene Wellenfront der sich weiter ausbreitenden Welle.

In Bild 2.11 b wird die ebene Welle durch eine Beugungsöffnung (z. B. Spalt) begrenzt. Dadurch können nur diejenigen Elementarwellen, die von den Punkten des Spalts ausgehen, zur Welle hinter dem Spalt beitragen. Die erzeugte Welle dringt in den geometrischen Schattenraum ein. Mit zunehmender Größe der beugenden Öffnung b im Verhältnis zu λ wird die Beugung, d. h. der relative Anteil der Welle im Schattenraum im Verhältnis zur Gesamtwelle geringer.

Die geometrische Optik (Strahlenmodell des Lichts), ist der Grenzfall $\lambda \to 0$. Hierbei müssen sich – theoretisch – scharfe Schatten bilden. Diesen Grenzfall findet man strenggenommen nirgends in der Natur. Die geometrische Optik ist aber überall dort, wo man die Beugung vernachlässigen kann, eine sehr gute

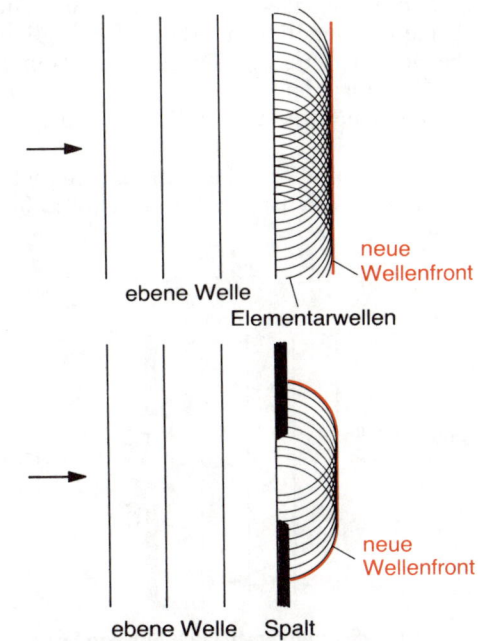

Bild 2.11 Huygens-Fresnelsches Prinzip.
a) Ebene Welle im freien Raum
b) Beugung am Spalt

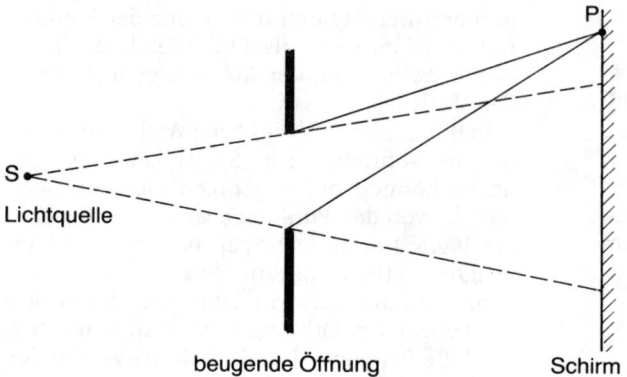

Bild 2.12
Definition der Fresnelschen Beugung

Näherung für die Beschreibung der Lichtausbreitung.

Bei der Betrachtung von Beugungserscheinungen unterscheidet man zwei Fälle:

Fresnelsche Beugung: Sender S und Beobachtungspunkt P liegen in endlichem Abstand von der beugenden Öffnung (Bild 2.12).

Fraunhofersche Beugung: S und P liegen beide in unendlichem Abstand bezüglich der beugenden Öffnung. Dieser Fall kann auch realisiert werden, wenn S und P jeweils in den Brennebenen von Linsen liegen (Bild 2.13).

Da die Fraunhofer-Beugung zu einfacheren Formeln führt, ist sie für die Anwendungen wichtiger. Wir wollen uns nur mit dieser beschäftigen. In der Praxis kann mit der Fraunhoferschen Beugung gerechnet werden, wenn für die Entfernung L von beugender Öffnung zu S und P die Bedingung $L \gg b^2/\lambda$ gilt.

2.3.2 Beugung am Spalt

Alle Punkte des Spaltes sind gleichphasig erregt, da mit ebenen Wellen beleuchtet wird (Bild 2.13). Die optischen Wege bzw. die Laufzeiten des Lichts (inkl. Weg durch die Linse) sind für die beiden Strecken $\overline{AP}$ und $\overline{CP}$ gleich, wenn der Beobachtungspunkt P in der Brennebene der Linse liegt.

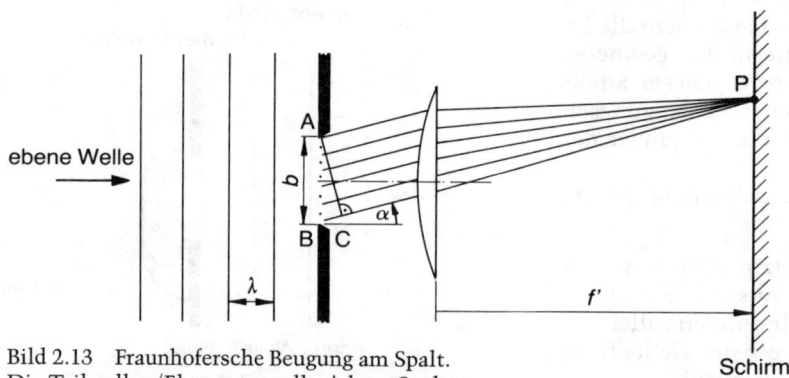

Bild 2.13   Fraunhofersche Beugung am Spalt.
Die Teilwellen (Elementarwellen) der p-Spaltteile interferieren in dem – vom Spalt aus gesehen – optisch unendlich entfernten Punkt P.

Der Phasenunterschied der beiden Randwellen beträgt

$$\Delta\varphi = 2\pi b \cdot \sin a/\lambda$$

Wir teilen unseren Spalt in p gleiche Teile mit $p \to \infty$. Jede Teilwelle hat die Amplitude ΔE. Die Amplitude $E(a)$ der resultierenden Wellen in P ist die Überlagerung aller p-Teilwellen in Richtung a.

$$E(a) = \Delta E + \Delta E\, e^{j\Delta\varphi/p} + \Delta E\, e^{j2\Delta\varphi/p} + \ldots$$

$$= \Delta E \sum_{k=0}^{k=p-1} e^{jk\Delta\varphi/p}$$

Diese Summe kann mit dem Zeigerdiagramm (Bild 2.14) gefunden werden.

$$\frac{E(a)}{E(0)} =$$

$$\frac{E(a)}{p \cdot \Delta E} = \frac{2\varrho \cdot \sin \Delta\varphi/2}{\rho \cdot \Delta\varphi}$$

$$\frac{E(a)}{E(0)} = \frac{\sin[\pi b \cdot \sin a)/\lambda]}{(\pi b \cdot \sin a)/\lambda}$$

$$= \text{sinc}\,[(\pi b \cdot \sin a)/\lambda] \qquad \text{(Gl. 2.16)}$$

Dies ist die Amplitudenverteilung für die Beugung am Spalt.

Wir wissen, daß die Energie und damit auch die Intensität I bzw. Leistungsdichte S dem Quadrat der Amplitude proportional ist. Die Amplituden- und die Intensitätsverteilung gehen aus Bild 2.15 hervor.

$$\frac{I(a)}{I_0} = \frac{\sin^2[(\pi b \cdot \sin a)/\lambda]}{[(\pi b \cdot \sin a)/\lambda]^2}$$

$$= \text{sinc}^2\,[(\pi b \cdot \sin a)/\lambda] \qquad \text{(Gl. 2.17)}$$

Für die Nullstellen gilt die Bedingung: $\pi b \sin a_n/\lambda = n\pi$ oder $\sin a_n = n\lambda/b$. Bei der ersten Nullstelle haben also die Randwellen gerade einen Gangunterschied λ, somit löschen die Elementarwellen der einen Spalthälfte die Elementarwellen der anderen Spalthälfte aus.

Tauscht man im Experiment den Spalt der Breite b gegen einen Draht vom Durchmesser $d = b$, dann zeigt sich dieselbe Beugungserscheinung wie beim Spalt. Dies ist ein Ergebnis, das schon Babinet (1837) erkannt hat.

Für die Skizze sei $p = 8$

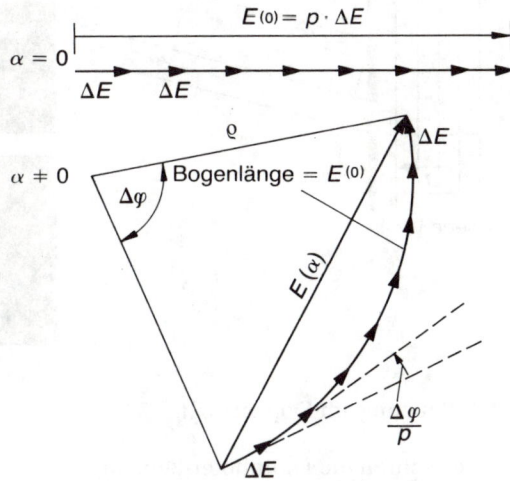

Bild 2.14 Addition der Elementarwellen im Zeigerdiagramm zur Bestimmung der resultierenden Welle im Beobachtungspunkt P

Babinetsches Theorem: Komplementäre Schirme (d. h. Schirme, bei denen Öffnungen und undurchsichtige Partien vertauscht sind) liefern außerhalb des Bereichs der geometrisch optischen Abbildung bei Fraunhoferscher Beugung dieselbe Beugungserscheinung.

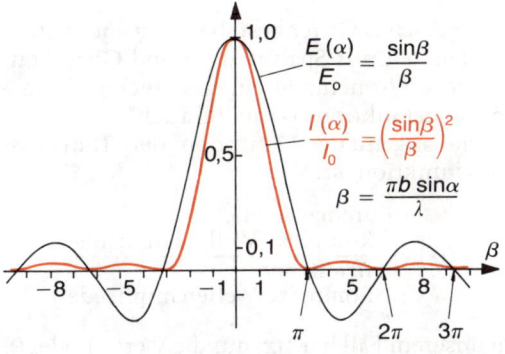

Bild 2.15 Amplituden- und Intensitätsverteilung bei der Beugung am Spalt

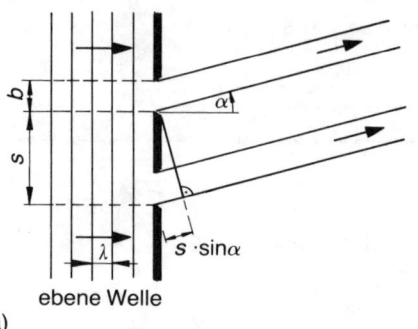

ebene Welle

a)

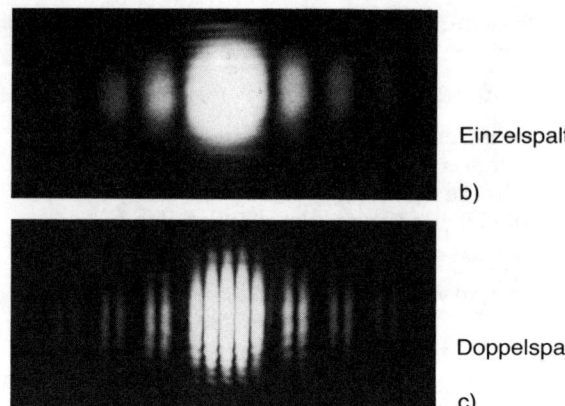

Einzelspalt

b)

Doppelspalt

c)

2.3.3 Beugung am Doppelspalt

Wir betrachten die Fraunhofer-Beugung.

Zwei gleiche Einzelspalte mit der Breite b haben den Abstand s. Zu jedem Punkt des einen Spaltes gibt es einen entsprechenden im Abstand s des anderes Spaltes. Die Elementarwellen dieser korrespondierenden Punktepaare in Beugungsrichtung a

verstärken sich für $s \cdot \sin a = m \cdot \lambda$
löschen sich aus für $s \cdot \sin a = (2 \cdot m + 1) \cdot \lambda/2$
mit der Beugungsordnung $m = 0, \pm 1, \pm 2 \ldots$

Das Beugungsbild ist eine modulierte Beugungsfigur des Einzelspaltes der Breite b, wie es in Bild 2.16 zu sehen ist.

2.3.4 Beugung am Gitter

Ein optisches Gitter bestehe aus q äquidistanten Spalten mit Spaltbreite b und Gitterkonstante s. Wir nehmen eine rechteckige Transmissionsfunktion $t(x)$ an (Bild 2.17).

Die allgemeine Definition der Transmissionsfunktion ist:

$$t(x) = \frac{\text{durchgelassene komplexe Wellenamplitude}}{\text{auftreffende komplexe Wellenamplitude}}$$

In unserem Fall hat $t(x)$ nur die Werte 1 oder 0. Die Phasenverschiebung der Wellen benachbarter Spalte ist

Bild 2.16   Beugung eines Laserstrahls an einem Doppelspalt mit den Spaltenbreiten $b = 0,25$ mm und dem Spaltabstand $s = 0,75$ mm
a) Experimentelle Anordnung (schematisch)
b) Beugungsbild, wenn nur ein Spalt geöffnet ist
c) Beugungsbild, wenn beide Spalten geöffnet sind

$$\psi = \frac{s \cdot \sin a}{\lambda} \cdot 2\pi$$

Bei der Fraunhofer-Beugung erhält man für die Überlagerung der gebeugten Einzelspaltwellen $E_1(a)$ nach (Gl. 2.16) in Richtung a (z.B. mit Hilfe eines Zeigerdiagramms):

$$E_q(a) = E_1(a) \, [1 + e^{-j\psi} + e^{-2j\psi} + \ldots + e^{-j(q-1)\psi}]$$

Diese geometrische Reihe ergibt

$$\frac{E_q(a)}{E_1(0)} =$$

$$\frac{\sin[(\pi b \cdot \sin a)/\lambda]}{[(\pi b \cdot \sin a)/\lambda]} \cdot \frac{\sin[(q \pi s \cdot \sin a)/\lambda]}{\sin[(\pi s \cdot \sin a)/\lambda]}$$

(Gl. 2.18)

Daraus folgt die auf $a = 0$ bezogene Intensitätsverteilung (Bild 2.18):

$$\frac{I_q(a)}{I_1(0)} =$$

$$\frac{\sin^2[(\pi b \cdot \sin a)/\lambda]}{[(\pi b \cdot \sin a)/\lambda]^2} \cdot \frac{\sin^2[(q \pi s \cdot \sin a)/\lambda]}{\sin^2[(\pi s \cdot \sin a)/\lambda]} = S^2 \cdot G^2$$

(Gl. 2.19)

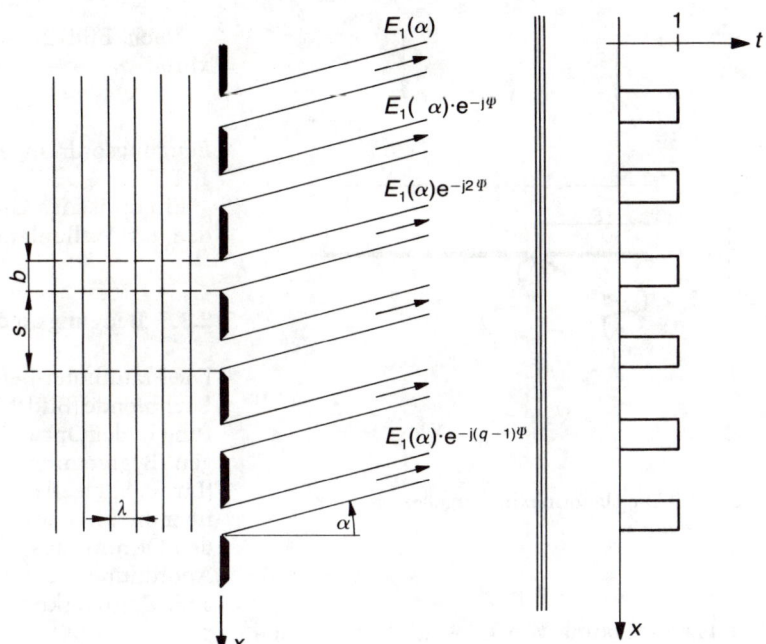

Bild 2.17 Optisches Gitter mit Gitterkonstante s und amplitudenbezogener Transmissionsfunktion $t(x)$

Bild 2.18 Intensitätsverteilung bei der Beugung am Gitter als Funktion von $\sin a$ und der Raumfrequenz f_R für $q = 6$-Spalte und $s = 4\,b$. Die erste Nullstelle neben einem Hauptmaxima ist bei $\Delta(\sin a) = \lambda/q\,s$.

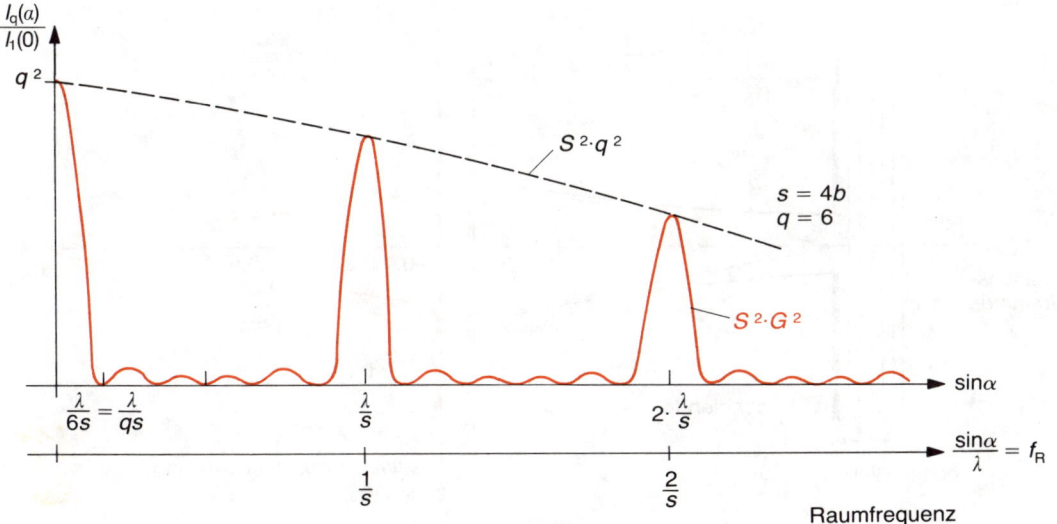

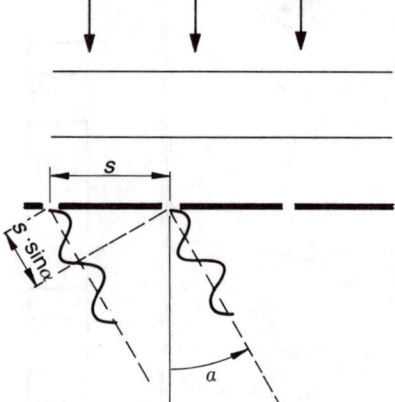

Bild 2.19   Die Hauptmaxima ergeben sich für $s \cdot \sin a = m \cdot \lambda$.

Die Hauptmaxima von G^2 sind dort, wo der Nenner verschwindet, also bei $\sin a_m = m\lambda/s$. Ihr Wert beträgt q^2. Zwischen zwei Hauptmaxima liegen $(q-1)$ Minima und $(q-2)$ Nebenmaxima (Bild 2.18 zeigt den Fall $q=6$ und $s=4b$).

Die Hauptmaxima werden schmaler und höher, je mehr Spalte q zur Beugungswelle beitragen.

Nach Bild 2.19 gilt für die Beugungsmaxima:

$$s \cdot \sin a_m = m \cdot \lambda \qquad \text{(Gl. 2.20)}$$

Beugungsordnung m mit $m = \ldots, -3, -2, -1, 0, 1, 2, 3 \ldots$

Ein optisches Gitter kann also benutzt werden, um Wellenlängen zu messen.

2.3.5 Beugung an der Lochblende

Die Fraunhofer-Beugung an einer kreisrunden Lochblende (Bild 2.20) hat eine zentrale Bedeutung in der Optik. Sie tritt an jeder kreisförmigen Begrenzung eines ebenen Wellenfeldes (Linse, Spiegel) auf. Zu ihrer Berechnung muß über die Elementarwellen, die von der beugenden Öffnung ausgehen, integriert werden. Die Anordnung ist rotationssymmetrisch, daher sind Zylinderkoordinaten dem Problem angepaßt.

Als experimentelles Ergebnis (Bild 2.20 b) erhält man ein zentrales Beugungsscheibchen (Airy-Scheibchen), das ca. 84% der durch die beugende Öffnung gehenden Energie enthält. Dieses ist von konzentrisch liegenden Maxima und Minima umgeben. Die Intensität nimmt mit zunehmendem Öffnungswinkel a schnell ab.

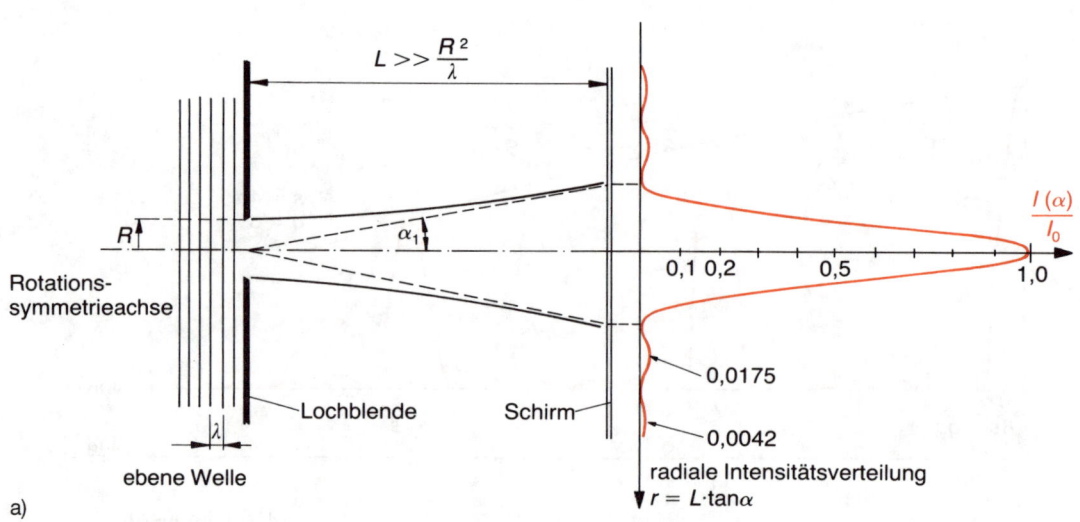

a)

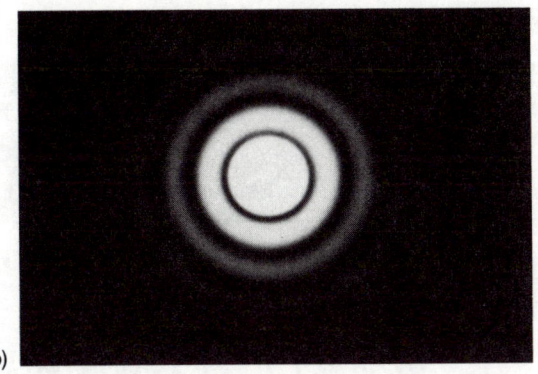

b)

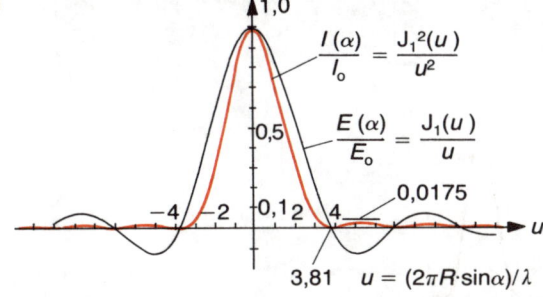

c)

Bild 2.20
a) Beugung an einer kreisförmigen Lochblende vom Radius R
b) Das Beugungsbild besteht aus dem zentralen Airy-Scheibchen, das von konzentrischen Beugungsringen umgeben ist.
c) Amplituden- und Intensitätsverteilung als Funktion von $u = (2\pi R \sin \alpha)/\lambda$

Bild 2.21 Besselfunktion erster Ordnung $J_1(u)$, die zur Berechnung der Beugungserscheinung nach Gl. 2.21 erforderlich ist

Die Rechnung ergibt für die rotationssymmetrische Intensitätsverteilung

$$\left|\frac{E(\alpha)}{E_0}\right|^2 = \frac{I(\alpha)}{I_0} = \frac{J_1^2[(2\pi R \cdot \sin \alpha)/\lambda]}{[(2\pi R \cdot \sin \alpha)/\lambda]^2} = \frac{J_1^2(u)}{u^2}$$

mit $\quad u = (2\pi R \cdot \sin \alpha)/\lambda \quad$ (Gl. 2.21)

Dabei ist $J_1(u)$ die Besselfunktion 1. Ordnung (eine Zylinderfunktion), deren Verlauf in Bild 2.21 gezeigt ist.

Für die erste Nullstelle (Radius des Airy-Scheibchens) muß gelten:

$$J_1(u) = 0, \quad \text{also} \quad u = 3,81.$$

Daraus folgt:

$$\sin \alpha_1 = 1,22\,(\lambda/2R) \qquad \text{(Gl. 2.22)}$$

wobei R der Radius der beugenden Öffnung ist.

2.3.6 Auflösungsvermögen eines Fernrohrs

Von einem sehr weit entfernten Stern trifft eine ebene Welle auf das Objektiv eines Fernrohrs. Da Beugung an der kreisrunden Linsenfassung vom Durchmesser D auftritt, ist das Bild in der Brennebene nicht punktförmig, sondern ein Beugungsscheibchen vom Radius $r = f' \cdot 1,22 \cdot \lambda/D$ mit konzentrischen Beugungsringen entsprechend Bild 2.20 b. Die zu einem Objektpunkt gehörige Amplitudenverteilung $E(\alpha)$ und Intensitätsverteilung $I(\alpha)$ entspricht

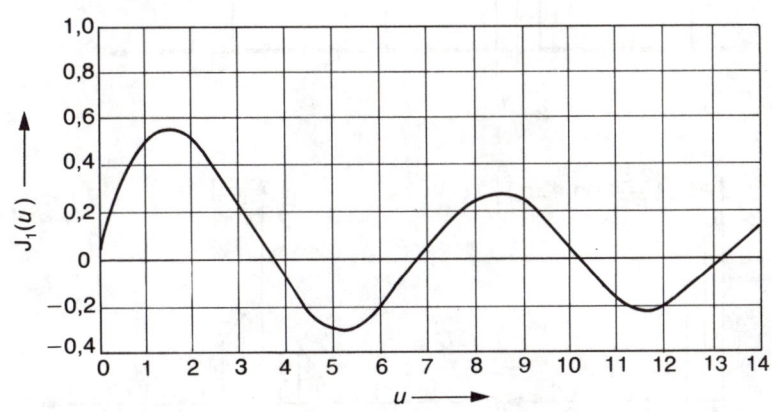

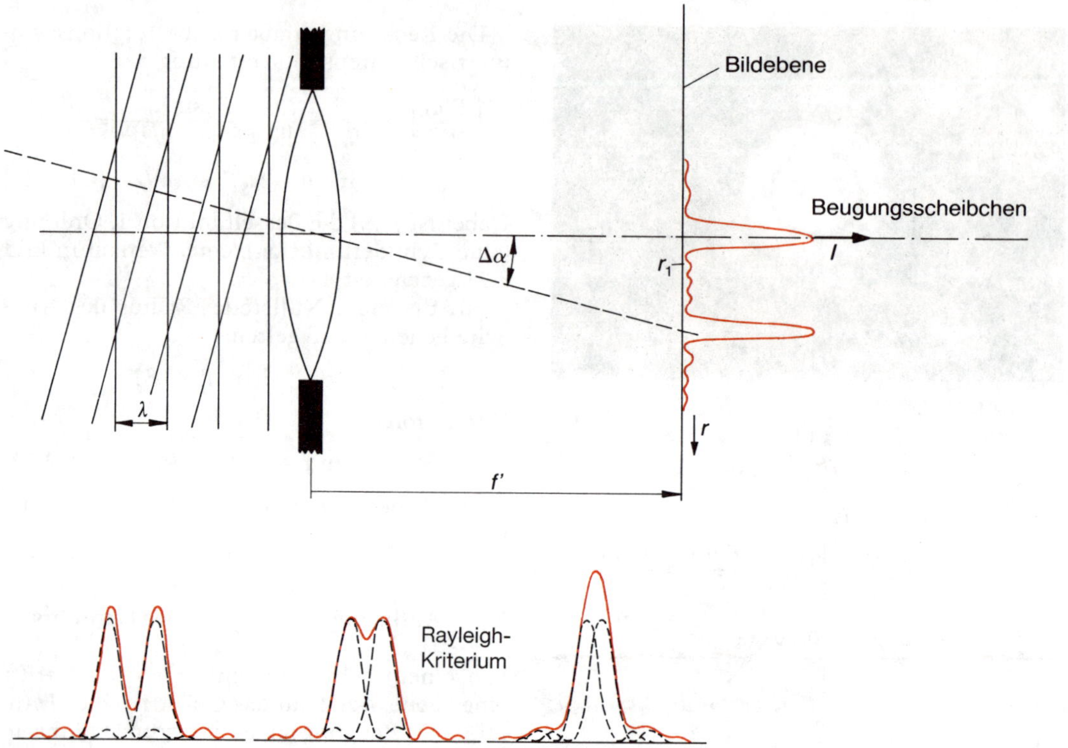

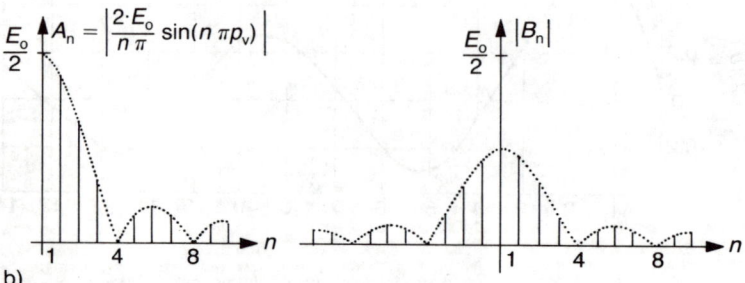

Rayleigh-Kriterium

Bild 2.22 Begrenzung des Auflösungsvermögens von optischen Instrumenten durch die Beugung

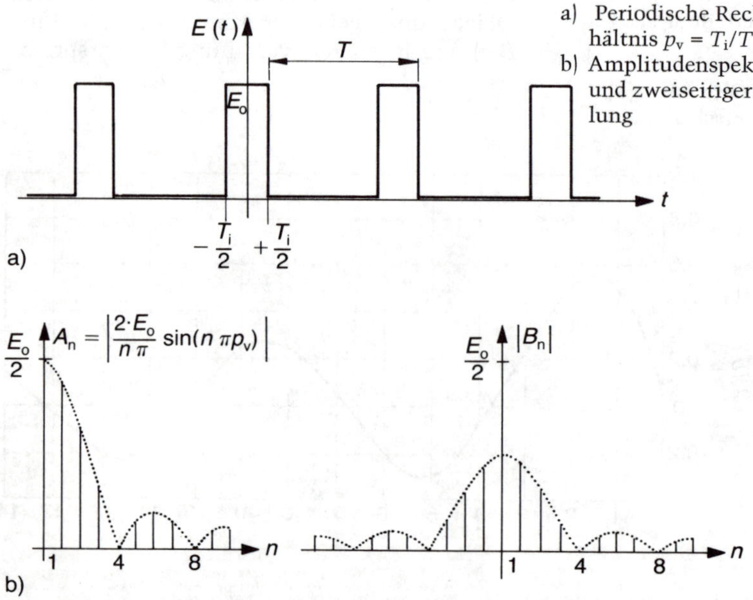

Bild 2.23
a) Periodische Rechteckfunktion mit Tastverhältnis $p_v = T_i/T = 1/4$
b) Amplitudenspektrum in einseitiger (links) und zweiseitiger (rechts) spektraler Darstellung

$E(t)$

E_o

T

$-\dfrac{T_i}{2} \quad +\dfrac{T_i}{2}$

t

a)

$\dfrac{E_o}{2} \quad A_n = \left| \dfrac{2 \cdot E_o}{n\,\pi} \sin(n\,\pi p_v) \right|$

$1 \quad 4 \quad 8 \quad n$

$\dfrac{E_o}{2} \quad |B_n|$

$1 \quad 4 \quad 8 \quad n$

b)

Bild 2.20 c. In Bild 2.22 sind die Beugungsbilder von zwei getrennten Objektpunkten eingezeichnet.

Möchte man zwei dicht beieinanderliegende Sterne noch getrennt sehen, dann dürfen die Beugungsscheibchen der beiden Sterne nicht vollständig miteinander verschmelzen. Es müssen noch zwei Beugungsscheibchen registriert werden können. Dies ist bei zwei gleich hellen Sternen der Fall, wenn das Maximum des ersten Bildscheibchen mit dem Minimum des zweiten zusammenfällt (Rayleigh-Kriterium), wie aus Bild 2.22 hervorgeht.

Ergebnis:
Zwei Objektpunkte können nur dann noch aufgelöst werden, wenn ihr Sehwinkelabstand $\Delta a \geq 1,22\, \lambda/D$ ist.

Generell kann man sagen, daß das Auflösungsvermögen aller optischen Instrumente grundsätzlich durch die Beugungserscheinungen begrenzt ist.

2.3.7 Fourier-Formalismus und Fourier-Optik

Zum Verständnis wichtiger Zusammenhänge der Lasertechnik ist die Kenntnis der Fourier-Reihe und des Fourier-Integrals erforderlich.

Fourier-Reihe: Für eine periodische Schwingung E(t) gilt:

$$E(t+T) = E(t) \quad \text{für} \; -\infty < t < +\infty \qquad \text{(Gl. 2.23)}$$

wenn T die Periodendauer ist (z.B. Bild 2.23 a).

Nach Fourier kann jede periodische Funktion als eine Summe von harmonischen Teilschwingungen dargestellt werden, deren Frequenzen $\omega_n = n \cdot \omega_1$ ein ganzzeiliges Vielfaches der Grundfrequenz $\omega_1 = 2\pi/T$ sind (mit $n = 1, 2, 3 \ldots$).

$$E(t) = a_0 + \sum_{n=1}^{n=\infty} (a_n \sin\omega_n t + b_n \cos\omega_n t)$$
$$\qquad \text{(Gl. 2.24)}$$
$$= a_0 + \sum_{n=1}^{n=\infty} A_n \sin(\omega_n t + \varphi_n)$$

Die Fourier-Koeffizienten sind:

$$a_0 = (1/T) \int_0^T E(t)\,dt \qquad \text{(Gl. 2.25)}$$

$$a_n = (2/T) \int_0^T E(t) \sin(n\,\omega_1 t)\,dt \qquad \text{(Gl. 2.26)}$$

$$b_n = (2/T) \int_0^T E(t) \cos(n\,\omega_1 t)\,dt \qquad \text{(Gl. 2.27)}$$

mit

$$A_n = \sqrt{a_n^2 + b_n^2} \qquad \text{(Gl. 2.28)}$$

(Amplitudenspektrum)

und

$$\tan\varphi_n = \frac{b_n}{a_n} \qquad \text{(Gl. 2.29)}$$

(Phasenspektrum)

Die Darstellung der Amplitudenbeträge A_n als Funktion der Frequenz ergibt das Amplitudenspektrum, das jedoch die Phasen φ_n nicht enthält. Das Intensitätsspektrum ergibt sich aus $I_n = A_n^2$.

Mit Hilfe der Eulerschen Gleichung läßt sich die Reihe (Gl. 2.24) in komplexer Form schreiben (komplexe Fourier-Reihe):

$$E(t) = \sum_{n=-\infty}^{n=+\infty} B_n\, e^{jn\omega_1 t} \qquad \text{(Gl. 2.30)}$$

Dabei ist

$$B_n = (1/T) \int_0^T E(t) \cdot e^{-jn\omega_1 t}\,dt$$
$$= B_n = \frac{A_n}{2j} e^{j\varphi_n} = B_{-n}^\star \; \text{und} \; B_0 = a_0 \qquad \text{(Gl. 2.31)}$$

Bei der komplexen Fourier-Reihe gehört zu jeder Harmonischen ein Paar von Amplitudenwerten B_n und B_{-n}. Dies kann man formal als Einführung von negativen Frequenzen verstehen. Man erhält auf diese Weise eine kurze übersichtliche Schreibweise.

Als einfaches Beispiel können wir eine Rechteckschwingung der Amplitude E_0 mit dem Tastverhältnis $p_v = T_i/T = 1/4$ betrachten (Bild 2.23).

$$E(t) = \begin{cases} E_0 & \text{für} \quad -T_{i/2} < t + T_{i/2} \\ 0 & +T_{i/2} < t < (T - T_{i/2}) \end{cases}$$
$$\qquad \text{(Gl. 2.32 a)}$$

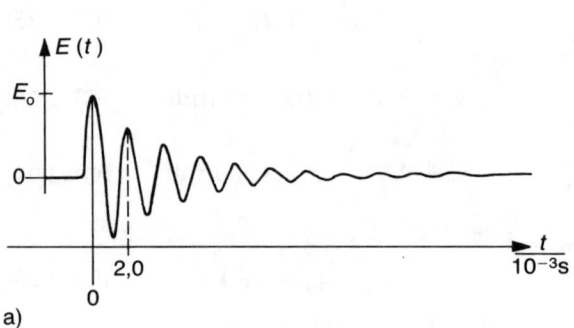

a)

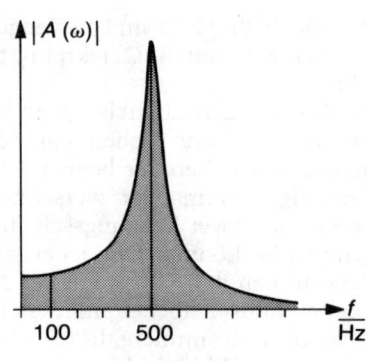

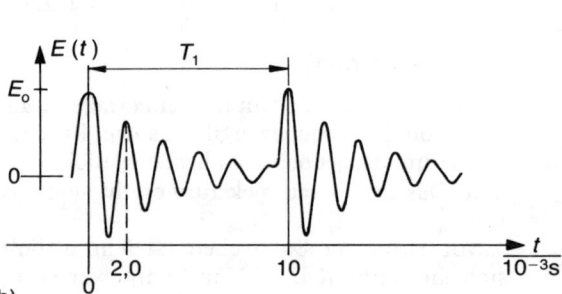

b)

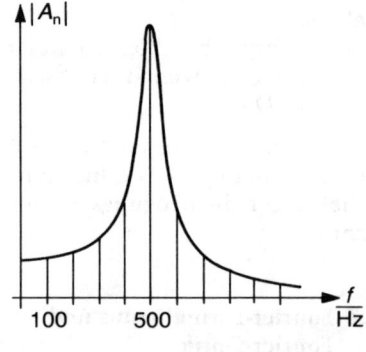

Bild 2.24
a) Gedämpfte Schwingung als Beispiel einer unperiodischen Funktion und die zugehörige
spektrale Amplitudendichte $|A(\omega)|$ (Spektral-
dichte)
b) Periodisch angestoßene gedämpfte Schwingung und das dazugehörige Amplitudenspektrum. Stoßfrequenz $f_1 = 100$ Hz [nach R. W.
Pohl, Einführung in die Physik, Band 1].

$$|A_n| = |2 B_n| = \left| \frac{2 E_0}{n\pi} \sin(n\pi T_i/T) \right| \quad \text{(Gl. 2.32 b)}$$

Fourier-Transformation: Die Fourier-Transformation gestattet die Darstellung einer unperiodischen Funktion, d. h. eines Vorgangs mit
Anfang und Ende. Dieser kann als Grenzfall
eines periodischen Vorgangs mit unendlich
langer Periodendauer $T \to \infty$ verstanden werden. Die Grundfrequenz $\omega_1 = 2\pi/T$ strebt dann
gegen Null. Das Spektrum wird zum kontinuierlichen Spektrum.
Zum Verständnis wollen wir als nicht periodische Funktion eine gedämpfte Schwingung

betrachten mit der Abklingkonstanten $\gamma/2$
(Bild 2.24 a):

$$E(t) = E_0 \cdot e^{-(\gamma t/2)} \cos \omega_d t \quad \text{für} \quad t \geqq 0 \quad \text{(Gl. 2.33)}$$

Wird diese in gleichen Zeitabständen T immer
wieder so angestoßen, daß die Anfangsampli-
tude und Anfangsphase immer wieder erreicht
wird, dann ist der Vorgang periodisch mit der
Periodendauer T und den Harmonischen
$\omega_n = n v_1 = 2\pi/T = n \cdot 2\pi f_1$. Das zugehörige Amplitudenspektrum ist ein Linienspektrum mit
der Grundfrequenz $\omega_1 = 2\pi f_1$.
Für den periodischen Vorgang mit Periodendauer T gilt nach Gleichung 2.31 das folgende
Formelpaar, wobei wegen der Periodizität von
$E(t)$ auch über das Intervall $-T/2$ bis $+T/2$ integriert werden kann:

$$B_n = (1/T) \int_{-T/2}^{+T/2} E(t) \cdot e^{-jn\omega_1 t} \, dt$$

$$E(t) = \sum_{-\infty}^{+\infty} B_n \cdot e^{jn\omega_1 t}$$

Mit steigendem T rücken die Spektrallinien immer enger zusammen (Bild 2.24 b). Im Grenzfall $T \rightarrow \infty$ geht das Linienspektrum in ein kontinuierliches Spektrum über. Dies bedeutet

$$f_1 = 1/T = \Delta f \rightarrow df, \quad n\,\omega_1 \rightarrow \omega$$

und

$$B_n/\Delta f = B_n \cdot T \rightarrow A(\omega)$$

$A(\omega) = B_n/\Delta f$ kann als Amplitude je Frequenzeinheit aufgefaßt werden. Wir nennen $A(\omega)$ die Amplitudendichte oder Spektraldichte.

Nach dem Grenzübergang erhalten wir das Fourier-Transformationspaar:

Spektraldichte

$$A(\omega) = \int_{-\infty}^{+\infty} E(t)\, e^{-j\omega t}\, dt, \quad \text{mit} \quad \omega = 2\pi f$$

(Gl. 2.34)

Zeitfunktion
$$E(t) = \int_{-\infty}^{+\infty} A(\omega)\, e^{j\omega t}\, df \qquad \text{(Gl. 2.35)}$$

Dieses wird auch durch das Symbol $E(t) \circ\!\!-\!\!\bullet A(\omega)$ dargestellt.

Beispiel: Der Emissionsvorgang eines angeregten Atoms kann als schwach gedämpfte Schwingung beschrieben werden. Dabei ist die Dämpfungskonstante $\gamma/2$ klein gegen ω_0, der Frequenz der ungedämpften Schwingung.

Frage: Welche spektrale Amplitudendichte $A(\omega) = A(2\pi f)$ hat eine schwach gedämpfte Schwingung $(\omega_d = 2\pi f_d \cong \omega_0 = 2\pi f_0)$ entsprechend der Gleichung 2.33?

Dazu ist folgendes Integral zu berechnen:

$$A(\omega) = E_0 \int_0^{+\infty} \exp\{-(\gamma/2)t\} \cdot \cos\omega_0 t \cdot \exp\{-j\omega t\}\, dt$$

(Gl. 2.36)

Wir erhalten die spektrale Amplitudendichte

$$A(\omega) = \frac{E_0}{2\,[\gamma/2 - j(\omega_0 - \omega)]} + \frac{E_0}{2\,[\gamma/2 + j(\omega_0 + \omega)]}$$

Für uns ist nur das Maximum bei $\omega = +\omega_0$ wichtig, also der erste Term.

Für das Intensitätsspektrum der schwach gedämpften Schwingung – als beobachtbare Größe – folgt:

$$I(f) = |A^2(\omega)| = \frac{E_0^2}{4\,[\gamma/2]^2 + 4\pi^2(f_0 - f)^2} \quad \text{(Gl. 2.37)}$$

Beziehen wir die Intensität bei f auf die Gesamtintensität (Normierung) so entsteht:

$$g_L(f, f_0) = \frac{I(f)}{\int_0^\infty I(f)\,df} = \frac{2}{\pi\,\Delta f_L} \cdot \frac{1}{1 + 4\,[(f - f_0)/\Delta f_L]^2}$$

(Gl. 2.38)

Dabei ist die Halbwertsbreite der Intensitätsverteilung $\Delta f_L = \gamma/2\pi$.

Durch die Normierung gilt:

$$\int_0^\infty g(f, f_0)\, df = 1$$

Das Intensitätsspektrum der von einem Einzelatom ausgesandten Welle wird also durch Gl. 2.38 dargestellt. Man nennt diese Intensitätsverteilung die LORENTZ-Linienform (Abschnitt 3.3).

Fourier-Optik: Der Fourier-Formalismus kann auch auf eine räumlich periodische Funktion angewendet werden. Ein periodisches optisches Beugungsgitter – analog zu Abschnitt 2.3.4 – mit der räumlichen Periode (Gitterkonstante) s hat die Raumfrequenz («Grundfrequenz») $f_{R1} = 1/s$ bzw. $\omega_{R1} = 2\pi f_{R1}$. Das «Tastverhältnis» ist $p_v = b/s$. Im mathematischen Sinne ist das Gitter streng periodisch, wenn die Anzahl der Gitterspalte $q \rightarrow \infty$ geht. Aus Gl. 2.19 und Bild 2.18 folgt, daß bei diesem Grenzübergang für die Breiten der Beugungsmaxima von G^2 gilt:

Breite $2\lambda/q\,s \rightarrow 0$

Höhe $q^2 \quad \rightarrow \infty$

Für das periodische Gitter gilt:

$$t(x + s) = t(x) \quad \text{für} -\infty < x < +\infty$$

$t(x)$ ist die amplitudenbezogene Transmissionsfunktion bzw. Aperturfunktion für die vom Gitter durchgelassene Welle. Sie ist im allgemeinen eine komplexe Funktion, da bei der Transmission sowohl die Phase als auch der Betrag der Amplitude beeinflußt werden.

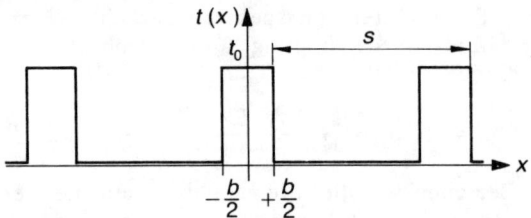

Bild 2.25   Periodische amplitudenbezogene Transmissionsfunktion $t(x)$ mit dem Tastverhältnis b/s.

Wir können $t(x)$ in eine Fourier-Reihe entwickeln. Als Beispiel wählen wir eine Rechteckfunktion entsprechend Bild 2.25. Dazu müssen wir in den Gleichungen 2.30, 2.31 und 2.32 E_0, t, T und T_i durch t_0, x, s und b ersetzen.

Es ist $t(x) = \displaystyle\sum_{n=-\infty}^{n=+\infty} B_n\, e^{jn\omega_{R1}x}$

mit $B_0 = (1/s) \displaystyle\int_0^s t(x)\,dx$

und $B_n = B^{*}_{-n} = (1/s) \displaystyle\int_0^s t(x) \cdot e^{-jn\omega_{R1}x}\,dx$

Für die angenommene symmetrische Funktion $t(x)$ nach Bild 2.25 erhält man

$B_0 = b\,t_0/s$ und

$\begin{aligned} B_n &= (b\,t_0/s)\,\frac{\sin(\pi n b/s)}{(\pi n b/s)} \\ &= (b\,t_0/s)\,\mathrm{sinc}(\pi n b/s) \end{aligned}$

für alle n

(Gl. 2.39)

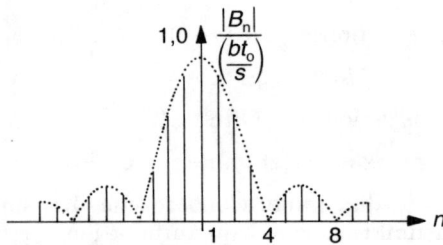

Bild 2.26   Amplitudenspektrum von $t(x)$ nach Bild 2.25 als Funktion von $n = \omega_{Rn}/\omega_{R1}$ (Raumfrequenzen $\omega_{Rn} = 2\pi f_{Rn}$). Tastverhältnis $p_v = b/s = 1/4$.

Die Gewichte, mit der die verschiedenen Harmonischen (ganzzahlige Vielfache der Grund-Raumfrequenz $\omega_{R1} = 2\pi/s$) an der Transmissionsfunktion $t(x)$ beteiligt sind, sind die Fourier-Koeffizienten. Diese werden durch die sinc-Funktion beschrieben. Bild 2.26 zeigt das Amplitudenspektrum von $t(x)$ für den Fall $b/s = 1/4$.

Die Beugungswelle des Rechteckgitters mit q Spalten ist nach Gl. 2.18

$E_q(a) = E_1(0) \cdot \mathrm{sinc}\,[(\pi b \cdot \sin a)/\lambda]$

$\cdot \dfrac{\sin[(q\pi s \cdot \sin a)/\lambda]}{\sin[(\pi s \cdot \sin a)/\lambda]}$ (Gl. 2.40)

Am Ort der Maxima der Beugungsintensität n-ter Ordnung ist

$2\pi \cdot \sin a_n/\lambda = 2\pi \cdot n/s = n\,\omega_{R1} = 2\pi f_{Rn}$ (Gl. 2.41)

Die auf die nullte Beugungsordnung $(n=0)$ bezogene Beugungswelle ist

$$\frac{E_q(a_n)}{E_q(0)} = \mathrm{sinc}\,(n\pi b/s)$$

Die Beugungswelle n-ter Ordnung eines Beugungsgitters mit $t(x)$ ist also

$E_q(a_n) = \mathrm{const} \cdot \mathrm{sinc}\,(n\pi b/s)$ (Gl. 2.42)

Für die Fourier-Koeffizienten bzw. das Amplitudenspektrum der Transmissionsfunktion $t(x)$ ergibt sich nach Gleichung 2.39

$\begin{aligned} B_n &= (b\,t_0/s) \cdot \mathrm{sinc}\,(n\pi b/s) = \\ &\quad \mathrm{const} \cdot \mathrm{sinc}\,(n\pi b/s) \end{aligned}$ (Gl. 2.43)

Im Vergleich der beiden Gleichungen 2.42 und 2.43 ergibt für eine periodische Raumstruktur:

Die Amplitudenverteilung (elektrische Feldverteilung) der verschiedenen Beugungsordnungen n bei Fraunhofer-Beugung ist proportional zu den Fourier-Koeffizienten der in eine Fourier-Reihe entwickelten Transmissionsfunktion (Aperturfunktion) t(x).

Diese Aussage ist allgemeingültig.

Gehen wir von einem periodischen Gitter zu einer räumlich unperiodischen Transmissionsfunktion $t(x, y)$ (Aperturfunktion) über, dann gilt allgemein:

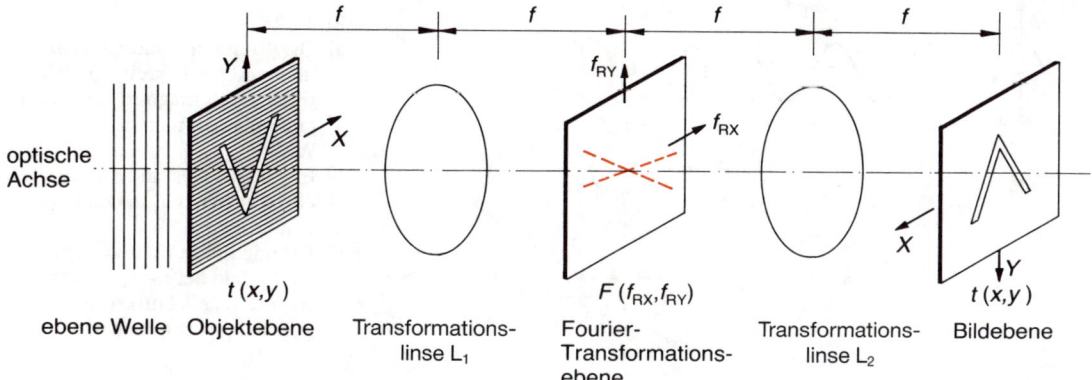

Bild 2.27   Prinzipielle Anordnung zur Raumfrequenzfilterung

Die elektrische Feldverteilung der Fraunhoferschen Beugungsfigur ist proportional zur Fourier-Transformierten der Transmissionsfunktion t (x, y).

Eine experimentelle Anordnung zur optischen Fourier-Transformation und Raumfrequenzfilterung ist schematisch in Bild 2.27 dargestellt.

In der Brennebene der ersten Linse L_1 befindet sich das Objekt O mit der Transmissionsfunktion $t(x, y)$, dessen Fourier-Transformierte F man optisch in der bildseitigen Brennebene von L_1 erhält. F stellt das spektrale Amplituden- und Phasenspektrum dar. Diese Ebene kann man als Raumfrequenzebene bezeichnen. Jeder Punkt in der Fourier-Transformationsebene entspricht einem bestimmten Raumfrequenzpaar f_{Rx} f_{Ry}. Mit zunehmendem Abstand von der optischen Achse nimmt die Raumfrequenz zu. Durch Einbau entsprechender Raumfrequenzfilter lassen sich bestimmte Raumfrequenzen in der Amplitude und Phase beeinflussen.

Ein Tiefpaß wird z. B. durch eine achsennahe Öffnung dargestellt.

Das Verfahren der Raumfrequenzfilterung kann zur Mustererkennung angewandt werden. Dabei nutzt man die Eigenschaft, daß ein bestimmtes Muster ein bestimmtes Raumfrequenzspektrum hat, und zwar unabhängig vom Ort in der Objektebene.

2.4 Polarisation

2.4.1 Dipolstrahlung

Eine Stabantenne stellt einen offenen Dipol dar. In diesem Dipol können elektrische Ladungen mit der Resonanzfrequenz schwingen. Dabei bilden sich in den verschiedenen Schwingungsphasen um den Dipol elektrische (Feldlinien sind in der Mittelebene parallel zu Dipolachse) und magnetische Felder (zur Dipolachse konzentrische Feldlinien Bild 2.28 a). Beim offenen Dipol breiten sich diese transversalen elektrischen und magnetischen Feldschwingungen mit Lichtgeschwindigkeit aus, d. h., eine elektromagnetische Welle wird abgestrahlt. In großer Entfernung $r \gg \lambda$ vom Sendedipol sind die elektrische $\vec{E}(t, r)$ und die magnetische Welle $\vec{H}(t, r)$ in Phase, und man kann dort auch die Welle näherungsweise als ebene Welle betrachten (Bild 2.28 b). Es ist

$$\vec{E} = \text{IM}\{\vec{\hat{E}}\,\mathrm{e}^{\mathrm{j}\,(\omega t - k z + \varphi)}\} \qquad \text{(Gl. 2.44 a)}$$

$$\vec{H} = \text{IM}\{\vec{\hat{H}}\,\mathrm{e}^{\mathrm{j}\,(\omega t - k z + \varphi)}\} \qquad \text{(Gl. 2.44 b)}$$

Das elektrische Feld und das magnetische Feld sind Träger von Energie. Die Energiedichten sind

$$w_{\mathrm{E}} = \varepsilon_0\, E^2/2 \quad \text{und} \quad w_{\mathrm{H}} = \mu_0\, H^2/2 \qquad \text{(Gl. 2.45)}$$

Nach MAXWELL ist $\varepsilon_0\, E^2 = \mu_0\, H^2$, also wird die gesamte mittlere Energiedichte der elektromagnetischen Welle (Bild 2.28 c)

$$\overline{w_{\mathrm{v}}} = w_{\mathrm{E}} + w_{\mathrm{H}} = (\varepsilon_0\, \hat{E}^2)/2 = \varepsilon_0 \cdot E_{\mathrm{eff}}^2 \qquad \text{(Gl. 2.46)}$$

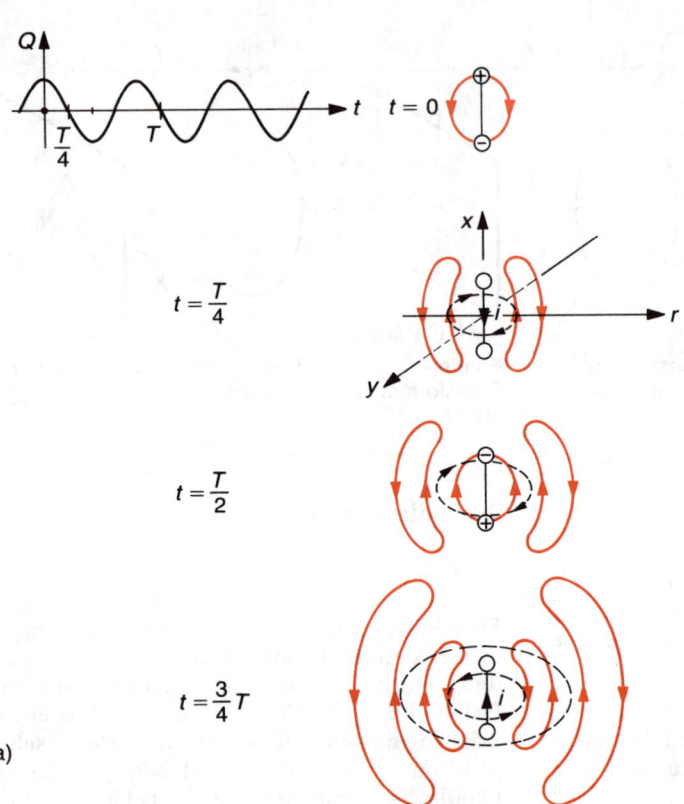

a)

Bild 2.28
a) Oszillierende Ladungen im offenen Dipol erzeugen elektrische und magnetische Felder einer elektromagnetischen Welle.
b) In großem Abstand $r \gg \lambda$ sind elektrisches und magnetisches Feld in Phase.
c) Energiedichte w_v und $\overline{w}_v$ im Wellenfeld bei $t = t_1 = \text{const}$
d) w_v und $\overline{w}_v$ als Funktion der Zeit bei $z = z_1 = \text{const}$

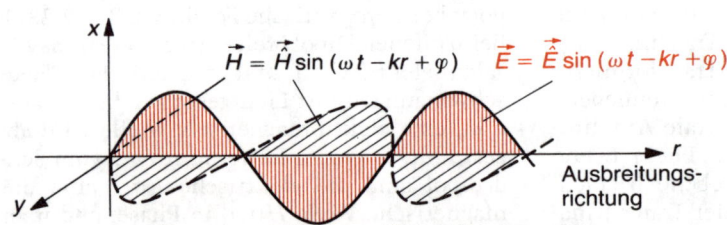

$$\vec{H} = \vec{\hat{H}} \sin(\omega t - kr + \varphi) \qquad \vec{E} = \vec{\hat{E}} \sin(\omega t - kr + \varphi)$$

Großer Abstand vom Dipol: $\vec{E}$ und $\vec{H}$ sind in Phase

b)

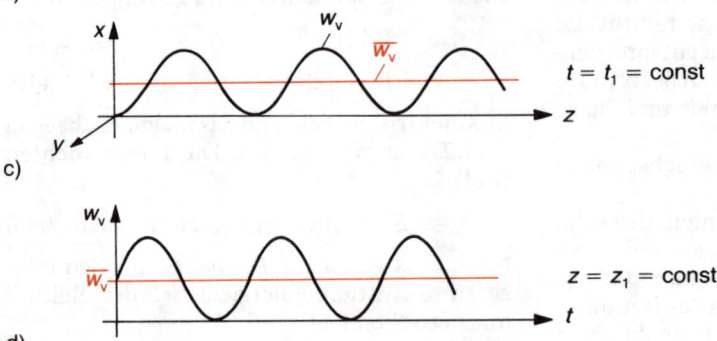

c)

d)

Die Anordnung der Vektoren $\vec{E}$ und $\vec{H}$ ist so, daß das Vektorprodukt $\vec{E} \times \vec{H}$ stets in Ausbreitungsrichtung, d. h. in Energieflußrichtung zeigt. Die *Energieflußdichte* (Leistung je Flächeneinheit) ist durch den *Poynting-Vektor* $\vec{S}$ gegeben (Bild 2.29). Man erhält aus den Gleichungen 2.44 und 2.46

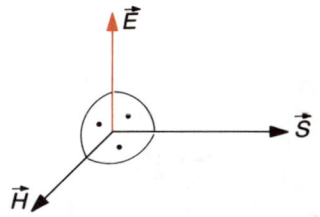

Bild 2.29 Zuordnung der Feldvektoren zum Poynting-Vektor $\vec{S}$ (Energieflußdichte)

$$\vec{S} = \vec{E} \times \vec{H} = \vec{E} \times \vec{H} \cdot \{1 - \cos[2(\omega t - kz + \varphi)]\}/2$$

$$= \varepsilon_0 E_{\text{eff}}^2 \{1 - \cos[2(\omega t - kz + \varphi)]\} \cdot c \cdot (\vec{S}/S)$$

$$= w_v \cdot c \cdot (\vec{S}/S) \qquad \text{(Gl. 2.47)}$$

Der Betrag S des Poynting-Vektors gibt die Energie an, die pro Zeiteinheit durch die Flächeneinheit (senkrecht zu $\vec{S}$) strömt. Seine Maßeinheit ist W/m². Aus Bild 2.28 d sehen wir, daß bei einer elektromagnetischen Welle an einem festen Ort $z = z_1 = \text{const}$ die Energiedichte w_v zeitlich moduliert ist. Für einen Detektor, dessen Empfängerfläche senkrecht zu $\vec{S}$ steht, wird die auftreffende Strahlungsleistung mit der Lichtfrequenz moduliert sein. Da er den hohen Frequenzen (Größenordnung 10^{14} Hz) nicht folgen kann, wird er den zeitlichen Mittelwert $<S>$ der Energieflußdichte registrieren. Für diesen zeitlichen Mitelwert wollen wir auch den Begriff *Intensität I* benutzen. Es ist also

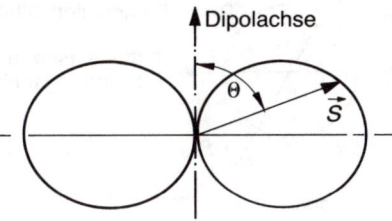

Bild 2.30 Abstrahlungscharakteristik eines Dipols

$$I = <S> = \frac{1}{T} \int_{t_0}^{t_0 + T} S \, dt = \overline{w}_v \cdot c \quad \text{(Gl. 2.48)}$$

Unabhängig davon, ob ein Detektor vorhanden ist, können wir I berechnen. Für ein Interferenzfeld mehrerer Wellen muß I mit Hilfe der resultierenden Amplitude $\hat{E}_{\text{res}}$ berechnet werden. Da I proportional zur mittleren Energiedichte ist, können wir I auch als eine Kenngröße für die zeitlich gemittelte Energieverteilung in einem Interferenzfeld benutzen.

Aus der Dipolcharakteristik (Bild 2.30) ergibt sich, daß in Dipolachsenrichtung keine Energieabstrahlung erfolgt. Die räumliche Verteilung der Leistungsdichte ist rotationssymmetrisch zur Dipolachse:

$$S = [\text{const} \cdot \sin^2 \theta]/r^2 \qquad \text{(Gl. 2.49)}$$

In jeder Ausbreitungsrichtung kann man je nach Lage der Dipolachse unendlich viele verschiedene Schwingungsrichtungen (Polarisationsrichtungen) unterscheiden.

Definition:
Wir bezeichnen die Schwingungsrichtung der elektrischen Feldschwingung ($\vec{E}$) als Polarisationsrichtung.

Frage: Welchen Polarisationszustand hat Licht einer klassischen Lichtquelle (z. B. Sonne, Glühlampe, Quecksilberdampf-Lampe ...)?

Die Sender für das Licht sind atomare Dipole. Diese gehorchen hier statistischen Gesetzen, d. h., jeder atomare Dipol sendet sein Lichtquant unabhängig von den anderen aus. Dadurch ist jeder Emissionsakt nach Zeitpunkt und Schwingungsrichtung zufällig. Es besteht *keine Ordnung bezüglich den Schwingungsrichtungen, das Licht ist unpolarisiert* (Bild 2.31).

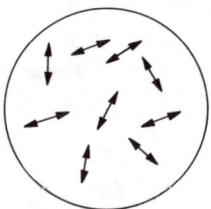

Bild 2.31 Modell einer klassischen Lichtquelle, in der die Dipole vollkommen unabhängig voneinander schwingen

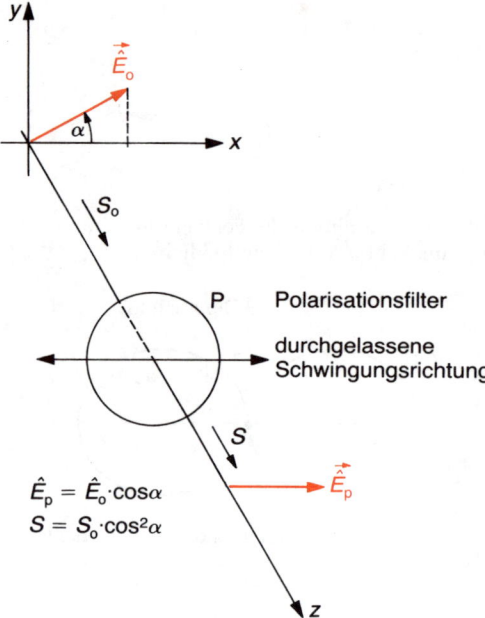

$$\hat{E}_p = \hat{E}_o \cdot \cos\alpha$$
$$S = S_o \cdot \cos^2\alpha$$

Bild 2.32   Das Polarisationsfilter läßt nur eine Komponente der elektrischen Feldschwingung der einfallenden Welle durch.

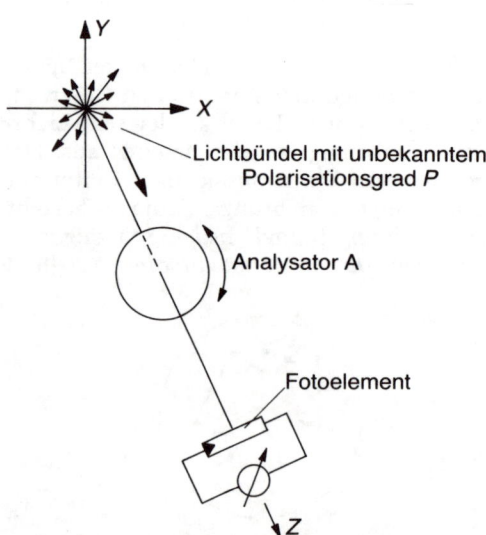

Bild 2.33   Anordnung zur Messung des Polarisationsgrades

2.4.2 Polarisationsfilter

Polarisationsfilter lassen nur eine Schwingungsrichtung durch. Eine eingestrahlte Welle mit Polarisationsrichtung $\vec{E}_0$, die unter dem Winkel a zur Durchlaßschwingungsrichtung schwingt (x-Achse in Bild 2.32), hat nach dem Filter die Amplitude $\hat{E}_0 \cdot \cos a$. Da die Energie dem Quadrat der Amplitude proportional ist, wird die Leistungsdichte nach dem Filter

$$S = S_0 \cdot \cos^2 a \quad \text{(Malussches Gesetz)} \quad \text{(Gl. 2.50)}$$

Die nicht durchgelassene Komponente wird – je nach Bauart des Filters – entweder

☐ absorbiert und in Wärme umgewandelt:

dichroitische Filter (dazu gehören auch die Kunststoffolienfilter)

☐ in eine andere Richtung gelenkt:

a) Polarisation durch Reflexion)
b) doppelbrechende Kristalle

Ob ein Lichtbündel einheitlich linear polarisiert ist oder ob es Anteile mit statistisch wechselnden Schwingungsrichtungen (unpolarisiertes Licht) enthält, kann durch den Polarisationsgrad P beschrieben werden. Eine Meßanordnung für P enthält Bild 2.33. Das durch einen Analysator A (Polarisationsfilter zur Analyse eines Lichtbündels) gehende Licht trifft auf einen Fotodetektor. Dessen Kurzschlußstrom ist proportional zur Intensität. Wird A um eine Achse parallel zur Lichtrichtung gedreht, dann gibt es eine Stellung mit maximaler (I_{max}) und eine mit minimaler (I_{min}) Intensität.

$$\text{Es ist} \quad P = \frac{I_{max} - I_{min}}{I_{max} + I_{min}} \quad \text{(Gl. 2.51)}$$

Für unpolarisiertes Licht ist also $P = 0$, für vollständig linear polarisiertes Licht ist $P = 1$.

2.4.2.1 Dichroitische Filter (Folienfilter)

Dies sind die preiswertesten und verbreitesten Polarisationsfilter.   Polyvinylalkohol-Folien dienen als Träger für lineare geradlinige absorbierende Makromoleküle, die durch Recken der Folie einheitlich ausgerichtet sind. Dadurch wird die parallel zu den Molekülachsen schwingende Komponente absorbiert (Bild 2.34 a).

Der energiebezogene Transmissionsgrad $T = \Phi_{eT}/\Phi_{e0}$ – das Verhältnis der Strahlungsleistungen nach dem Filter Φ_{eT} zu der vor dem Filter Φ_{e0} – ist von der Polarisationsrichtung abhängig.

Bild 2.34 b zeigt ein Diagramm der optischen Dichten $D = \lg(1/T)$ für die Durchlaßschwingungsrichtung D_p und Sperrichtung D_s von einem dichroitischen Filter.

Der erreichbare Polarisationsgrad P ist von λ abhängig und beträgt etwa 99%. Diese Filter werden hauptsächlich im sichtbaren Bereich angewendet. Da die Energie der gesperrten Schwingungsrichtung in Wärme umgewandelt wird, sind diese Filter für höhere Strahlungsleistungen nicht geeignet.

2.4.2.2 Polarisation durch Reflexion

Eine Lichtwelle, die auf eine Grenzfläche von zwei optischen Medien trifft, wird (wenn keine Totalreflexion auftritt) sowohl gebrochen als auch reflektiert.

Wenn der reflektierte Strahl senkrecht zum gebrochenen Strahl steht, dann ist der reflektierte Strahl vollständig linear polarisiert. Dies gilt für den Einfallswinkel ε_B mit

$$\tan \varepsilon_B = n_2/n_1 \quad \text{Brewstersches Gesetz}$$
$$\text{(Gl. 2.52)}$$

Die Polarisationsrichtung des reflektierten Strahls steht dann senkrecht zur Einfallsebene (Bild 2.35).

Die *Fresnelschen Formeln* beschreiben die Reflexion und die Transmission in Abhängigkeit von der Polarisationsrichtung (parallel bzw. senkrecht zur Einfallsebene, Indizes p und s) und dem Einfallswinkel ε vollständig (Bild 2.36 a). Die beiden aneinandergrenzenden Medien haben die Brechungsindizes n_1 und n_2.

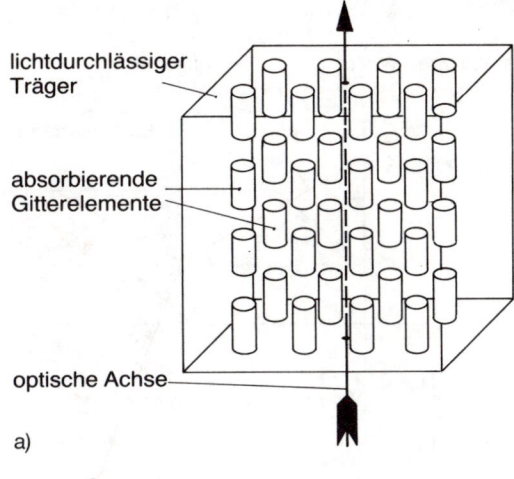

lichtdurchlässiger Träger

absorbierende Gitterelemente

optische Achse

a)

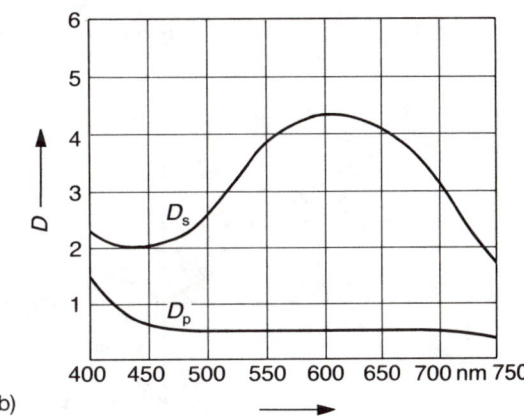

b)

Bild 2.34
a) Aufbau eines dichroitischen Polarisationsfilters (schematisch)
b) Beispiel für die optischen Dichten D_s und D_p eines dichroitischen Filters
[Optische Werkstätten E. Käsemann]

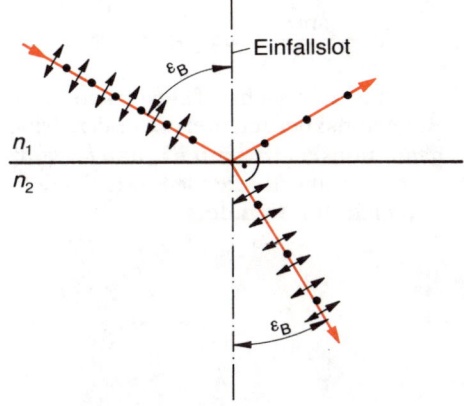

Einfallslot

Bild 2.35 Brewster-Winkel ε_B. Der reflektierte Strahl ist vollständig linear polarisiert.

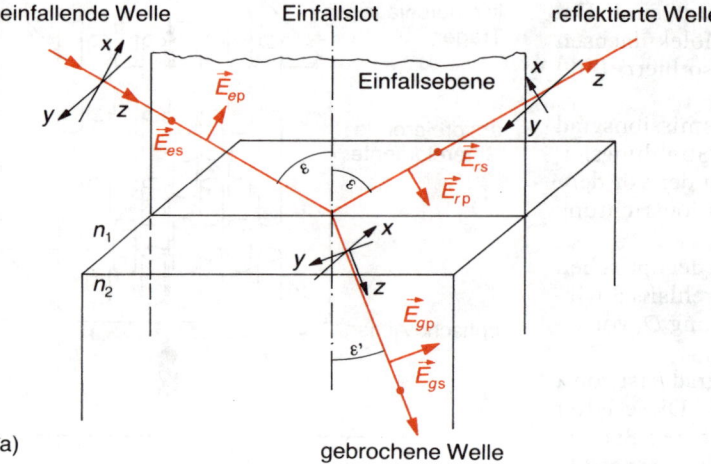

einfallende Welle   Einfallslot   reflektierte Welle

a)

gebrochene Welle

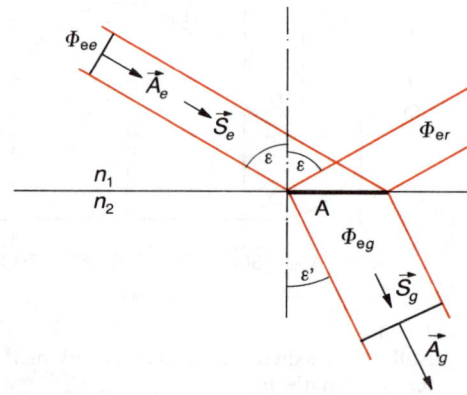

b)

Bild 2.36
a) Reflexion und Brechung der parallel (p) und senkrecht (s) zur Einfallsebene schwingenden Komponenten
b) Energiebilanz bei der Brechung und der Reflexion

Der einfallende Strahl (Index e) spaltet sich in den reflektierten (r) und den gebrochenen (g) Strahl auf. Der relative Brechungsindex ist

$$n_{\mathrm{rel}} = n_2/n_1 = \frac{\sin \varepsilon}{\sin \varepsilon'} \quad \text{(Brechungsgesetz)}$$

Für die auf die elektrischen Feldstärken bezogenen Reflexionskoeffizienten r_{p} und r_{s} bzw. die Transmissionskoeffizienten t_{p} und t_{s} ergibt sich für schwach absorbierende Stoffe (Dielektrika), also nicht für Metalle:

$$r_{\mathrm{p}} = \frac{E_{r\mathrm{p}}}{E_{e\mathrm{p}}} = \frac{n_{\mathrm{rel}}^2 \cos \varepsilon - \sqrt{n_{\mathrm{rel}}^2 - \sin^2 \varepsilon}}{n_{\mathrm{rel}}^2 \cos \varepsilon + \sqrt{n_{\mathrm{rel}}^2 - \sin^2 \varepsilon}}$$

$$= \frac{\tan(\varepsilon - \varepsilon')}{\tan(\varepsilon + \varepsilon')} \quad \text{(Gl. 2.53)}$$

$$r_{\mathrm{s}} = \frac{E_{r\mathrm{s}}}{E_{e\mathrm{s}}} = -\frac{(\sqrt{n_{\mathrm{rel}}^2 - \sin^2 \varepsilon} - \cos \varepsilon)^2}{n_{\mathrm{rel}}^2 - 1}$$

$$= -\frac{\sin(\varepsilon - \varepsilon')}{\sin(\varepsilon + \varepsilon')} \quad \text{(Gl. 2.54)}$$

$$t_{\mathrm{p}} = \frac{E_{g\mathrm{p}}}{E_{e\mathrm{p}}} = \frac{2 n_{\mathrm{rel}} \cos \varepsilon}{n_{\mathrm{rel}}^2 \cos \varepsilon + \sqrt{n_{\mathrm{rel}}^2 - \sin^2 \varepsilon}}$$

$$= \frac{2 \cos \varepsilon \sin \varepsilon'}{\sin(\varepsilon + \varepsilon') \cos(\varepsilon - \varepsilon')} \quad \text{(Gl. 2.55)}$$

$$t_s = \frac{E_{gs}}{E_{es}} = \frac{2\cos\varepsilon\,\sqrt{n_{rel}^2 - \sin^2\varepsilon} - 2\cos^2\varepsilon}{n_{rel}^2 - 1}$$

$$= \frac{2\cos\varepsilon\,\sin\varepsilon'}{\sin(\varepsilon + \varepsilon')}$$

(Gl. 2.56)

Frage: Wie verteilen sich die Strahlungsleistungen Φ_e auf den gebrochenen und den reflektierten Strahl (Bild 2.36 b)?

Bei einer ebenen elektromagnetischen Welle gilt für die Energiedichte

$$\overline{w}_v = \varepsilon_0 \cdot \varepsilon_r \cdot \hat{E}^2 / 2 \qquad \text{(Gl. 2.57)}$$

Die Strahlungsdichte S (Leistung, bezogen auf die Fläche senkrecht zur Ausbreitungsrichtung) ist

$$S = \overline{w}_v \cdot c$$

Es gilt für die Lichtgeschwindigkeit

$$c = 1/\sqrt{\varepsilon_0\,\varepsilon_r\,\mu_0\,\mu_r} \qquad \text{(Gl. 2.58)}$$

Für die in der Optik wichtigen Werkstoffe ist die Permeabilitätszahl $\mu_r \cong 1$.

$$n_{rel} = n_2/n_1 = \frac{c_{vak}/c_2}{c_{vak}/c_1} = \frac{c_1}{c_2} = \sqrt{\varepsilon_{r2}/\varepsilon_{r1}}$$

(Gl. 2.59)

Somit ist

$$S = \frac{1}{2}\sqrt{\varepsilon_0\,\varepsilon_r/\mu_0}\,\hat{E}^2 = \frac{\hat{E}^2}{2Z} \quad \text{(Gl. 2.60)}$$

Z ist der Wellenwiderstand des wellenleitenden Mediums.

Für das Vakuum ist $\varepsilon_r = 1$ und damit $Z_0 = \sqrt{\mu_0/\varepsilon_0} = 377\,\Omega$ (Wellenwiderstand des Vakuums).

Die Leistungsflüsse Φ_e ergeben sich aus den Poynting-Vektoren $\vec{S}$ und den Energiestromquerschnitten A:

$$\Phi_e = \vec{S} \cdot \vec{A} \qquad \text{(Gl. 2.61)}$$

Wir können nun die energiebezogenen Reflexions- und Transmissionskoeffizienten bestimmen. Dabei muß man berücksichtigen, daß der reflektierte Strahl das optische Medium nicht wechselt und der Strahlquer-

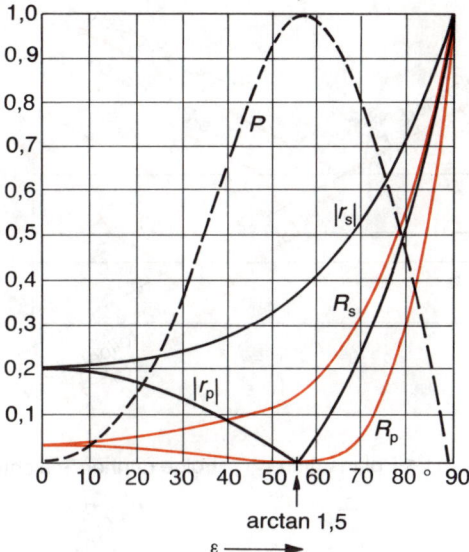

Bild 2.37   Ergebnisse der Fresnelschen Gleichungen für eine Glas-Luft-Grenzfläche mit dem relativen Brechungsindex $n_{rel} = 1{,}5$
r_s und r_p: amplitudenbezogene Reflexionskoeffizienten
R_s und R_p: energiebezogene Reflexionskoeffizienten
P: Polarisationsgrad der reflektierten Strahlung

schnitt nicht geändert wird. Beim gebrochenen Strahl ändern sich der Brechungsindex $(n_1 \rightarrow n_2)$ und die Strahlquerschnittsfläche $(A_e \rightarrow A_g$, Bild 2.36 b).

Es gilt: $R_p = \dfrac{\Phi_{erp}}{\Phi_{eep}} = \dfrac{\vec{S}_{rp} \cdot \vec{A}_r}{\vec{S}_{ep} \cdot \vec{A}_e} = r_p^2;$

entsprechend gilt: $R_s = r_s^2$ \qquad (Gl. 2.62)

Ferner ist:

$$T_p = \frac{\Phi_{egp}}{\Phi_{eep}} = \frac{\vec{S}_{gp} \cdot \vec{A}_g}{\vec{S}_{ep} \cdot \vec{A}_e} = n_{rel} \cdot \frac{\cos\varepsilon'}{\cos\varepsilon}\,t_p^2;$$

entsprechend $T_s = n_{rel}^2\,\dfrac{\cos\varepsilon'}{\cos\varepsilon}\,t_s^2$

(Gl. 2.63)

Diagramme zu $n_{rel} = 1{,}5$ zeigt Bild 2.37.

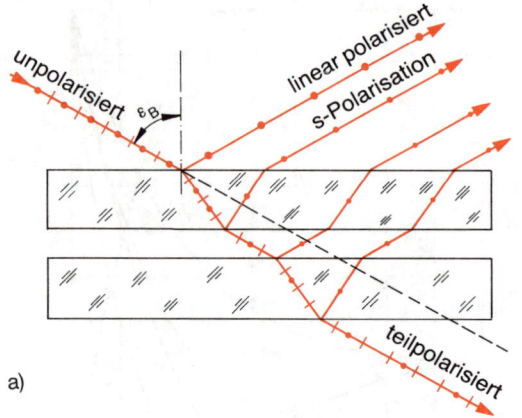

a)

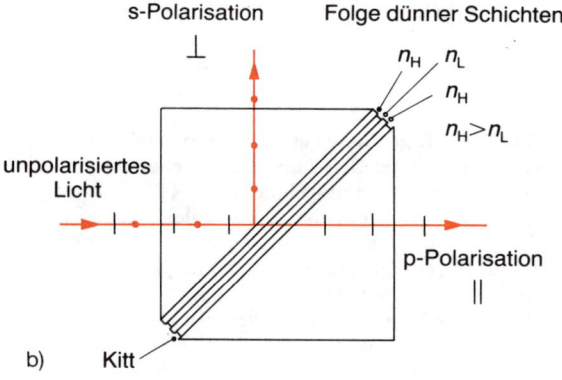

b)   Kitt

Bild 2.38
a) Polarisationswirkung eines Glasplattensatzes
b) Polarisationsteiler-Würfel

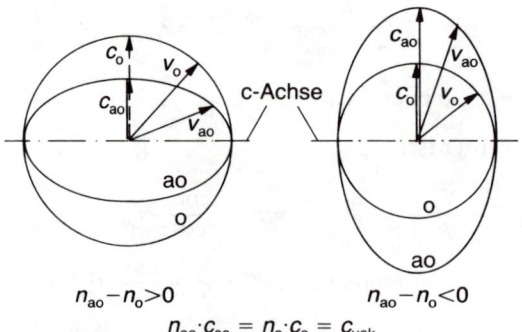

$$n_{ao} \cdot c_{ao} = n_o \cdot c_o = c_{vak}$$

Bild 2.39   Geschwindigkeitsellipsoid beim positiv doppelbrechenden (links) und negativ doppelbrechenden (rechts) einachsigen Kristall

Polarisations-Strahlenteiler-Würfel

Beim Brewster-Winkel ε_B ist der gebrochene Strahl teilpolarisiert. Durch eine stapelförmige Anordnung paralleler Glasplatten wird der Polarisationsgrad P des gebrochenen Lichts um so besser, je mehr Glasplatten verwendet werden (Bild 2.38 a).

Mit dieser Anordnung kann man die Wirkungsweise des Polarisations-Strahlenteiler-Würfels verstehen. Dieser besteht aus zwei verkitteten Halbwürfeln, wobei auf einer Hypotenusenfläche eine Folge dünner paralleler Schichten mit geeigneten Brechungsindizes und passender Dicke aufgedampft wurde (Bild 2.38 b). Es lassen sich die Aufdampfmaterialien nach Brechungsindex und Dicke so auswählen, daß für eine bestimmte Wellenlänge λ beide zueinander senkrecht stehenden Strahlen (durchgehender und reflektierter Strahl) nahezu vollständig linear polarisiert sind.

2.4.2.3 Optische Doppelbrechung

Bei bestimmten Kristallen (z.B. Kalkspat, Quarz, Glimmer ...) ist die Lichtgeschwindigkeit im Kristall von der Ausbreitungsrichtung und der Polarisationsrichtung abhängig. Bei den optisch **einachsigen** Kristallen kann man diesen Sachverhalt durch das Fresnelsche Geschwindigkeitsellipsoid (Bild 2.39) darstellen. Die Längen der Vektoren vom Zentrum zur Kugelfläche bzw. Ellipsoidfläche stellen die Beträge der Geschwindigkeiten v_o und v_{ao} der zwei zueinander senkrecht stehenden Polarisationsrichtungen dar. Da der Brechungsindex $n = c_{vak}/c$ als Verhältnis der Vakuumlichtgeschwindigkeit zur Lichtgeschwindigkeit im Medium definiert ist, erhält man auch richtungsabhängige Brechungsindizes $n_o = v_{vak}/v_o$ und $n_{ao} = c_{vak}/v_{ao}$ für den ordentlichen und außerordentlichen Strahl (Indexellipsoid). Die Rotations-Symmetrieachse gibt die Richtung an, in der o-Strahl und ao-Strahl gleiche Geschwindigkeiten haben. Diese Achse nennen wir optische Kristallachse (c-Achse). Senkrecht zu dieser Achse sind die Geschwindigkeitsunterschiede zwischen o- und ao-Strahl am größten. Die dazugehörigen Werte $c_o = v_o$ und c_{ao} nennen wir Hauptlichtgeschwindig-

Bild 2.40
a) Kalkspatkristall
   (Rhomboederform)
b) Strahlenverlauf in einem
   Hauptschnitt

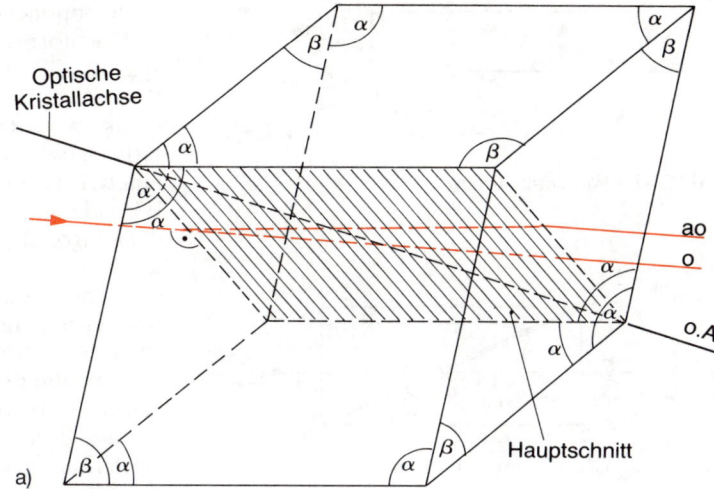

a)

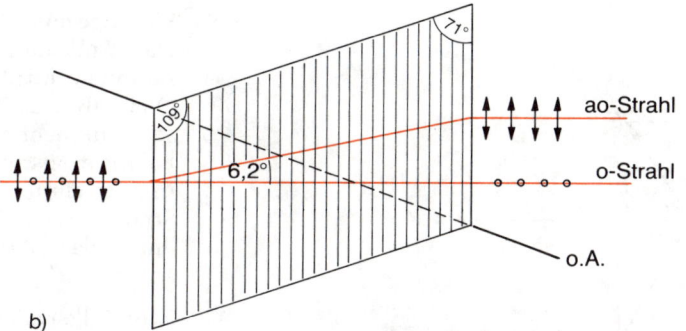

b)

keiten bzw. $n_o = c_{vak}/c_o$ und $n_{ao} = c_{vak}/c_{ao}$ die Hauptbrechzahlen (Tabelle 2.1).

Tabelle 2.1 Hauptbrechzahlen von einigen optisch doppelbrechenden einachsigen Kristallen bei $\lambda = 589$ nm

	n_o	n_{ao}	n_{ao-n_o}
Kalkspat	1,6584	1,4864	neg
Turmalin	1,6425	1,6220	neg
Quarz	1,5442	1,5553	pos
Rutil	2,6158	2,9029	pos
Eis	1,309	1,313	pos

Die Wirkung eines optisch doppelbrechenden Kristalls bezüglich polarisierten Lichts richtet sich nach dem Kristallhauptschnitt.

Definition:
Als Kristallhauptschnitt oder kurz Hauptschnitt bezeichnen wir eine Ebenenschar, die durch die optische Kristallachse und das Einfallslot der einfallenden Welle festgelegt ist.

Der Kristall sortiert das Licht nach den beiden zueinander senkrecht stehenden Schwingungsrichtungen:

o-Strahl $\rightarrow$ schwingt senkrecht zum Hauptschnitt,
ao-Strahl $\rightarrow$ schwingt parallel zum Hauptschnitt.

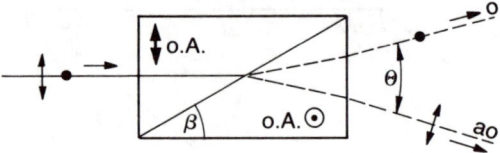

Bild 2.41   Wollaston-Prisma

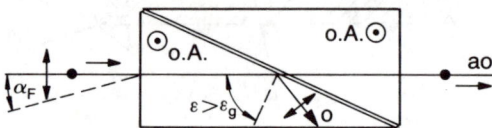

Bild 2.42   Glan-Thompson-Prisma

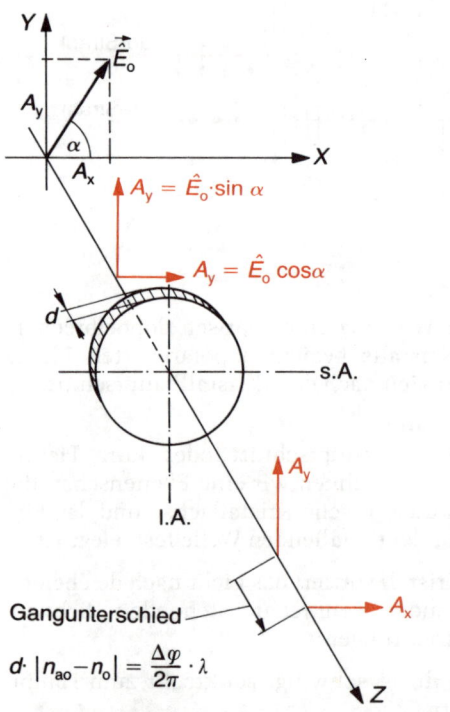

$$d \cdot |n_{ao} - n_o| = \frac{\Delta \varphi}{2\pi} \cdot \lambda$$

Bild 2.43   Verzögerungsplättchen zur Erzeugung einer Phasenverschiebung zwischen den in den Vorzugsachsen schwingenden Wellen

Die optische Doppelbrechung wurde von E. Bartholinus (1669) am isländischen Kalkspat ($CaCO_3$-Einkristall) entdeckt. Die Spaltflächen – das sind die Netzebenen des Kristalls, zwischen denen die Bindungskräfte relativ schwach sind – bilden beim Kalkspat einen Rhomboeder. Beim Kalkspat sind die Winkel $a = 102°$ und $\beta = 78°$. Es gibt zwei einander diagonal gegenüberliegende stumpfe Ecken. Die Gerade durch diese Ecken ist die optische Kristallachse (c-Achse). Wie man sich überlegen kann, ist dies auch eine Symmetrieachse mit dreizähliger Symmetrie. Jede Fläche, die die c-Achse enthält, kann ein Hauptschnitt sein. In Bild 2.40a ist der zum Einfallslot der linken Fläche gehörige Hauptschnitt schraffiert gezeichnet. In Bild 2.40b ist der Strahlenverlauf für den o-Strahl und den ao-Strahl in diesem Hauptschnitt gezeichnet.

Wichtige doppelbrechende Bauelemente:
Das **Wollaston-Prisma** besteht aus zwei zusammengekitteten Prismen aus Kalkspat oder Quarz (Bild 2.41), deren optische Kristallachsen senkrecht zueinander stehen. Die beiden Polarisationsrichtungen verlassen das Prisma in getrennten Richtungen (Polarisations-Strahlenleiter). Die Richtungsdifferenz Θ wird durch das Material und den Winkel β bestimmt.

Z. B.: Kalkspat $n_{ao} - n_o = -0{,}174$

$$\beta = 45°$$
$$\theta = 20°$$

Das **Glan-Thompson-Prisma** wird als Polarisationsprisma verwendet. Es besteht aus 2 Kalkspatkristallen mit parallelen optischen Achsen, die entweder verkittet (z. B. Kanada-Balsam, dessen Brechungsindex $n_B = 1{,}55$ zwischen dem des o-Strahls und des ao-Strahls liegt) oder mit engem Luftspalt zueinander angeordnet sind. Der ordentliche Strahl wird an der inneren Grenzfläche (Kalkspat/Kitt bzw. Kalkspat/Luft) totalreflektiert, während der ao-Strahl in gleicher Richtung weiterläuft. Die Bedingung dafür ist, daß der Einfallswinkel des o-Strahls an der Trennfläche größer ist als der Grenzwinkel ε_g. Für diesen gilt $\sin \varepsilon_g = n_B/n_o$, also $\varepsilon_g = 69°$. Dieser Grenzfall wird erreicht, wenn der Einfallswinkel auf das Prisma den Feldwinkel a_F (Bild 2.42) erreicht. Der Feldwinkel legt fest, wie stark die Divergenz oder Konvergenz des Strahls sein darf, um noch vollständige Polarisation beim durchgehenden Strahl zu erhalten. Beim Glan-Thompson-Prisma können je nach Bauart Feldwinkel bis zu 42° erreicht werden.

Verzögerungsplatten

Ein planparalleles Plättchen, bei dem die optische Kristallachse parallel zur Plattenoberfläche liegt wird Verzögerungsplättchen genannt. o-Strahl und ao-Strahl durchlaufen das Plättchen verschieden schnell (schnelle Achse sA und langsame Achse lA). Dadurch tritt eine Phasenverschiebung zwischen diesen beiden Strahlen auf (Bild 2.43).

Die Phasenverschiebung beträgt

$$\Delta\varphi = 2\pi \cdot (n_{ao} - n_o) \cdot d/\lambda \qquad \text{(Gl. 2.64)}$$

Ein $\lambda/4$-Plättchen erhalten wir für $\Delta\varphi = (2k+1)\pi/2$ mit der Ordnungszahl $k = 0,1,2\ldots$

Ist das einfallende Licht linear polarisiert ($\vec{E}_o$), dann ergeben sich bei verschiedenen Einfallspolarisationsrichtungen a mit der $\lambda/4$-Platte verschiedene Wirkungen:

$\left.\begin{array}{l} a=0° \\ a=90° \end{array}\right\}$ Keine Wirkung auf Polarisationseigenschaft

$a=45°$ Je nach Ordnungszahl k entsteht rechts- oder linkszirkular polarisiertes Licht (Bild 2.44). Dies bedeutet, daß sich in einer Ebene $z=$const die Spitze des resultierenden $\vec{E}$-Vektors auf einem Kreis im Uhrzeigersinn oder Gegen-Uhrzeigersinn dreht. Die Drehrichtung wird dabei von einem gegen die Lichtrichtung blickenden Beobachter beurteilt.

a beliebig Es entsteht elliptisch polarisiertes Licht. Die Spitze des resultierenden $\vec{E}$-Vektors bewegt sich auf einer Ellipse.

Bild 2.45 Longitudinaler Pockels-Effekt. Damit ist ein elektrisch steuerbares Verzögerungsplättchen zu bauen.

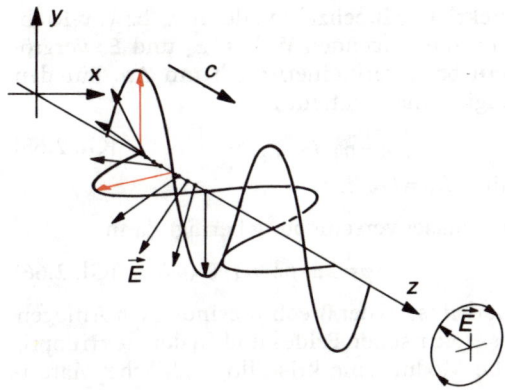

Bild 2.44 Rechtszirkular polarisiertes Licht

2.4.2.4 Linearer elektrooptischer Effekt (Pockels-Effekt)

Durchstrahlt man eine einachsig doppelbrechende Kristallplatte (Bild 2.45) in Richtung der optischen Kristallachse (z-Richtung), dann sind die Geschwindigkeiten der in den Vorzugsrichtungen x und y schwingenden Wellen zunächst gleich.

Durch ein äußeres elektrisches Feld wird das Geschwindigkeitsellipsoid deformiert. Dieses Feld kann in Lichtausbreitungsrichtung (z-Achse) oder senkrecht dazu liegen (longitudinaler oder transversaler elektrooptischer

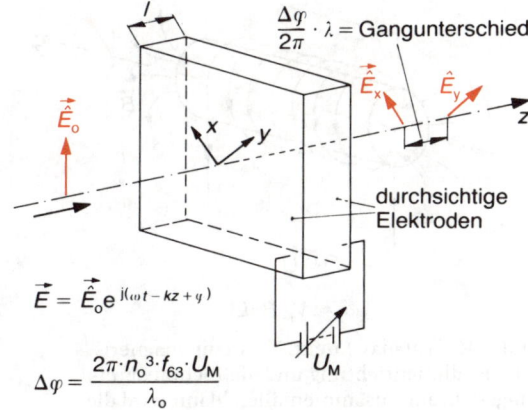

$$\frac{\Delta\varphi}{2\pi} \cdot \lambda = \text{Gangunterschied}$$

$$\vec{E} = \vec{E}_o e^{j(\omega t - kz + \varphi)}$$

$$\Delta\varphi = \frac{2\pi \cdot n_o^3 \cdot f_{63} \cdot U_M}{\lambda_o}$$

Effekt). Die Brechzahlen der in x- bzw. y-Richtung schwingenden Wellen $\vec{E}_x$ und $\vec{E}_y$ vergrößern bzw. verkleinern sich um Δn. Für den longitudinalen Effekt gilt

$$\Delta n = n_0^3 \cdot f_{63} \cdot E_M / 2 \qquad \text{(Gl. 2.65)}$$

mit $E_M = U_M / l$.

Die Phasenverschiebung beträgt dann

$$\Delta\varphi = 2\pi \cdot n_0^3 \cdot f_{63} \cdot U_M / \lambda_0 \qquad \text{(Gl. 2.66)}$$

Hierbei ist n_0 der Brechungsindex vor Anlegen des elektrischen Feldes und f_{63} der elektrooptische Modul, eine kristallographische Materialkonstante.

Mit diesem Effekt lassen sich sehr schnelle elektrooptische Schalter bauen (Grenzfrequenz ca. 10^{12} Hz).

2.4.2.5 Faraday-Effekt

Linear polarisiertes Licht, das sich in einem optischen Medium ausbreitet, kann durch ein magnetisches Feld $\vec{B}$ beeinflußt werden. Die Schwingungsrichtung wird um Winkel a gedreht, wenn die magnetischen Feldlinien $\vec{B}$ mit der Ausbreitungsrichtung zusammenfallen. Es gilt:

$$a = V_F \cdot B \cdot L \qquad \text{(Gl. 2.67)}$$

Verdetsche Konstante V_F (Materialkonstante)

magnetische Induktion $B = \mu_0 \, \mu_r \, H$.

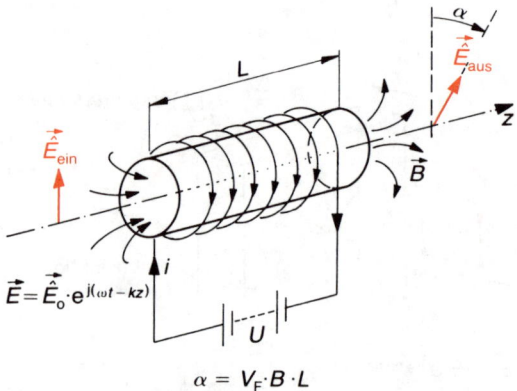

$$\alpha = V_F \cdot B \cdot L$$

Bild 2.46 Faraday-Effekt. Wenn die magnetische Feldlinienrichtung und die Lichtausbreitungsrichtung zusammenfallen, dann wird die Polarisationsrichtung gedreht.

Tabelle 2.2 Verdetsche Konstanten für $\lambda = 589$ nm

Material	$\dfrac{t}{\text{°C}}$	$\dfrac{V_F}{\text{rad} \cdot \text{m/V} \cdot \text{s}}$
Leichtes Flintglas	18	9,22
Wasser	20	3,81
Quarz	20	4,83
Luft (1013 mbar)	0	$1,82 \cdot 10^{-3}$
Zinksulfid (ZnS)	20	98,91

Tabelle 2.2 enthält die Zahlenwerte von einigen Materialien.

Es gibt auch ferromagnetische Materialien, z.B. Ga-dotierte YIG (Yttrium-Eisen-Granat), die sehr große Drehwinkel a erzeugen, jedoch sich nicht mehr linear in bezug auf die magnetische Feldstärke verhalten.

Mit Hilfe des Faraday-Effekts werden optische Isolatoren gebaut. Diese verhindern eine Rückkopplung eines emittierten Laserstrahls in den Resonator, der diesen Strahl erzeugt hat.

2.5 Kohärenz

2.5.1 Interferenzfähigkeit und Kohärenz

Zur Vereinfachung wählen wir hier ein zweidimensionales Wellenfeld. Zwei punktförmige Sender S_1 und S_2 senden Zylinderwellen E_1 und E_2 mit gleicher Frequenz und gleicher Polarisation aus (Bild 2.47). Dieses Beispiel kann anschaulich in der Wasserwellenwanne realisiert werden.

$$E_i = \left(A_{i0}/\sqrt{r_i}\right) e^{j(\omega t - k r_i + \varphi_i)} = A_i e^{j(\omega t - k r_i + \varphi_i)}$$

$$\text{mit } i = 1,2$$

Die resultierende Welle im Wellenfeld ist

$$E_{res}(t,r) = E_1 + E_2$$

Das zeitliche Mittel der Intensitätsverteilung ist somit

$$\langle S(t,r)\rangle = I(r) = (\varepsilon_0 \cdot c/2) \cdot E_{res}^{\star} = (\varepsilon_0 \cdot c/2)$$
$$\cdot \{A_1^2 + A_2^2 + 2 A_1 A_2 \cos[k(r_2 - r_1) + (\varphi_1 - \varphi_2)]\}$$
$$\text{(Gl. 2.68)}$$

Bild 2.47
Interferenz von zwei
Zylinderwellen, die von
gleichphasig schwingenden
Sendern S_1 und S_2 ausgehen.
Die konstruktiven
Interferenzen (Hyperbeln) der
Ordnungen $m = 0$ und
$m = 2$ sind eingezeichnet.

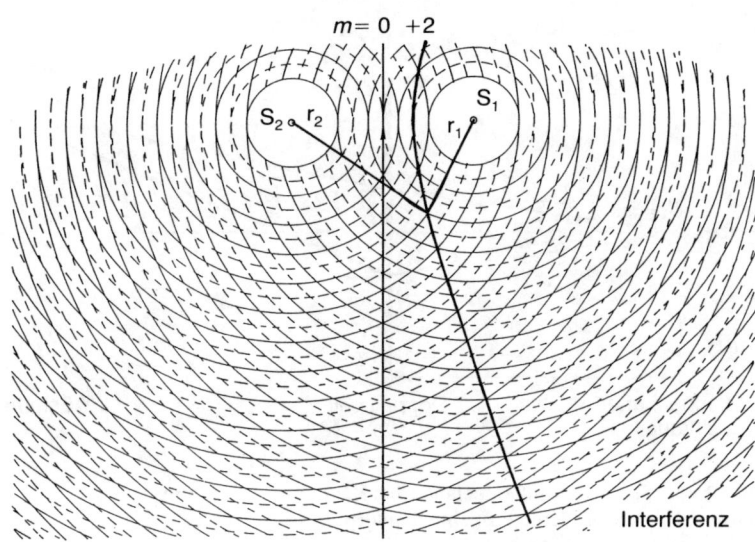

Die Intensitätsmodulation im Raum, also die Interferenzerscheinung, wird allein durch das letzte Glied (Interferenzglied) bestimmt. Die cos-Funktion nimmt in Abhängigkeit vom Ort $(r_2 - r_1)$ Werte zwischen −1 und +1 an. Falls $\varphi_1 - \varphi_2 = \text{const}$, dann ist die Phasendifferenz der beiden Wellen (Argument der cos-Funktion) eine eindeutige Funktion des Ortes.

Die Interferenzlinien im obigen Beispiel sind konfokale Hyperbeln.

Falls $\varphi_1 - \varphi_2 = 0$, gilt:

Linien der Verstärkung (konstruktive Interferenz) für

$$k(r_2 - r_1) = m \cdot 2\pi$$

Linien der Schwächung (destruktive Interferenz) für

$$k(r_2 - r_1) = (2 \cdot m + 1) \cdot \pi$$

mit der Interferenzordnung $m = 0, \pm 1 \ldots$

Falls sich φ_1 oder φ_2 um π ändert, vertauschen sich die Linien der Verstärkung und die der Schwächung.

Definition:
Der Kontrast K eines Interferenzmusters ist

$$K = \frac{I_{\text{max}} - I_{\text{min}}}{I_{\text{max}} + I_{\text{min}}} \qquad \text{(Gl. 2.69)}$$

Dabei sind I_{max} und I_{min} benachbarte Intensitätsmaxima und -minima. Der Wertebereich von K ist $0 \leq K \leq 1$.

Frage: Welchen Kontrast haben die Interferenzen in obigem Beispiel?

Wenn in der Gleichung 2.68

$$\cos[k(r_2 - r_1) + (\varphi_1 - \varphi_2)] = +1,$$

dann ist $I(r) = I_{\text{max}}$

Für $\cos[k(r_2 - r_1) + (\varphi_1 - \varphi_2)] = -1$ ist $I(r) = I_{\text{min}}$

also wird

$$K = \frac{2 A_1 A_2}{A_1^2 + A_2^2}$$

und

$$I(r) = I_0(r)[1 + K(r) \cdot \cos \Phi(r)] \qquad \text{(Gl. 2.70)}$$

Dabei ist $I_0(r)$ die mittlere Intensität und $\Phi(r)$ die Phasendifferenz der interferierenden Wellen im Beobachtungsgebiet.

Frage: Welche Intensität I wird beobachtet, wenn die Nullphasenwinkel φ_1 und φ_2 in Abhängigkeit von der Zeit vollkommen statistisch schwanken?

Statistisch soll bedeuten, daß über den Beobachtungszeitraum kein Wert zwischen $0 \ldots 2\pi$ bevorzugt ist. An einem bestimmten Ort wird also über den Beobachtungszeitraum der zeitlich gemittelte Wert der cos-Funktion den

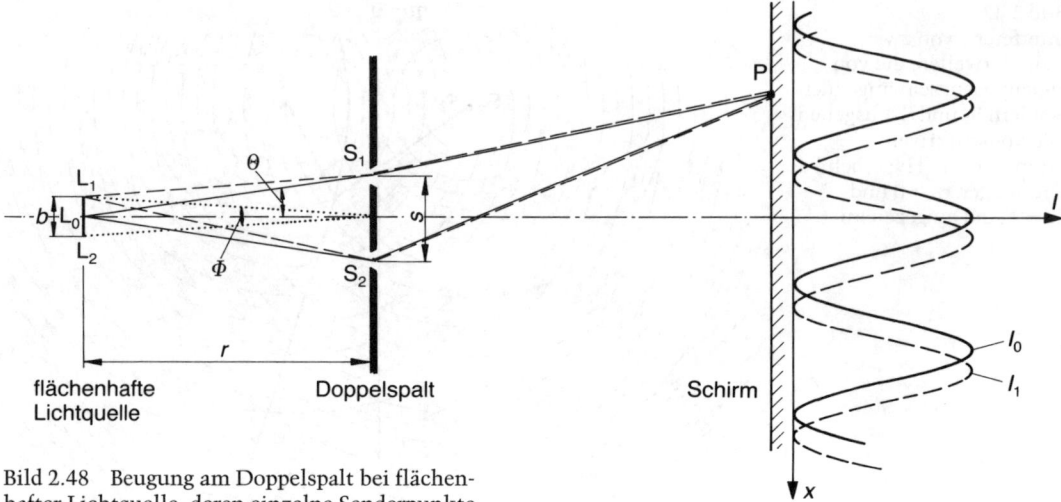

Bild 2.48   Beugung am Doppelspalt bei flächen-
hafter Lichtquelle, deren einzelne Senderpunkte
L_i unkorreliert schwingen

Wert Null haben. Dies bedeutet, daß keine Interferenzen zu beobachten sind. Die Wellen
sind **nicht interferenzfähig**, d. h., sie sind **nicht
kohärent**.
**Bei inkohärenten Wellen ist die beobachtbare
Intensität $I_{ges}(P)$ im Beobachtungspunkt P
gleich der Summe der Intensitäten der Einzelwellen.**

2.5.2 Räumliche Kohärenz

Bisher haben wir nur zwei punktförmige Wellenzentren angenommen und die Interferenzen im gemeinsamen Wellenfeld beobachtet.

Nun wollen wir mit einer flächenhaften
Lichtquelle der Ausdehnung b zwei enge
Spalte S_1 und S_2 beleuchten und die Interfe-
renzerscheinung, d. h. die Intensitätsvertei-
lung auf dem Schirm, beobachten. Solange wir
in der Zeichenebene bleiben, können wir die
Wellenfelder als zweidimensional ansehen
(Bild 2.48).

Unser Augenmerk muß sich nun auf die flächenhafte Lichtquelle LQ richten. Diese besteht aus vielen voneinander unabhängig
emittierenden punktförmigen Sendern L_i (wie
z. B. auch bei der Wendel einer Glühlampe oder

bei der strahlenden Sonnenoberfläche). Von jedem Punkt der LQ ergibt sich eine Erregung in
S_1 und S_2 mit zugehörigen Elementarwellen
zum Schirm. Jeder Senderpunkt von LQ erzeugt ein Interferenzmuster auf dem Schirm.

Die Differenz der optischen Wege von einem
LQ-Punkt über S_1 und S_2 zu einem bestimmten Schirmpunkt P hängt von der Lage des
Senderpunktes L – z. B. L_0 oder L_1 – ab. Es ergeben sich auf dem Schirm so viele räumlich
gegeneinander verschobene Interferenzmuster, wie es Lichtquellenpunkte gibt. Da die
Senderpunkte L alle unabhängig voneinander
(unkorreliert) schwingen, sind deren Wellen
nicht gegenseitig interferenzfähig (inkohärent).

Ergebnis: Die Wellen der einzelnen Lichtquellenpunkte L_i liefern eine durch Interferenz bedingte Modulation der Intensität I_i, die der
Beugung am Doppelspalt entspricht. Da die
Wellen der einzelnen Lichtquellenpunkte L_i
nicht kohärent, also nicht gegenseitig interferenzfähig sind, erhalten wir als experimentelles Ergebnis auf dem Schirm die Summe der
Intensitätsverteilungen I_i.

$$I_{ges} = \sum I_i$$

Wie Bild 2.49 zeigt, nimmt mit zunehmender
Lichtquellengröße b der Kontrast K ab.

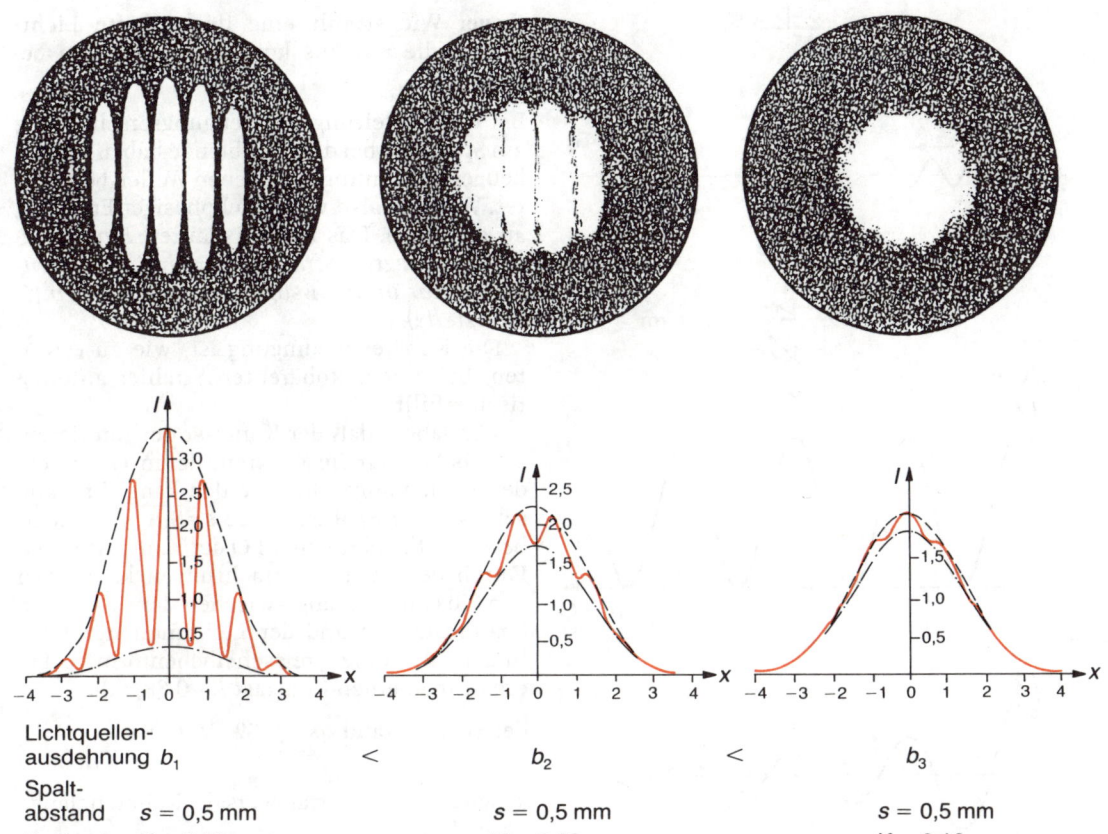

Lichtquellen-ausdehnung b_1	<	b_2	<	b_3
Spalt-abstand $s = 0{,}5$ mm		$s = 0{,}5$ mm		$s = 0{,}5$ mm
Kontrast $K = 0{,}70$		$K = 0{,}13$		$K = 0{,}16$

Frage: Unter welcher Bedingung erhält man auch bei einer ausgedehnten LQ noch kontrastreiche Interferenzen?

Der Gangunterschied Δ_1 in P der von L_1 ausgehenden Wellen beträgt

$$\Delta_1 = (\overline{L_1 S_2} + \overline{S_2 P}) - (\overline{L_1 S_1} + \overline{S_1 P}).$$

Entsprechend gilt für den LQ-Punkt L_0

$$\Delta_0 = (\overline{L_0 S_2} + \overline{S_2 P}) - \overline{L_0 S_1} + \overline{S_1 P}).$$

Ist $\Delta_1 - \Delta_0 = \lambda/2$, dann haben die von L_1 kommenden Wellen dort ein Interferenzminimum, wo die von L_0 kommenden ein Maximum haben. Der Kontrast verschwindet.

Wenn aber $\Delta_1 - \Delta_0 \ll \lambda/2$, dann fallen die Interferenzmaxima der Wellen von L_1 und L_0 nahezu zusammen, d.h., der Kontrast ist gut.

Bild 2.49 Interferenzmuster bei der Anordnung nach Bild 2.48 bei verschiedenen Lichtquellengrößen b. Der Kontrast fällt mit steigender Lichtquellengröße ab [aus 2.5].

Die Bedingung für die Interferenzfähigkeit bei flächenhaften LQ lautet also:

$$\Delta_1 - \Delta_0 = (\overline{L_1 S_2} - \overline{L_0 S_2}) - (\overline{L_1 S_1} - \overline{L_0 S_1})$$

$$\cong b \cdot \Theta/2 - (-b \cdot \Theta/2) = b \cdot \Theta \ll \lambda/2$$

Die *Kohärenzbedingung* lautet also:

$$b \cdot \Theta \ll \lambda/2 \qquad \text{(Gl. 2.71)}$$

Mit den in Bild 2.48 definierten Größen Φ und s läßt sich die Kohärenzbedingung auch in folgender Form schreiben:

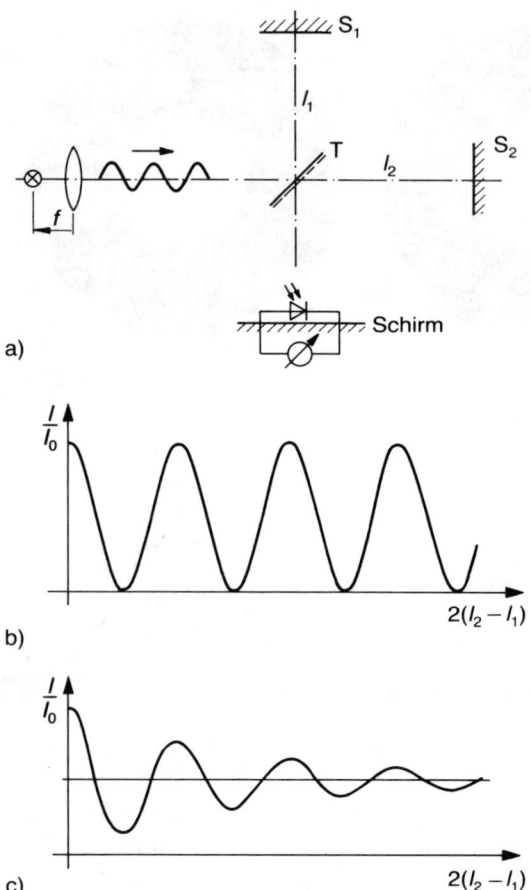

a)

b)

c)

Bild 2.50
a) Michelson-Interferometer. Intensität als
   Funktion des optischen Wegunterschieds bei
   einer
b) monochromatischen Lichtwelle,
c) nicht monochromatischen Lichtwelle

$$\Phi \ll \lambda/s \qquad \text{(Gl. 2.72)}$$

Nur innerhalb des Öffnungswinkels $2\Theta \ll \lambda/b$
darf man die Strahlung eines flächenhaften inkohärenten Strahlers ebenso behandeln wie
die eines punktförmigen Strahlers.
**Eine flächenhafte Lichtquelle, die aus unkor-
relierten Elementarstrahlern besteht (inkohärente LQ), liefert nur innerhalb des Winkelbe-
reichs 2Θ kohärente Strahlung.**

Frage: Wie strahlt eine flächenhafte Lichtquelle, die nur aus korrelierten Sendern besteht?

Bei der Herleitung der Beugungserscheinung
am Spalt und bei der Lochblende haben wir die
beugende Öffnung mit ebenen Wellen beleuchtet. Wir sind also von gleichphasiger Erregung
ausgegangen. Das Ergebnis lautet: *Ein gleichphasig erregter Strahler strahlt im wesentlichen nur in den Beugungswinkel $\Theta = \lambda/b$ (1.
Nullstelle).*
  Die Kohärenzbedingung ist, wie zu erwarten, bei einem kohärenten Strahler automa-
tisch erfüllt.
  Wir sahen, daß der Kontrast der Interferenzen als Maß für die Kohärenz der interferierenden Wellen angesehen werden kann. Im Falle
sehr kleiner Spaltabstände $s = \overline{S_1 S_2}$ geht auch
bei einer flächenhaften LQ der Kontrast $K \to 1$.
Durch detaillierte Betrachtungen kann man
den Zusammenhang zwischen dem Kontrast,
Spaltabstand s und der Lichtquellengröße b
finden. Für eine kreisscheibchenförmige LQ
erhält man einen Kontrast $K = 0,88$, falls

der Spaltabstand $s_t = 0,32 \cdot \lambda/\Phi$ ist.

$$\text{(Gl. 2.73)}$$

s_t wird auch als transversale Kohärenzlänge
bezeichnet.

2.5.3 Zeitliche Kohärenz

In ein Michelson-Interferometer (Bild 2.50a)
mit zueinander senkrechten Spiegeln S_1 und S_2
läuft eine ebene monochromatische Welle $\hat{E}_0$
$e^{\mathrm{j}(\omega t - kz)}$. Der Strahlenteiler T soll je 50% re-
flektieren und transmittieren.
  Nun wird S_2 z.B. nach rechts um Δl_2 verschoben. Dadurch wird der optische Weg in
Arm 2 um $2 \cdot \Delta l_2$ vergrößert (Hin- und Rückweg). Die beobachtete normierte Intensitätsmodulation auf dem Schirm ist in Bild 2.50b
angegeben. Der Kontrast ist hier $K = 1,0$.
  Bei einem realen Experiment beobachtet
man eine Kontrastabnahme mit zunehmen-
dem Gangunterschied $\Delta = |2(l_2 - l_1)|$ der beiden
über S_1 und S_2 laufenden Wellen (Bild 2.50c).
Bei Lasern ist die Abnahme des Kontrasts mit

zunehmendem Gangunterschied extrem gering – verglichen mit den Lichtquellen herkömmlicher Lichtquellen (auch wenn diese mit Hilfe von Interferenzfiltern spektral gefiltert wurden).

Modell zur Deutung des Versuchsergebnisses:
Wir nehmen an, daß das Licht aus einer statistischen Folge von einzelnen Wellenzügen der Länge L_c *(Kohärenzlänge)* besteht, d.h., zwischen den einzelnen Wellenzügen soll keine Phasenkorrelation bestehen.

Nach Durchlaufen des Interferometers sind die über die beiden Spiegel gelaufenen Teile eines bestimmten Wellenzuges gegeneinander verschoben mit dem Gangunterschied $\Delta = 2(l_2 - l_1)$ (Bild 2.51). Nur die noch überlappenden Teile können miteinander interferieren, weil nur im Überlappungsbereich eine feste zeitlich konstante Phasenkorrelation besteht.

Dies bedeutet, daß der Kontrast der Interferenzen verschwindet (also keine Kohärenz mehr besteht), wenn $|2 \cdot (l_2 - l_1)| > L_c$ ist.

Frage: Welchen Wert hat L_c und welchen Eigenschaften des Lichts hängt L_c ab?

Die Dauer der korrelierten Phasen vor dem Interferometer in einem festen Punkt ist gleich der Laufzeit τ_c des Wellenzuges. Es ist $\tau_c = L_c/c$.

Aus dem Experiment erkennt man, daß L_c um so größer wird, je monochromatischer das Licht ist, d.h. je kleiner die Halbwertsbreite $\Delta f_{1/2}$ ist.

Der Wellenzug ist nach Fourier eine Summe aus Einzelwellen des zugehörigen Spektrums mit der spektralen Amplitudendichte $A(f)$. Das Intensitätsspektrum $I(f)$ von $A(f)$ hat die Halbwertsbreite $\Delta f_{1/2}$ und die Mittenfrequenz f_0 (Bild 2.52).

Die Phasenunterschiede auf dem Schirm betragen für die beiden Frequenzen f_0 und $f_{1/2} = f_0 + \Delta f_{1/2}/2$:

$$\Delta \varphi_0 = 2\pi \, | \, 2(l_2 - l_1) \, | \, /\lambda_0 = 2\pi f_0 \, | \, 2(l_2 - l_1) \, | \, /c$$

$$\Delta \varphi_{1/2} = 2\pi \, | \, 2(l_2 - l_1) \, | \, /\lambda_{1/2} = 2\pi f_{1/2} \, | \, 2(l_2 - l_1) \, | \, /c$$

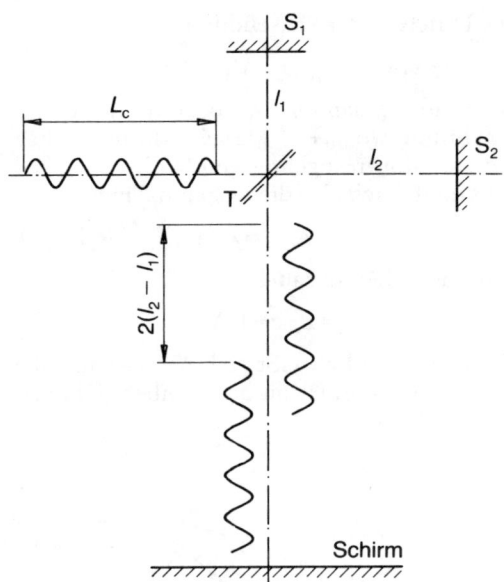

Bild 2.51 Deutung des Versuchsergebnisses von Bild 2.50 mit Hilfe des Modells der Kohärenzlänge L_c. Mit dem Michelson-Interferometer ist eine Messung der Kohärenzlänge möglich.

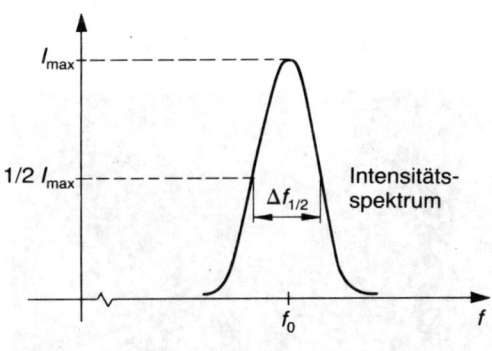

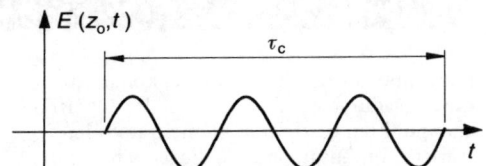

Bild 2.52 Kohärenzdauer τ_c und Halbwertsbreite $f_{1/2}$

Die Differenz der Phasendifferenzen

$$\Delta\varphi = \Delta\varphi_{1/2} - \Delta\varphi_0 = \pi\,\Delta f_{1/2}\,|\,2\,(l_2 - l_1)\,|\,/c$$

Wenn $\Delta\varphi \cong \pi$, dann hat f_0 dort ein Interferenzmaximum, wo $(f_0 + \Delta f_{1/2}/2)$ ein Minimum hat, d. h., der Kontrast geht gegen Null.

Es ergibt sich also die Kohärenzlänge

$$L_c = c/\Delta f_{1/2} = \lambda^2/\Delta\lambda_{1/2} \qquad \text{(Gl. 2.74)}$$

bzw. die Kohärenzdauer

$$\tau_c = L_c/c = 1/\Delta f_{1/2}$$

Dieser Sachverhalt läßt sich präziser mit der Fourier-Transformation beschreiben (Übungsaufgabe 2.13).

a)

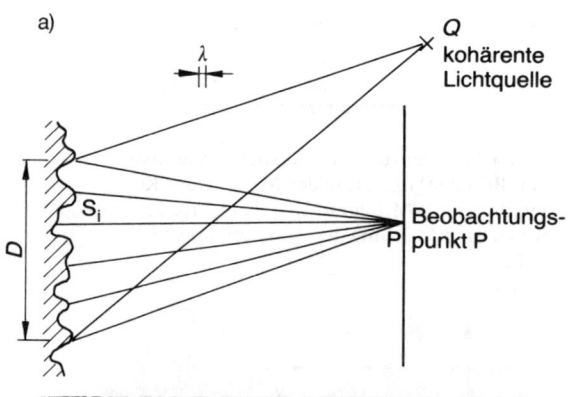

b)

Bild 2.53
a) Die rauhe Oberfläche streut das kohärente Licht. Dadurch erhalten die von den Oberflächenpunkten gestreuten Elementarwellen statistische Zusatzphasen, die jedoch von der Zeit unabhängig sind.
b) Speckle-Muster, das durch Interferenz der gestreuten Elementarwellen erzeugt wird.

2.5.4 Laser-Speckle (Granulation des Laserlichts)

Wird eine optisch rauhe Oberfläche (Rauhigkeit $> \lambda$) mit kohärentem Licht beleuchtet, dann erzeugt das von den verschiedenen Streuzentren S_i kommende Licht auf dem Schirm eine fleckige Struktur, d. h. ein Speckle-Muster (auch Granulation genannt). Man beobachtet diese im gemeinsamen Wellenfeld der Streuwellen der rauhen Oberfläche (Bild 2.53 b).

Frage: Wie entstehen diese Speckles?

Die Rauhigkeit der Oberfläche (Bild 2.53 a) kann als statistische Abweichung von einer idealen glatten Fläche angesehen werden. Die Streuwellen E_i der verschiedenen Streuzentren (i) im Beobachtungspunkt P erhalten dadurch die der Oberflächenform entsprechenden Zusatzphasen φ_i (abhängig vom optischen Weg von Q über die rauhe Oberfläche bis P). Durch Interferenz entsteht die resultierende Welle

$$E_{res}\,(P) = \sum E_i\,(P)$$

Da wir kohärentes Licht benutzen, wird die Intensität in P

$$I(P) = \{\sum E_i\,(P)\} \cdot \{\sum E_i\,(P)\}\}^\star$$

Die durch Interferenz entstehende Intensitätsverteilung zeigt die scheinbar regellos verteilte fleckige Struktur, die Speckles (Granulation). Wird an der Anordnung von kohärenter Lichtquelle Q zum streuenden Objekt nichts geändert, dann findet man ein zeitlich konstantes räumlich festes Speckle-Muster, dessen Struktur eine eindeutige Eigenschaft des streuenden Objekts ist.

Frage: Welche Größe haben die Speckles?

Das Streufeld, das ist der kohärent beleuchtete Teil des Objekts, habe den Durchmesser D (Bild 2.54 a). Dieses soll genügend groß sein, damit ein repräsentatives Muster der Struktur der rauhen Oberfläche vorliegt. Wir betrachten die Speckles auf einem Schirm im Abstand l. Der mittlere Speckle-Durchmesser sei d_s.

Der größte Richtungsunterschied der das Speckle-Muster erzeugenden Wellen ist a.

Zur Abschätzung benutzen wir zwei unter dem Winkel a verlaufende ebene Wellen. Aus

Bild 2.54 b folgt der Interferenzlinienabstand d:

$$d = \frac{\lambda}{2 \cdot \sin(a/2)}$$

Dieser Abstand entspricht dem kleinsten Speckle-Durchmesser d_s. Er gibt auch etwa die Größenordnung der Speckle-Durchmesser an.

Speckle-Durchmesser $\quad d_s \cong \lambda \cdot l/D \quad$ (Gl. 2.75)

In der Längsrichtung ergibt sich durch eine entsprechende Überlegung eine Ausdehnung der Speckles von

$$d_z \cong \lambda \cdot (l/D)^2 \qquad \text{(Gl. 2.76)}$$

Bild 2.55 zeigt schematisch die Speckles im Raum. Ihre Lage und Größe sind zeitlich konstant, wenn die kohärente Beleuchtung und die Lage der rauhen Oberfläche nicht geändert werden.

Je nach experimenteller Anordnung unterscheidet man zwischen objektiven und subjektiven (visuellen) Speckles.

Bild 2.54 Zur Abschätzung des Speckle-Durchmessers d_s
a) maximaler Winkel a zwischen Ausbreitungsrichtungen der Streuwellen
b) Interferenzlinienabstand von zwei Wellen mit Richtungsunterschied a

Bild 2.55 Räumlich verteilte Speckles des kohärenten Streulichts [nach 5.16]

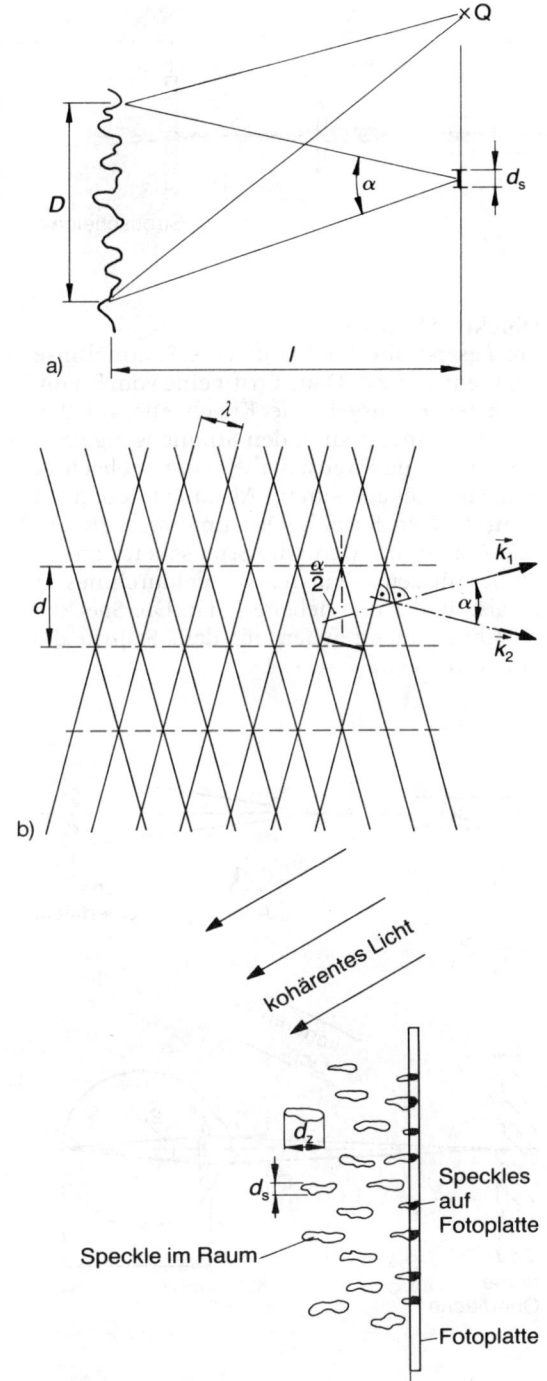

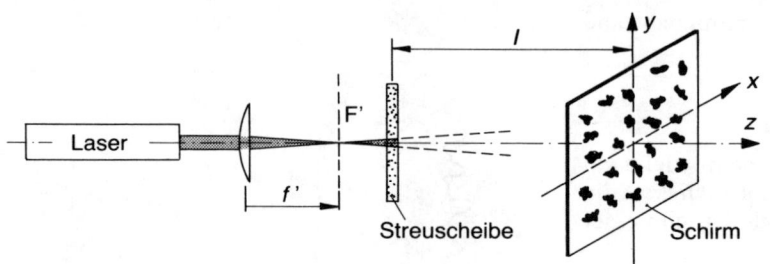

Bild 2.56
Objektive Speckles einer
Streuscheibe

Objektive Speckles

Ein Laserstrahl durchläuft eine Sammellinse der Brennweite f'. Damit trifft eine vom Brennfleck bei F' ausgehende Kugelwelle auf den Schirm. Bringt man in den Strahlengang nach der Linse eine Streuscheibe, dann beobachtet man Speckles auf dem im Abstand l stehenden Schirm. Der Speckle-Durchmesser erreicht sein Maximum, wenn die Streuscheibe an der Stelle mit dem kleinsten Bündeldurchmesser D, also in der Brennebene F' ist. Die Speckle-Durchmesser erreichen auf dem Schirm die Größe von etwa $d_s = \lambda \cdot l/D$.

Subjektive Speckles

Betrachtet man mit dem Auge eine mit kohärentem Licht beleuchtete optisch rauhe Fläche, dann erkennt man eine Speckle-Struktur. Eine Kamera, bei der die Aperturblende weit geöffnet ist (kleine Blendenzahl k), kann diese Speckles mit einem Amateurfilm nicht registrieren.

Frage: Wie kommt die Speckles im Auge zustande (Bild 2.57)?

Der größte Richtungsunterschied der interferierenden Wellen auf der Netzhaut ist durch den bildseitigen Aperturwinkel $2 \cdot u'$ gegeben. Daraus folgt für den Speckle-Durchmesser

$$d_s = \lambda_A \cdot l/D$$

l entspricht hier der Brennweite $f' \cong 23$ mm des Auges, D dem Pupillendurchmesser mit 2 mm $< D < 7$ mm und $\lambda_A = \lambda_{vak}/n$ ist die Wellenlänge des Lichts im Auge, wobei der Brechungsindex $n = 1{,}34$ ist.

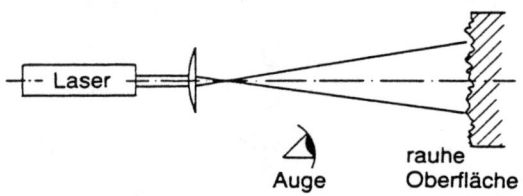

2.6 Übungsaufgaben

2.1: Das Fraunhofersche Beugungsbild eines Doppelspalts zeigt im zentralen Beugungsmaximum (des Einzelspalts) 15 helle Interferenzstreifen. Die Spaltbreiten sind $b = 0{,}25$ mm. Wie groß ist der Spaltabstand?

2.2: Eine ebene Welle der Wellenlänge $\lambda = 633$ nm trifft auf eine Lochblende mit Radius $R = 1$ mm. In $L = 1$ m Abstand steht ein Spiegel, der ebenfalls den Radius $R = 1$ mm hat.
Wieviel Beugungsordnungen werden vom Spiegel erfaßt?

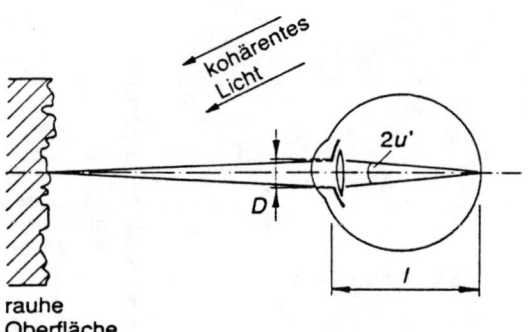

Bild 2.57   Entstehung der subjektiven Speckles

2.3: Wieviel Beugungsordnungen hat ein Beugungsgitter mit der Transmissionsfunktion $t(x) = t_0[1 + \cos(2\pi x/s)]$?

2.4: In einem Michelson-Interferometer (Bild 2.5) soll der Spiegel S_2 um den Winkel ε (senkrecht zur Zeichenebene) gedreht werden. Ermitteln Sie den Abstand d der Interferenzlinien auf dem Schirm.

2.5: Eine linear polarisierte Welle soll ohne Reflexionsverluste von Luft $(n_L = 1)$ in Wasser $(n_W = 1,33)$ übergehen. Welche Anordnung ist zu wählen?

2.6: Welchen Reflexionsverlust hat man bei senkrechtem Lichteinfall bei einer Glas-Luft-Oberfläche, wenn für Glas $n = 1,5$ ist?

2.7: Welche Dicke d_0 hat ein $\lambda/4$-Plättchen nullter Ordnung aus Glimmer, wenn die Differenz der Hauptbrechzahlen $n_1 - n_2 = 0,0041$ ist? Es sei $\lambda = 589$ nm.

2.8: Aus Quarz soll ein $\lambda/2$-Plättchen hergestellt werden. Welche Lage hat die optische Kristallachse? Welche Dicken sind möglich bei $\lambda = 589$ nm?

2.9: Eine links- und eine rechtszirkular polarisierte Welle breiten sich gemeinsam längs der z-Achse aus und durchlaufen eine $\lambda/4$-Platte. Zeigen Sie, daß nach dem $\lambda/4$-Plättchen die beiden Wellen linear polarisiert sind und senkrecht zueinander schwingen.

2.10: Wie kann man mit Hilfe eines $\lambda/2$-Plättchen die Polarisationsrichtung eines linear polarisierten Laserstrahls um 30° drehen?

2.11: Welche Spannung U_M muß man an einen KDP-(Kalium-Dihydrogen-Phosphat-)Kristall anlegen, wenn ein Phasenunterschied $\pi/2$ zwischen den in x- und y-Richtung schwingenden Wellen entstehen soll? Für $\lambda = 589$ nm ist $n_0 = 1,509$ und $f_{63} = 8,5 \cdot 10^{-12}$ m/V.

2.12: Die Sonnenscheibe erscheint unter dem Winkel $\Phi = 9,3 \cdot 10^{-3}$ rad. Welche transversale Kohärenzlänge s_t hat das Sonnenlicht für $\lambda = 550$ nm?

2.13: Welche Amplitudendichte $A(\omega)$ hat ein Wellenpaket der Form

$E(t) = E_0 \cos(2\pi f_0 t)$ für $-\tau \leqq t \leqq \tau$
$E(t) = 0$ für $|t| > \tau$?

Welcher Zusammenhang besteht zwischen τ und der Halbwertsbreite $\Delta f_{1/2}$?

2.14: Berechnen Sie die Kohärenzlängen für weißes Licht (380 nm $< \lambda <$ 780 nm) und für gefiltertes Licht mit $\lambda = 546$ nm mit der Halbwertsbreite $\Delta\lambda_{1/2} = 5$ nm.

2.15: Welche Größe haben die Speckles auf der Netzhaut des Auges, wenn der Pupillendurchmesser $D = 3$ mm beträgt? Es sei $\lambda = 514$ nm.
Vergleichen Sie d_s mit dem Zapfendurchmesser (ca. 2 μm).

2.16: Beobachten Sie eine mit Laserlicht beleuchtete Fläche. In welcher Richtung (gleich oder entgegengerichtet) bewegen sich die Speckles, wenn Sie den Kopf bewegen? Ist das Ergebnis bei allen Personen gleich?

2.17: Kohärentes Licht wird auf eine mit Milch gefüllte Küvette gerichtet. Das Experiment zeigt keine Speckles. Begründen Sie das Ergebnis.

2.18: Eine Bildwand wird mit Glühlampenlicht beleuchtet. Warum treten keine Speckles auf? Begründen Sie das Ergebnis.

3   Laser als Strahlungsquelle

3.1 Grundlagen aus der Quantenoptik und Atomphysik

Licht im Teilchenbild

Die Wechselwirkung von Licht mit Materie kann man z.B. mit dem äußeren Fotoeffekt (lichtelektrischer Effekt) untersuchen. Dabei werden durch die Energie des Lichts Elektronen aus Metallen freigesetzt (Bild 3.1 a). Bei Cäsium ist dafür eine besonders niedere Austrittsarbeit $W_A = 1,94$ eV notwendig.

Im Experiment findet man:

☐ Damit Elektronen freigesetzt werden, muß die Frequenz des auftreffenden Lichts einen bestimmten Mindestwert f_{grenz} (Grenzfrequenz) haben. Bei höheren Frequenzen $f < f_{grenz}$ geht die überschüssige Energie als kinetische Energie auf die Fotoelektronen über.

Mit der kinetischen Energie können diese dann gegen ein äußeres Feld der Gegenspannung U_g anlaufen und erzeugen einen Fotostrom I_{Ph}. Der Maximalwert der Gegenspannung, den diese Elektronen bei der Frequenz f noch überwinden können, sei U_{gf}. Es gilt:

$$e \cdot U_{gf} = m_e v^2 / 2$$

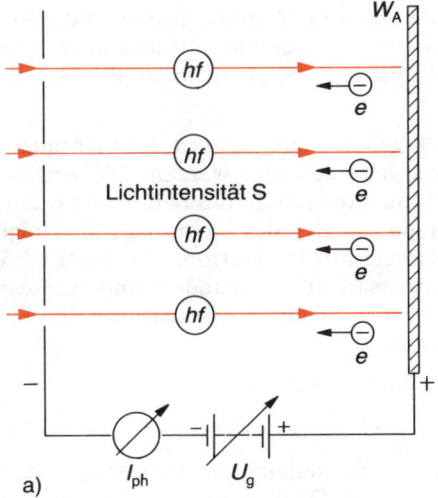

a)

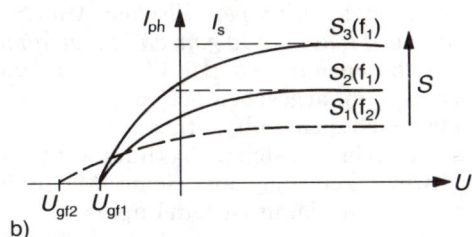

b)

Bild 3.1
a) Äußerer Fotoeffekt. Elektronen werden durch eingestrahltes Licht der Intensität S und der Frequenz f aus der Metalloberfläche freigesetzt, wenn die Lichtfrequenz größer ist als eine bestimmte Grenzfrequenz f_{grenz}.
b) Der Betrag der Gegenspannung U_g, gegen die die Elektronen anlaufen können, steigt mit der Lichtfrequenz.
Für positive Spannungen U (Metallelektrode ist die Katode) geht der Fotostrom gegen einen Sättigungswert I_s.
c) Die Gegenspannung ist eine lineare Funktion der Frequenz.
d) Der Sättigungswert I_s ist eine lineare Funktion der Lichtintensität S.

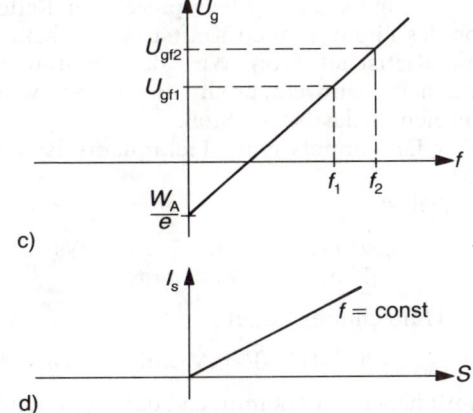

c)

d)

☐ Die maximale kinetische Energie der Elektronen, die U_{gf} entspricht, ist von der Intensität S des Lichts unabhängig. Sie ist eine lineare Funktion der Lichtfrequenz f (Bild 3.1 b, c).

☐ Bei gleicher Frequenz ist der Elektronensättigungsstrom I_s und damit auch die Anzahl der freigesetzten Elektronen der Lichtintensität S proportional (Bild 3.1 d).

Dieses Ergebnis kann nur mit der Lichtquanten-Hypothese gedeutet werden. Die Anzahl der Lichtquanten pro Zeiteinheit ist der Intensität proportional. Jedes Lichtquant überträgt seine Energie auf ein Elektron. Mit dieser wird die Austrittsarbeit überwunden, und der Rest ist die kinetische Energie des ausgelösten Fotoelektrons.

$$hf = W_A + m_e v^2/2$$

$$e \cdot U_{gf} = m_e v^2/2 = hf - W_A \qquad \text{(Gl. 3.1)}$$

Diese experimentellen Ergebnisse belegen den Grundsatz der Quantentheorie (M. PLANCK 1900 und A. EINSTEIN 1905):

Die Energie aller periodischen Vorgänge (Frequenz f) kann nur in ganzen Energiequanten → **Photonen** *der Energie* $W_{photon} = h \cdot f$ *von einem System abgegeben oder aufgenommen werden (Lichtquantenhypothese).*

Das Photon breitet sich im Vakuum mit Lichtgeschwindigkeit c_{vak} aus. Seine Masse ist $m = hf/c_{vak}^2$ und damit ist sein Impuls

$$p = hf/c_{vak} = h/\lambda \qquad \text{(Gl. 3.2)}$$

Dieser Impuls erzeugt bei spiegelnder Reflexion des Photons einen Kraftstoß, wie bei einem elastischen Stoß. Wird das Lichtquant absorbiert, dann entspricht dies einem vollkommen unelastischen Stoß.

Der Drehimpuls eines Lichtquants ist $\hbar = h/2\pi$.

Dabei ist

$$h = 6{,}625 \cdot 10^{-34} \text{ Js} = 4{,}135 \cdot 10^{-15} \text{ eVs}$$
(Plancksche Konstante)

Eine Umrechnung liefert

$$W_{photon} = h \cdot f = (1\,240/\lambda) \text{ eV} \cdot \text{nm} \qquad \text{(Gl. 3.3)}$$

Damit haben wir erkannt, daß das Licht nicht

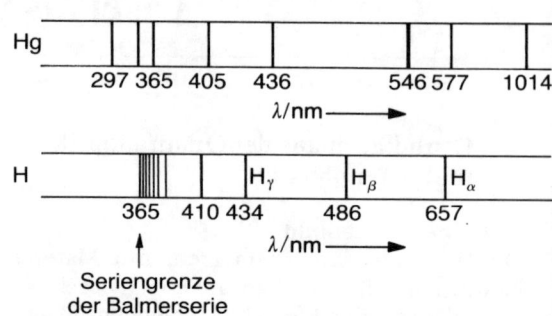

Bild 3.2   Ausschnitte aus den Atomspektren von Quecksilber (Hg) und Wasserstoff (H)

nur durch das Wellenbild wie in Kapitel 2, sondern auch durch das Teilchenbild beschreibbar ist. Diese beiden Beschreibungsarten sind Modelle, die der klassischen Physik entnommen sind, die wir aber anschaulich nicht zu einer Einheit verschmelzen können. Wir benutzen, je nach Anwendungsfall, das Wellenmodell oder das Teilchenmodell.

Spektren von Gasen

Untersucht man die Spektren von Gasen, bei denen also Einzelatome Licht emittieren – z.B. bei einer Gasentladungslampe, dann findet man Linienspektren. Zu jeder Atomsorte gehören ganz bestimmte charakteristische Spektrallinien (Bild 3.2).

In der Emissionsspektroskopie werden diese Spektren zur Analyse benutzt.

Ergebnis: Einzelatome emittieren charakteristische Linienspektren, d.h. nur bestimmte Lichtfrequenzen f_n bzw. Energiebeträge $h \cdot f_n$.

Bohrsches Atommodell

N. BOHR (1913) konnte das Wasserstoffspektrum theoretisch durch ein unserem Planetenmodell entsprechendes Modell erklären (Bild 3.3). Die zur Übereinstimmung mit dem Experiment notwendigen Postulate sind:

☐ Elektronen kreisen auf Quantenbahnen um den Kern. Zu den einzelnen Quantenbahnen (n) gehören verschiedene Gesamtenergien W_n.

Bild 3.3
Bohrsches Atommodell. Die Übergänge
zwischen den Quantenbahnen
entsprechen den Emissions- und
Absorptionsprozessen.

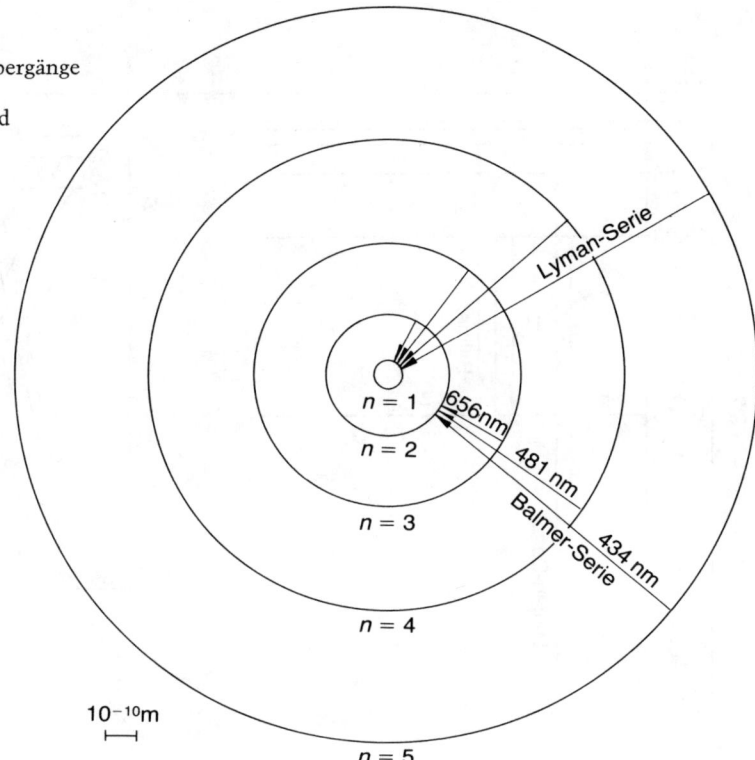

$$10^{-10}\,\text{m}$$

□ Der Drehimpuls der Quantenbahnen ist gequantelt, er kann nur die Werte annehmen:

$$L_n = m_e \cdot r_n^2 \cdot \omega_n = n \cdot h \text{ mit } n = 1, 2, 3\ldots$$
(Quantenzahl).

□ Die Bewegung auf den Quantenbahnen geschieht strahlungslos. Eine Lichtemission
erfolgt beim Übergang von einer höheren (n)
zu einer tieferen (m) Bahn.

$$h \cdot f_{nm} = W_n - W_m$$

Dabei bedeuten:
Ruhmasse des Elektrons $m_e = 9{,}109 \cdot 10^{-31}$ kg
Elementarer Drehimpuls
$h = h/2\pi = 1{,}0545 \cdot 10^{-34}$J $\cdot$ s
Winkelgeschwindigkeit ω_n
Bahnradius r_n

Die Gesamtenergie ist gleich der Summe aus
potentieller und kinetischer Energie. Aus den
Bohrschen Postulaten folgt mit Hilfe von Beziehungen der klassischen Physik:

$$W_n - W_m = h \cdot R \left[(1/m^2) - (1/n^2) \right]$$

mit

$$R = 3{,}288 \cdot 10^{15}\,\text{s}^{-1}$$
(Rydberg-Konstante)

(Gl. 3.4).

Die erlaubten Energien eines Atoms stellt
man in einem Energieniveauschema (auch
Termschema genannt) dar. Jede horizontale Linie entspricht einem erlaubten Energiewert
W, den das Atom besitzen kann. Die dazwischenliegenden Energiewerte sind verboten.

In Bild 3.4 a ist das Energieniveauschema des
H-Atoms dargestellt, das aus dem Bohrschen
Atommodell folgt. Der tiefste Energiezustand
mit $n = 1$ ist der Grundzustand. Einige mögliche Übergänge (Absorption ↑ und Emission ↓)
sind eingezeichnet.

Das Bohrsche Atommodell läßt trotz guter
Übereinstimmung mit dem experimentellen
H-Spektrum noch viele Fragen offen. Zur ge-
nauen Beschreibung eines Atoms benötigt
man die Quantenmechanik bzw. Wellenme-

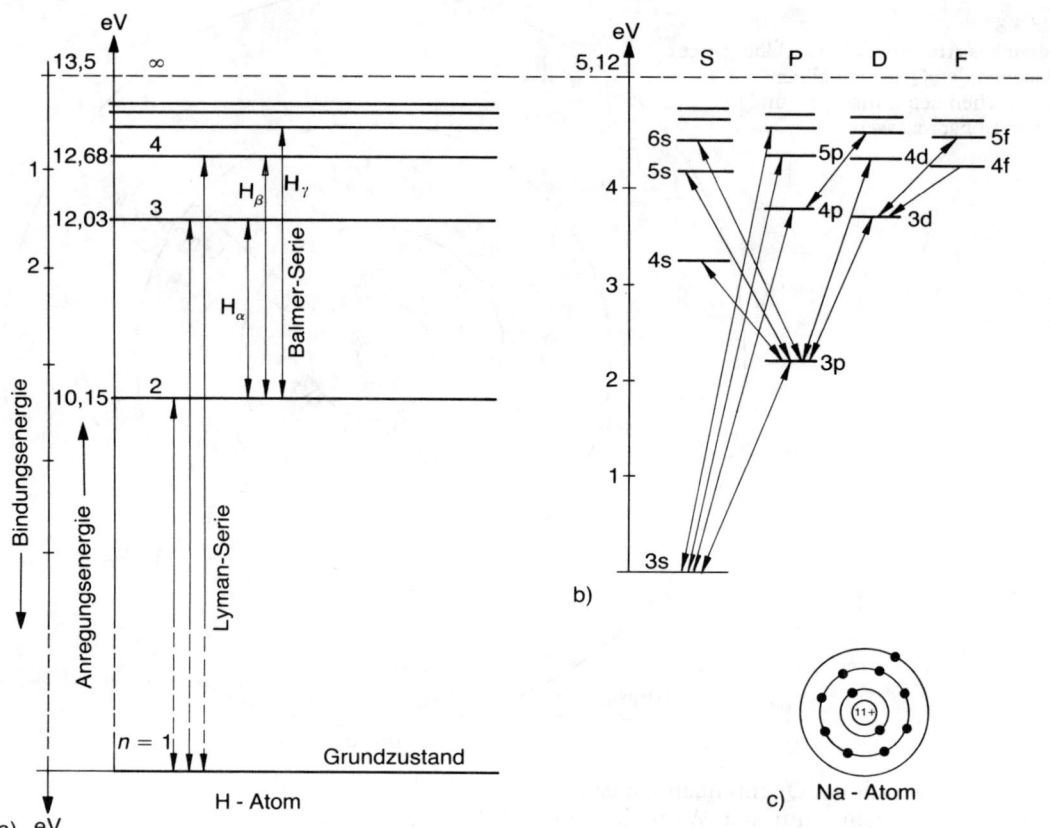

a)

Bild 3.4
a) Energieniveauschema des H-Atoms. Die Anregungsenergie hat ihren Nullpunkt beim Grundzustand und die Bindungsenergie bei der Ionisationsgrenze.
b) Vereinfachtes Energieniveauschema des Na-Atoms. Die Energieterme sind nach der Bahndrehimpuls-Quantenzahl des angeregten Elektrons geordnet. Es gilt die Auswahlregel $\Delta l = \pm 1$ für erlaubte Übergänge.
c) Elektronenkonfigurationen des Na-Atoms im Grundzustand (schematisch)

chanik (bei der die Elektronen als Wellen dargestellt werden). Eines ihrer Ergebnisse lautet, daß ein Elektronenzustand in einem Atom durch 4 Quantenzahlen eindeutig festgelegt ist.

Hauptquantenzahl $n = 1, 2, 3 \ldots$,

die die Nummer der Elektronenschale angibt,
Bahndrehimpuls-Quantenzahl
  $l = 0, 1. 2 \ldots (n-1)$,
diese ist ein Maß für den Betrag des Bahndrehimpulses,
magnetische Quantenzahl
  $m = l, -(l-1) \ldots, -1, 0, 1 \ldots (l-1), l$,
diese mißt die Komponente des Drehimpulses in einer Vorzugsrichtung, z.B. in Richtung eines äußeren Magnetfeldes H,
Spinquantenzahl $s = \pm 1/2$
  für die zwei Einstellmöglichkeiten des Drehimpulses der Eigenrotation der Elektronen.

Das Pauli-Prinzip besagt, daß in der Natur nur solche Zustände der Atome (oder eines in Wechselwirkung stehenden Systems) existieren, bei denen sich die einzelnen Elektronen des Systems mindestens in einer Quantenzahl unterscheiden.

Dies bedeutet, daß es bei den verschiedenen Hauptquantenzahlen n nur eine begrenzte Zahl von Elektronenzuständen gibt.

	Anzahl der Elektronenzustände		
Für $n=1$	2	$l=0$	$s=\pm 1/2$
$n=2$	8	$l=0:$	$m=0;\quad s=\pm 1/2$
		$l=1: \begin{cases} \\ \\ \\ \end{cases}$	$m=-1;\quad s=\pm 1/2$ $m=0;\quad s=\pm 1/2$ $m=+1;\quad s=\pm 1/2$
n	$2\,n^2$ Elektronenzustände.		

Entartung: Wir bezeichnen einen Energiewert als entartet, wenn zu ihm verschiedene Elektonenzustände gehören.

Das H-Atom im Bohrschen Atommodell zeigt also bei der Hauptquantzahl n eine $2\,n^2$-fache Entartung, weil es zu jedem n nur einen Energiewert gibt. Eine Entartung wird immer dann aufgehoben, wenn bisher vernachlässigte Effekte berücksichtigt werden oder wenn ein äußeres Feld (z. B. ein Magnetfeld H) auf das Atom einwirkt. So tritt beim normalen Zeeman-Effekt durch ein äußeres Magnetfeld eine $(2\,l+1)$-fache Aufspaltung eines Energieniveaus ein.

Es ist üblich, die verschiedenen Elektronenzustände entsprechend ihrer Bahndrehimpuls-Quantenzahl l mit Kleinbuchstaben zu kennzeichnen: Elektronen mit $l=0$, 1, 2, 3 werden als s-, p-, d-, f-Elektronen bezeichnet. Die zugehörige Hauptquantenzahl wird vor den Buchstaben geschrieben. Ein 3 p-Elektron hat also die Quantenzahlen $n=3$ und $l=1$.

Um die Elektronenfigurationen eines Atoms oder Ions zu kennzeichnen, ist auch noch die Anzahl der Elektronen bei den jeweiligen l anzugeben. Dies geschieht durch eine hochgestellte Zahl nach der Elektronenkennzeichnung.

Bild 3.4 c zeigt schematisch die Elektronenanordnung beim Natriumatom. Na steht in der ersten Gruppe des periodischen Systems und hat eine Kernladungszahl $Z=11$. Zusätzlich zur vollen Edelgasschale des Neons besitzt es noch ein Elektron auf der dritten Schale.

Die Elektronenkonfiguration eines Na-Atoms im Grundzustand ist also auf folgende Weise zu schreiben: $1\,s^2$, $2\,s^2$, $2\,p^6$, $3\,s^1$.

Das Energieniveauschema von Na ist in vereinfachter Form in Bild 3.4 b dargestellt. Entsprechend der Elektronenkennzeichnung werden die Energieniveaus mit Großbuchstaben S, P, D, F bezeichnet. Wegen der weiteren Aufschlüsselung der Energieniveaus wird auf die Literatur zur Atomphysik verwiesen.

Einige erlaubte Übergänge sind eingezeichnet. Es fällt auf, daß sich dabei die Bahndrehimpulsquantenzahl um $\Delta l = \pm 1$ ändern muß (Auswahlregel). Der Bahndrehimpuls ändert sich also bei jedem Absorptions- und Emissionsvorgang um h. Dies ist notwendig, da ein Photon einen Drehimpuls h besitzt und beim Strahlungsübergang der Drehimpulserhaltungssatz gelten muß.

3.2 Absorptions- und Emissionsvorgänge

Der Übersichtlichkeit wegen wollen wir für unsere grundsätzlichen Überlegungen ein vereinfachtes Energieniveauschema mit den zwei Energieniveaus W_1 und W_2 annehmen.

Wir betrachten nun ein Volumen, in dem Atome einer Sorte in den zwei Energiezuständen W_1 und W_2 vorliegen.

Die Anzahl der Atome je Volumeneinheit im Energiezustand W_i bezeichnen wir als Besetzungsdichte N_i mit der Maßeinheit $1/m^3$.

Die *Absorption* von Energie ist bei folgenden Prozessen möglich:

☐ Absorption eines Lichtquants, dessen Energie genau in das Energieniveauschema paßt (Resonanzvorgang),

☐ unelastische Elektronenstöße (z. B. bei elektrischen Gasentladungen),

☐ atomare Stöße (Stöße zweiter Art).

Im klassischen Bild kann die Absorption eines Lichtquants als ein Resonanzvorgang verstanden werden. Die Energie des Photons wird nur dann absorbiert, wenn das elektrische Feld der elektromagnetischen Welle mit einer Frequenz schwingt, die einer Resonanzfrequenz eines Elektrons im Atom entspricht. Es ist also – im klassischen Bild – die Anregung eines schwingenden Dipols in seiner Resonanzfrequenz erforderlich (Bild 3.5).

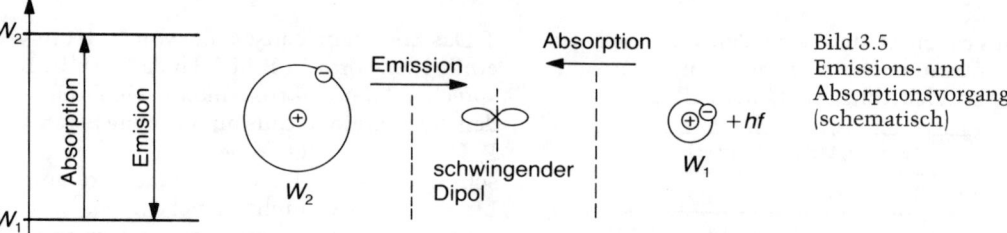

Bild 3.5
Emissions- und
Absorptionsvorgang
(schematisch)

Spontane Emission

Bei dieser Emissionsart emittiert ein angeregtes Atom (W_2) ohne äußere Ursache (von selbst, spontan) sein Lichtquant. Jeder spontane Emissionsakt erfolgt unabhängig von den anderen und ist deshalb ein Zufallsereignis, das durch die Statistik beschrieben werden muß (Bild 3.6).

Herkömmliche Lichtquellen zeigen in der Regel nur spontane Emission.

Bei der spontanen Emission gibt es

keine Vorzugsrichtung der Ausbreitung,
keine Vorzugsrichtung der Polarisation,
keine Phasenkorrelation.

Die Anzahl der pro Zeiteinheit spontan emittierten Photonen ist proportional zur Besetzungsdichte N_2 des angeregten Zustandes.

Somit gilt: $dN_2/dt = -A_{21} \cdot N_2$ (Gl. 3.5)

wobei der Proportionalitätsfaktor A_{21} als Einstein-Koeffizient der spontanen Emission bezeichnet wird.

Die zeitliche Abnahme der Besetzungsdichte N_2 angeregter Atome erfolgt also nach folgender Zeitfunktion:

$$N_2(t) = N_{20} \cdot e^{-A_{12} \cdot t,} \qquad \text{(Gl. 3.6)}$$

wobei N_{20} der zur Zeit $t=0$ vorliegende Wert ist.

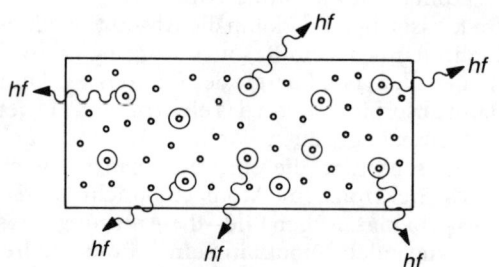

Bild 3.6 Spontane Emissionsvorgänge sind vollkommen unabhängig voneinander

Definition der mittleren Lebensdauer τ eines angeregten Zustandes:

Die Lebensdauer τ eines Zustandes 2 ist diejenige Zeit, in der die anfängliche Besetzungsdichte N_{20} durch spontane Emissionsvorgänge auf den Wert N_{20}/e absinkt.

Hieraus folgt: $\qquad \tau = 1/A_{12}$ (Gl. 3.7)

Stimulierte Emission und Absorption

Dieser Emissionsvorgang wird durch eine äußere Ursache angeregt (stimuliert, ausgelöst). Nur wenn die Frequenz des stimulierenden Photons mit einer Resonanzfrequenz f_{12} des angeregten Atoms im Zustand W_2 übereinstimmt, wird das Atom zum schwingenden Dipol, und es wird das Lichtquant hf_{12} emittiert (Bild 3.7).

Bei der stimulierten Emission hat das ausgelöste Photon dieselbe Ausbreitungsrichtung, dieselbe Phase und dieselbe Polarisationsrichtung wie das auslösende (stimulierende) Photon. *Durch stimulierte Emission wird ein Photon dupliziert.*

Damit ein stimulierter Emissionsvorgang stattfindet, müssen ein angeregtes Atom (W_2) und ein Photon (Resonanzfrequenz f_{12}) wechselwirken. Je mehr angeregte Atome (N_2) und je mehr Photonen mit f_{12} vorhanden sind, desto größer ist die Wahrscheinlichkeit für einen stimulierten Emissionsvorgang. Anstelle der Anzahl der Photonen pro Volumeneinheit wollen wir die spektrale Energiedichte $u(f)$ (Energiedichte pro Frequenzeinheit) benutzen mit der Maßeinheit

$$[u(f)] = \frac{W \cdot s}{m^3 \cdot Hz}$$

Die Änderung der Besetzungsdichte N_2 durch stimulierte Emission in Zeit dt ist dann

$$dN_2 = -B_{21} \cdot N_2 \cdot u(f) \cdot dt \qquad \text{(Gl. 3.8)}$$

B_{21} (Einstein-Koeffizient der stimulierten

Emission) ist eine für den Übergang $W_2 \to W_1$ charakteristische Konstante, die – anschaulich gesprochen – angibt, ob die stimulierte Emission leichter oder schwerer anregbar ist.

Für die Absorption, die ebenfalls ein Resonanzvorgang ist, ergibt sich entsprechend für die Änderung der Besetzungsdichte N_1 des Zustandes W_1:

$$dN_1 = -B_{12} \cdot N_1 \cdot u(f) \cdot dt \qquad \text{(Gl. 3.9)}$$

Man kann mit Hilfe des Planckschen Strahlungsgesetzes zeigen, daß die beiden Einstein-Koeffizienten gleich sind:

$$B_{12} = B_{21} = B$$

Ferner gilt zwischen den Einstein-Koeffizienten der Zusammenhang:

$$A = \frac{8\pi h f^3}{c^3} B \quad \text{mit} \quad A = 1/\tau \qquad \text{(Gl. 3.10)}$$

Es ist also

$$A/B \sim f^3$$

Dies bedeutet, daß sich mit steigender Frequenz die Wahrscheinlicht für spontane Emission gegenüber der stimulierten Emission erhöht. Der Laser (**L**ight **A**mplification by **S**imulated **E**mission of **R**adiation) benötigt aber eine hohe Wahrscheinlichkeit für die stimulierte Emission. Mit zunehmender Frequenz wird es also immer schwieriger, einen Laser zu bauen.

3.3 Homogene und inhomogene Linienverbreiterung

Die Verbreiterung einer Spektrallinie mit Resonanzfrequenz f_0 kann verschiedene Gründe haben. Sind alle Atome von der Ursache für die Linienverbreiterung in gleicher Weise betroffen, dann sprechen wir von *homogener* Ver-

breiterung. Bei der *inhomogenen* Verbreiterung sind die Atome in Klassen einzuteilen. Zu jeder Klasse gehört eine andere emittierte Frequenz.

Welche der beiden Linienverbreiterungen dominierend ist, hängt von der Laserart ab.

3.3.1 Homogene Linienverbreiterung

Die natürliche Linienbreite Δf_n:
Die von einzelnen Atomen spontan emittierte Welle ist im klassischen Modell eine gedämpfte Welle nach Gleichung 2.33. Die emittierte Intensität bei der Besetzungsdichte $N_2(t)$ ist nach Abschnitt 3.2:

$$I(t) \sim |dN_2/dt|h f_0 = A_{21} N_{20}(e^{-A_{21}t})h f_0 \sim I_0 e^{-(t/\tau)}$$

Nach Abschnitt 2.3.7 ergibt sich nach FOURIER für eine gedämpfte Schwingung die Amplitudendichte $|A(f)|$ (siehe Bild 2.24a) bzw. eine frequenzabhängige Intensitätsverteilung, die nach der Normierung der Lorentz-Linienform $g_L(f, f_0)$ in Gleichung 2.38 entspricht. Für die Halbwertsbreite (natürliche Linienbreite Δf_N) erhält man:

$$\Delta f_N = 1/2\pi\tau \qquad \text{(Gl. 3.11)}$$

Charakteristische Werte für die Lebensdauer τ liegen in der Größenordnung 10^{-6}s bis 10^{-8}s. Dies entspricht einer natürlichen Linienbreite von etwa 1 MHz bis 100 MHz.

Homogene Linienverbreiterung als Folge von Stoßprozessen:
Angeregte Atome, die in einem Festkörper eingebaut sind, werden durch die thermischen Gitterschwingungen während des Emissionsvorgangs gestört. Wir nehmen an, daß die mittlere Dauer zwischen zwei Stößen klein ist gegenüber der Lebensdauer τ der Anregungsniveaus. Dadurch kommt es während des Emis-

Bild 3.7
Stimulierter Emissionsvorgang (schematisch). Durch einen Resonanzeffekt löst ein Photon ein gleichfrequentes Lichtquant aus.

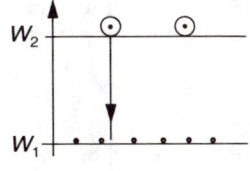
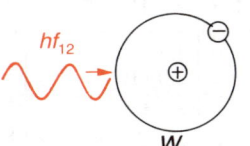
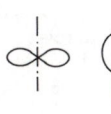
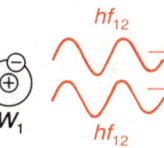

sionsvorgangs zu Phasensprüngen und zu einer Verkürzung der Lebensdauer $\tau \rightarrow \tau_{\text{eff}}$ (effektive Lebensdauer). Nach FOURIER ergibt sich daraus eine Verbreiterung des Spektrums der Spektrallinie. Für alle Atome in einem Kristall, die an den Strahlungsprozessen beteiligt sind, gilt dieselbe Verbreiterung mit der Halbwertsbreite Δf_L der Lorentz-Linie $g_L(f, f_0)$ in Bild 3.10. Homogene Verbreiterungen gibt es auch in Gasen bei hohem Druck (Druckverbreiterung).

$$g_L(f, f_0) = \frac{2}{\pi \cdot \Delta f_L} \cdot \frac{1}{1 + 4\,[(f - f_0)/\Delta f_L]^2}$$

(Gl. 3.12)

Da mit steigender Temperatur die Stoßhäufigkeit wächst, nimmt die Linienverbreiterung mit der Temperatur T zu. Einige typische Werte sind in Tabelle 3.1 angegeben.

3.3.2 Inhomogene Verbreiterung (Dopplerverbreiterung)

Wir betrachten hier ein Gas, dessen Atom- und Moleküldichte so gering ist, daß die Dauer zwischen zwei Stößen groß ist gegenüber der Lebensdauer der angeregten Zustände. Wegen der thermischen Bewegung haben die Atome statistisch verteilte Geschwindigkeiten während der Emissions- und Absorptionsvorgänge. Keine Richtung ist bevorzugt. Die Häufigkeitsverteilung der Geschwindigkeiten in einer Richtung, z. B. in $+z$-Richtung, wird durch die Maxwellsche Geschwindigkeitsverteilung angegeben (Bild 3.9). Die wahrscheinlichste Geschwindigkeit v_w hat den Wert:

$$v_w = \sqrt{2 k_B T / m}$$

Für die Beobachtungsrichtung $+z$ mit dem

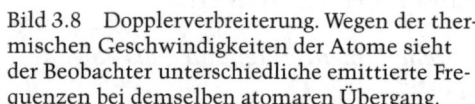

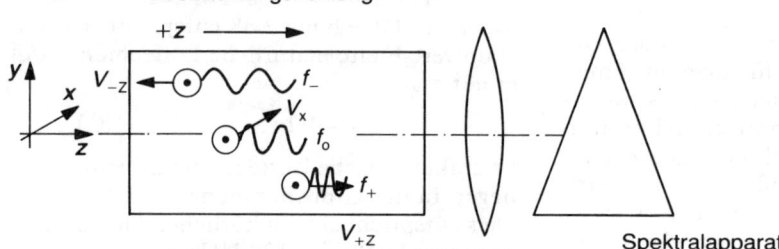

Bild 3.8   Dopplerverbreiterung. Wegen der thermischen Geschwindigkeiten der Atome sieht der Beobachter unterschiedliche emittierte Frequenzen bei demselben atomaren Übergang.

Tabelle 3.1   Beispiele für homogene (Δf_L) und inhomogene (Δf_D) Linienverbreiterung. [nach 3.7, 3.12, 3.19] Festkörperlaser zeigen überwiegend homogene Verbreiterung. Durch Inhomogenitäten im Kristall können sich aber auch inhomogene Verbreiterungen überlagern.
Die hohe Dopplerbreite beim Ar^+-Laser entsteht durch die hohe Ionentemperatur in der Gasentladung. Beim CO_2-Laser überwiegt (je nach Gasdruck) die Stoßverbreiterung gegenüber der Dopplerbreite.

Laser	Wellenlänge $\lambda/\mu m$	homogene Linienbreite $\Delta f_L/Hz$	typische Druckverbreiterung $\Delta f_L/Hz$	inhomogene Linienbreite $\Delta f_D/Hz$	typische rel. Linienbreite $\Delta f/f_0$
Cr : Rubin	0,694	$3,5 \cdot 10^{11}$			$8 \ \cdot 10^{-4}$
Nd : YAG	1,0648	$2,0 \cdot 10^{11}$			$6 \ \cdot 10^{-4}$
He-Ne	0,633		$5 \cdot 10^7$	$1,5 \cdot 10^9$	$3,5 \cdot 10^{-6}$
Ar$^+$	0,5145		$6 \cdot 10^8$	$3,5 \cdot 10^9$	$6 \ \cdot 10^{-6}$
CO$_2$	10,6		$9 \cdot 10^7$	$6 \ \cdot 10^7$	$3 \ \cdot 10^{-6}$

Einheitsvektor $\vec{e}_z$ hat ein Atom die Geschwindigkeitskomponente v_z (Bild 3.8)

$$v_z = \vec{v}_{th} \cdot \vec{e}_z$$

Statt der Resonanzfrequenz f_0 erhalten wir für die Beobachtungsrichtung $+z$ infolge des Dopplereffekts die Frequenz

$$f = f_0 (1 + v_z/c)$$

Die Atome sind infolge ihrer thermischen Bewegung zu jedem Zeitpunkt in Klassen eingeteilt, die sie einer bestimmten Frequenz zuordnen. Sie sind also bezüglich der Strahlungsvorgänge nicht mehr gleichberechtigt.

Als Halbwertsbreite (Dopplerbreite) der Intensitätskurve ergibt sich:

$$\Delta f_D = 2 \cdot (f_0/c) \sqrt{(2 R_m T \cdot \ln 2)/M} \qquad \text{(Gl. 3.13)}$$

mit

f_0 Lichtfrequenz des ruhenden Atoms
R_m $= 8{,}314$ J/mol·K (allg. Gaskonstante)
M Molmasse
c Vakuum-Lichtgeschwindigkeit

Einige Zahlenbeispiele für Δf_D sind in Tabelle 3.1 angegeben.

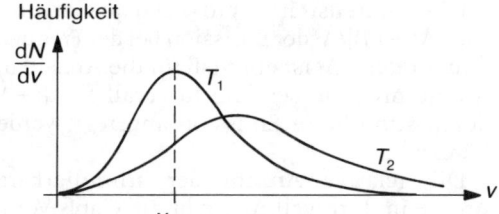

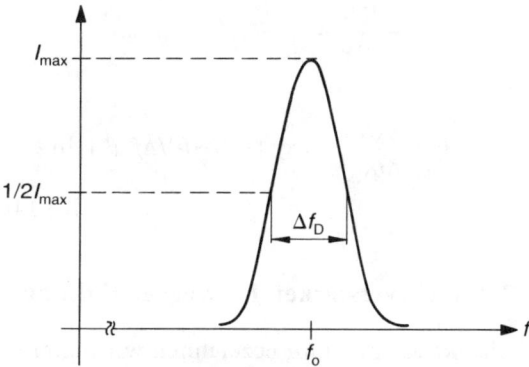

Bild 3.9   Maxwellsche Geschwindigkeitsverteilung und Definition der Dopplerbreite Δf_D

Bild 3.10
Normierte Gauß- und
Lorentz-Verteilung [aus 3.17]

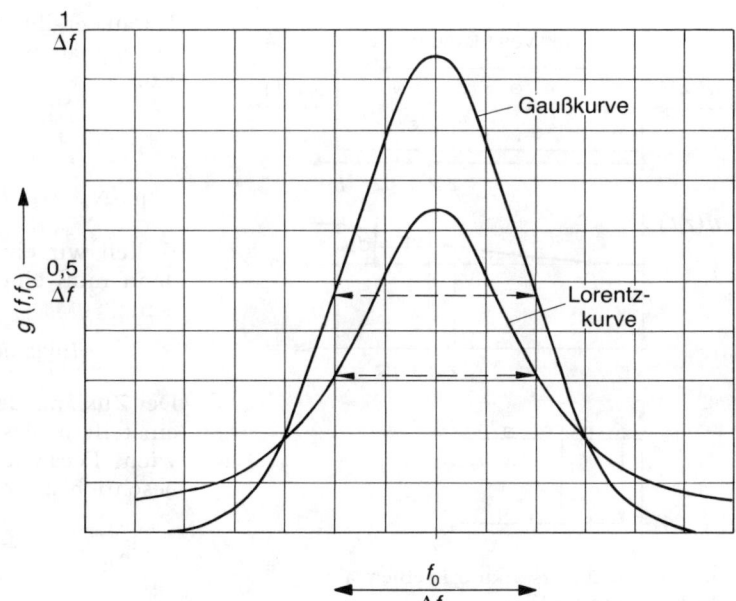

Die Intensität pro Frequenzeinheit $[I(f+\Delta f)-I(f)]/\Delta f$ der Emission bei der Frequenz f im Intervall Δf ist ein Maß für die Anzahl der Atome ΔN_2, die bei f im Intervall $f\ldots(f+\Delta f)$ durch stimulierte Emission angeregt werden können.

Die relative Anzahl der stimulierbaren Atome im Intervall Δf ergibt die Gauß-Verteilung $g_G(f,f_0)$, die in Bild 3.10 dargestellt ist:

$$\frac{dN_2}{N_2\cdot df}=\frac{dI}{I_{ges}\cdot df}=g_G(f,f_0)$$

mit

$$g_G(f,f_0)=\frac{2\sqrt{\ln 2}}{\Delta f_D\sqrt{\pi}}\exp\{-[(f-f_0)/\Delta f_D]^2\,4\cdot\ln 2\}$$

(Gl. 3.14)

3.4 Lichtverstärker, Einwegverstärkung

Als *aktives Medium* bezeichnen wir Materie, die anregbare Zustände enthält und somit optische Energie speichern kann (Bild 3.11).

Eine ebene Welle der Energiedichte $u_f(0,f)$ läuft von links in das aktive Medium. Die Le-

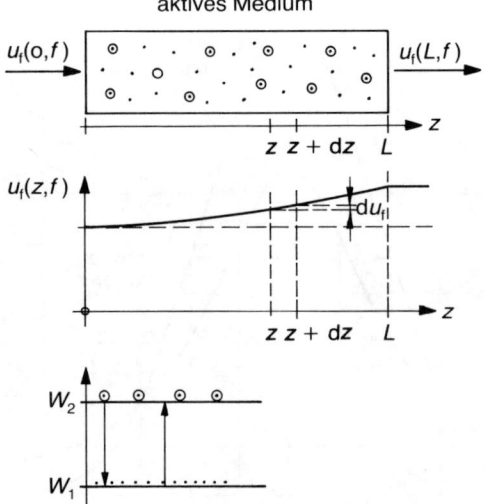

Bild 3.11   Lichtverstärkung in einem aktiven Medium längs des Weges L

bensdauer τ des angeregten Zustands sei genügend groß, so daß wir spontane Emissionen vernachlässigen können. Zur Vereinfachung nehmen wir ferner an, daß die Besetzungsdichten N_2 und N_1 von z unabhängig und zeitlich konstant seien, d.h., wir betrachten zunächst die Kleinsignalverstärkung $V_1=V_{10}$.

In z-Richtung nimmt die Energiedichte durch stimulierte Emission zu und durch Absorption ab. Überwiegt die stimulierte Emission, dann haben wir eine positive Verstärkung.

Folgende Größen werden benötigt:

spektrale Energiedichte $u_f(z,f)$ mit $[u_f]=\text{Ws/Hz}\cdot\text{m}^3$
Linienform $\quad g(f,f_0)\quad [g]=1/\text{Hz}$
Einstein-Koeffizient $\quad B\quad [B]=\text{m}^3/\text{W}\cdot\text{s}^3$
Besetzungsdichte $\quad N_i\quad [N_i]=1/\text{m}^3$

Lichtgeschwindigkeit im aktiven Medium $c_M=\dfrac{c_{vak}}{n}$

Es gilt:

$$\left.\begin{array}{l}\text{Zunahme der spektralen}\\\text{Energiedichte } u_f \text{ längst } dz\end{array}\right\}=$$

$$\left|\begin{array}{l}\text{Zunahme durch}\\\text{stimulierte Emission}\end{array}\right|-\left|\begin{array}{l}\text{Abnahme durch}\\\text{Absorption}\end{array}\right|$$

$$du_f(z,f)=(N_2-N_1)\cdot g(f,f_0)\cdot B\cdot u_f(z,f)\cdot h\cdot f\cdot dz/c_M$$

Daraus ergibt sich die Einwegverstärkung V_1 des Signals bei der Frequenz f durch Integration:

$$\frac{u(L,f)}{u(0,f)}=V_1=$$

$$\exp\{(N_2-N_1)\cdot B\cdot g(f,f_0)\cdot L\cdot h\cdot f/c_M\}\quad\text{(Gl. 3.15)}$$

Wollen wir eine echte Verstärkung $(V_1>1)$, dann muß eine **Inversion** (Bild 3.12) vorliegen:

Inversion $\quad\Delta N_I=N_2-N_1>0$

Der Zustand, der sich in der Natur von selbst einstellt, ist das thermodynamische Gleichgewicht. Dies wird durch den Boltzmann-Faktor beschrieben:

$$\frac{N_2}{N_1}=e^{-(W_2-W_1)/k_BT}=e^{-hf_{12}/k_BT}\quad\text{(Gl. 3.16)}$$

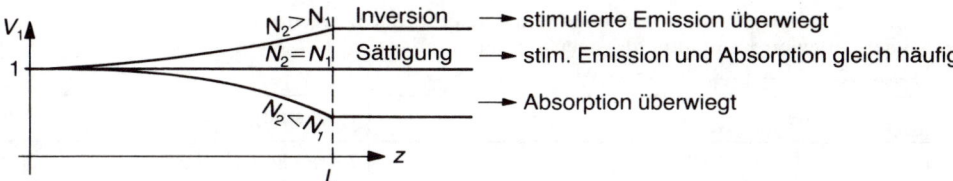

Für alle Temperaturen $0 < T < \infty$ ist im thermischen Gleichgewicht $N_2 < N_1$.

Ein Inversionszustand stellt sich also nicht von selbst ein. Die Besetzungsinversion ist ein Nichtgleichgewichtszustand. Dieser kehrt innerhalb kurzer Zeit (Lebensdauer τ, Abschnitt 3.2) in den thermischen Gleichgewichtszustand zurück. Je nach Laserart werden verschiedene Prozesse angewandt, um tieferliegende Energiezustände in höhere zu «pumpen», d. h. einen Nichtgleichgewichtszustand herzustellen:

Festkörperlaser
z. B. Rubin-Laser, YAG-Laser
Optisches Pumpen
Darunter versteht man die intensive Einstrahlung von Licht passender Wellenlänge in das aktive Medium.

Gaslaser
z. B. He-Ne-Laser, Argon-Laser, CO_2-Laser
Anregung der Atome bzw. Moleküle durch unelastische Stöße (von Elektronen, Ionen, Atomen) in einer elektrischen Entladung.

Laserdioden
Ladungsträgerinjektion in einen pn-Übergang eines geeigneten Halbleiters

Chemische Laser
z. B. Fluorwasserstoff-Laser
Durch chemische Reaktionen entstehen Moleküle im angeregten Zustand.

Verschiedene Inversionsverfahren sollen in Abschnitt 3.8 besprochen werden.

Die Inversionsverfahren der meisten Laser lassen sich durch das Schema des Vier-Niveau-Systems verstehen (Bild 3.13). Vom Grundzustand W_0 aus wird durch einen Pumpvorgang der Zustand W_3 (der auch ein Linienband sein kann) besetzt. Infolge der kurzen Lebensdauer $\tau_{32} \ll \tau_{30}$ ist die Übergangswahrscheinlichkeit

Bild 3.12 Definition von Inversions- und Sättigungszustand des aktiven Mediums

von W_3 nach W_2 sehr groß. Die nach W_3 gepumpten Zustände gelangen praktisch alle nach W_2.

Ist für den Übergang $W_2 \rightarrow W_1$ die Lebensdauer vergleichsweise groß, dann stauen sich die Anregungszustände in W_2.

W_1 ist praktisch leer, wenn es thermisch nicht besetzt ist $(W_1 - W_0 \gg k_B T)$ und die Lebensdauer t_{10} genügend kurz ist.

Wir erhalten also eine Inversion zwischen W_2 und W_1.

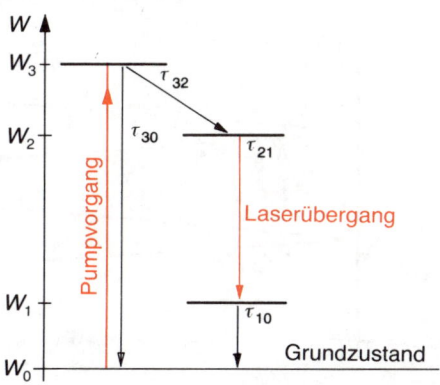

Bild 3.13 Vier-Niveau-Schema zur Inversionserzeugung

Tabelle 3.2   Amplitudenbezogene und intensitätsbezogene Betrachtung
a) bei der Reflexion am teildurchlässigen Spiegel,
b) bezüglich der Verstärkung des aktiven Mediums

	Welle	Intensität
a)	$E = \hat{E}_o \cdot e^{j(\omega t - kz)}$	$I \sim E \cdot E^* = |\hat{E}_O|^2$
	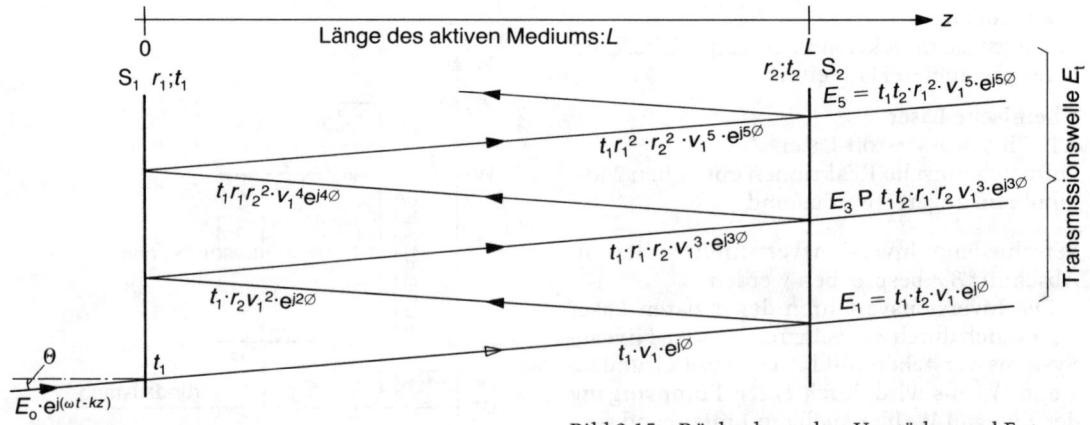	
	r = Reflexionskoeff. bezügl. E t = Transmissionskoeff. bezügl. E $r = E_r/E_{\text{ein}}$ $t = E_t/E_{\text{ein}}$	R = Reflexionskoeff. bezügl. I T = Transmissionskoeff. bezügl. I $R = I_R/I_{\text{ein}} = (E_r/E_{\text{ein}})^2 = r^2$ $T = I_T/I_{\text{ein}} = (n_2/n_1) \cdot t^2$
b)		
	Verstärkung v_1 bezüglich E bei einem Weg $v_1 = (\hat{E}_{\text{aus}}/\hat{E}_{\text{ein}}) = \sqrt{V_1}$	Einwegverstärkung $V_1 = I_{\text{aus}}/I_{\text{ein}} = v_1^2$ wobei I_{aus} und I_{ein} die Intensitäten am Ende und am Anfang des aktiven Mediums sind.

Bild 3.15   Rückgekoppelter Verstärker und Entstehung der Transmissionswelle E_T. Wir setzen $\theta = 0$.

3.5 Rückgekoppelter Verstärker

Beim rückgekoppelten Verstärker wird ein Teil der verstärkten Welle phasenrichtig wieder in das aktive Medium eingekoppelt (analog zur Rückkopplung beim Hochfrequenz-Sender). Dies geschieht mit Hilfe von teildurchlässigen Spiegeln, die bei richtiger Justierung einen optischen Resonator bilden und an den Enden des aktiven Mediums angeordnet sind.

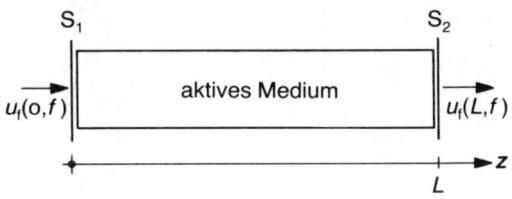

Bild 3.14   Zwei planparallele Spiegel S_1 und S_2 bilden einen Perot-Fabry-Resonator. Durch die Spiegel erfolgt eine Rückkopplung der verstärkten Welle in das aktive Medium

Für unsere Überlegungen betrachten wir einen *Perot-Fabry-Resonator*. Dieser besteht aus zwei planparallelen teildurchlässigen Spiegeln S_1 und S_2. Das aktive Medium soll in unserem Beispiel den Resonator ganz ausfüllen.

Für die Herleitung der Leistungsverstärkung V_T des rückgekoppelten Verstärkers werden die Begriffe aus Tabelle 3.2 benötigt:

Der Strahlenverlauf im Resonator wird in Bild 3.15 dargestellt.

Eine ebene Welle $E = \hat{E}_0 \cdot e^{j(\omega t - kz)}$ mit spektraler Energiedichte $u_f(0,f)$ läuft von links in das aktive Medium ein. Nach Durchlaufen des Resonators wird ein Teil der verstärkten Welle rückgekoppelt und der Rest in z-Richtung ausgekoppelt. Nach jedem Hin- und Rücklauf der Welle geschieht bei S_2 dasselbe, so daß die auslaufende Welle E_t durch Interferenz aller Einzelwellen gebildet wird (Bild 3.15).

Für unsere Betrachtungen ist $\theta = 0$.

Die Transmissionswelle E_t ergibt sich als Summe der Einzelwellen:

$$E_t = \hat{E}_0 \cdot e^{j(\omega t - kz)}[E_1 + E_3 + E_5 + \dots] \qquad \text{(Gl. 3.17)}$$

Diese geometrische Reihe ergibt die Amplitudenverstärkung $|v_t|$:

$$|v_t| = \left| \frac{\hat{E}_t}{\hat{E}_0} \right| = \left| \frac{t_1 t_2 v_1 e^{j\Phi}}{1 - r_1 r_2 v_1^2 e^{j2\Phi}} \right| \qquad \text{(Gl. 3.18)}$$

mit der Phasenänderung längs des Resonatorweges L

$$\Phi = -kL = -\frac{2\pi L}{\lambda_M} \qquad \text{(Gl. 3.19)}$$

Für die Durchgangsverstärkung $V_T = |v_t \cdot v_t^\star|$. folgt aus Gleichung 3.18:

$$V_T = \frac{T_1 \cdot T_2}{(1 - \sqrt{R_1 R_2} \cdot V_1)^2 + 4\sqrt{R_1 R_2} \cdot V_1 \cdot \sin^2\Phi}$$
$$\text{(Gl. 3.20)}$$

Frage: Bei welchen Frequenzen ist die Verstärkung maximal?

Für $\sin\Phi = 0$ ist $V_T = V_{T\text{max}}$, d. h. für $2\pi L/\lambda_M = q\pi$ oder $L = q\lambda_M/2$ mit $q = 1, 2, 3 \dots$ und der Wellenlänge $\lambda_M = \lambda_{\text{vak}}/n$ im aktiven Medium.

Die Maximalverstärkung $V_{T\text{max}}$ liegt also dann vor, wenn sich im Resonator eine stehende Lichtwelle ausbildet (analog zur schwingenden Saite). Nur diese Resonanzfrequenzen erfahren eine hohe Verstärkung; dabei erniedrigt sich die Halbwertsbreite Δf_{RV} einer Resonanzlinie des Resonators (Bild 3.16).

Für diese axialen Resonanzen, die wir auch als *longitudinale Moden* bezeichnen, ergeben sich dann äquidistante Resonanzfrequenzen mit dem Frequenzabstand

$$\Delta f_{\text{res}} = c_M/2L \qquad \text{(Gl. 3.21)}$$

Die Resonanzfrequenzen sind:

$$f_q = q \cdot c_M/2 \cdot L \quad \text{mit} \quad q = 1, 2, 3 \dots \qquad \text{(Gl. 3.22)}$$

und die Maximalverstärkung ist

$$V_{T\text{max}} = \frac{T_1 \cdot T_2 \cdot V_1}{(1 - \sqrt{R_1 R_2} \, V_1)^2} \qquad \text{(Gl. 3.23)}$$

Ob die Frequenz des Laserübergangs f_0 (atomare Resonanzfrequenz), d. h. Maximum von V_1, mit einer Resonanzfrequenz des Resonators zusammenfällt, hängt von der Länge des Resonators ab.

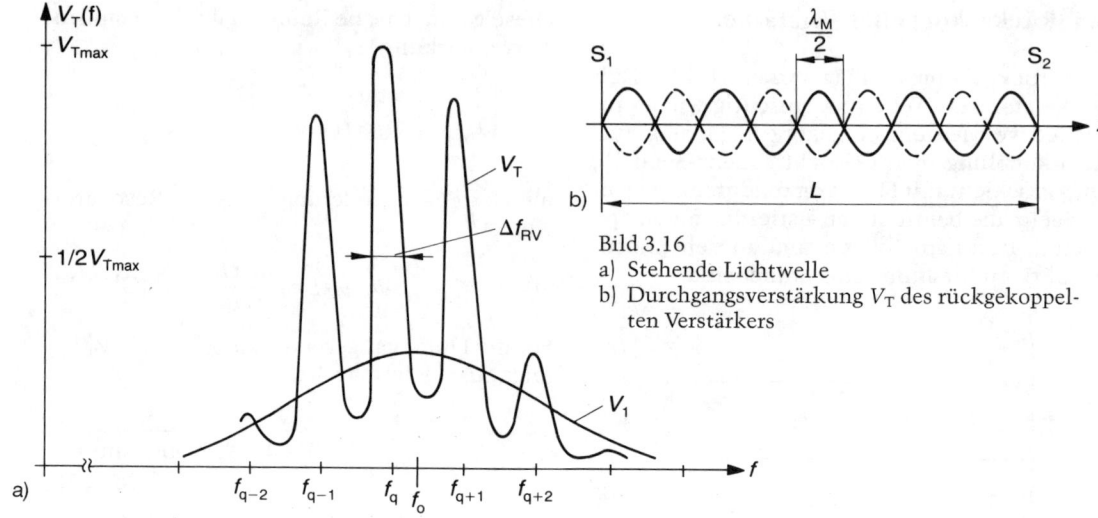

Bild 3.16
a) Stehende Lichtwelle
b) Durchgangsverstärkung V_T des rückgekoppelten Verstärkers

Die Verluste des Resonators setzen sich aus folgenden Anteilen zusammen:

a) Reflexionsverluste (Auskoppelverluste)
Um Strahlung auszukoppeln, muß mindestens einer der beiden Spiegel einen Reflexionsgrad $R < 1$ haben. Diese Strahlungsverluste wirken dämpfend auf die im Resonator hin und her laufende Welle. Die relativen Reflexionsverluste pro Umlauf im Resonator betragen

$$\delta_R = (1 - R_1) + R_1(1 - R_2) = 1 - R_1R_2$$

b) Beugungsverluste
Die Beugungsverluste sind für die verschiedenen Resonatoren unterschiedlich. Für den häufig benutzten konfokalen Resonator sind sie gegenüber den Reflexionsverlusten vernachlässigbar (Abschnitt 3.7.1).
c) Verluste durch Justierungenauigkeiten
d) Streuverluste, die von der optischen Qualität der Bauteile abhängen.

Die Verluste c) und d) sind prinzipiell vermeidbar. Der wichtigste Verlust ist also der Auskoppelverlust (Reflexionsverlust).

Für die Halbwertsbreite Δf_{RV} einer Resonanzlinie des rückgekoppelten Verstärkers gilt die Bedingung:

$$V_T(f_q + \Delta f_{RV}/2) = V_{Tmax}/2$$

d. h.

$$\frac{V_1(f)}{[(1 - R\,V_1(f))^2 + 4 \cdot R \cdot V_1 \cdot \sin^2((2\pi L/c_M)(f_q + \Delta f_{RV}/2))]}$$

$$= \frac{V_1(f)}{2(1 - R \cdot V_1)^2} \quad \text{mit} \quad R = \sqrt{R_1 R_2}.$$

Daraus folgt die Halbwertsbreite des aktiven Resonators:

$$\Delta f_{RV} \cong \frac{c_M}{2\pi \cdot L} \frac{(1 - RV_1)}{\sqrt{RV_1}} \cong \frac{c_M}{2\pi \cdot L}(1 - RV_1)$$

$$(\text{Gl. 3.24})$$

und somit nach Fourier für die Abklingzeit der Energie eines Wellenzugs

$$\tau_{RV} \cong \frac{L}{c_M(1 - RV)} \qquad (\text{Gl. 3.25})$$

Die Abklingzeit τ_{RV} eines Wellenzugs im Resonator ist die Zeit, in der die Intensität der Welle auf den $(1/e)$-ten Teil absinkt.

Aus der Schwingungslehre ist bekannt, daß die Halbwertsbreite mit steigender Dämpfung zunimmt. Je größer die Verluste sind, desto größer ist die Halbswertsbreite Δf_{RV}. Als Güte Q eines Resonators bezeichnet man das Verhältnis

$$Q = \frac{\text{gespeicherte Energie im Resonator} \cdot \omega_0}{\text{Energieverlust je Zeiteinheit}}$$

$$= f_0/\Delta f_{RV} = 2\pi f_0 \tau_{RV} \qquad (\text{Gl. 3.26})$$

3.6 Laser

3.6.1 Schwelle des Oszillators, Anschwingvorgang

Bisher haben wir nur Lichtverstärker betrachtet, d.h., es war immer ein Eingangssignal erforderlich, um ein Ausgangssignal zu erhalten. Die Maximalverstärkung $V_{T\,max}$ erhalten wir für die Resonanzen des Resonators, die wir im folgenden als Moden bezeichnen wollen. Der rückgekoppelte Verstärker wird zum selbsterregten Oszillator, wenn $V_{T\,max} \to \infty$ geht. Wie man leicht sieht, ist die Bedingung dafür

$$(1 - RV_1) = 0 \quad \text{oder} \quad V_1 = V_{1_s} = 1/R$$

$$\text{mit} \quad R = \sqrt{R_1 R_2} \qquad \text{(Gl. 3.27)}$$

Daraus folgt mit Gl. 3.15 die Schwellinversion $(N_2 - N_1)_S$, bei der ein Mode selbständig zu oszillieren beginnt:

$$(N_1 - N_1)_S = \frac{c_M}{B \cdot g(f, f_0) \cdot L \cdot hf} \ln(1/R) \quad \text{(Gl. 3.28)}$$

Wir haben hier nur die wesentlichsten Verluste – das sind die Reflexionsverluste – berücksichtigt. Wenn der Reflexionsgrad R abnimmt, die Reflexionsverluste also wachsen, dann nimmt auch die Schwellinversion zu. Je größer die Verstärkerlänge L (Länge des aktiven Mediums), desto geringer sind die relativen Verluste pro Umlauf im Resonator und desto kleiner $(N_2 - N_1)_s$.

Bei einer Inversion, die größer ist als die Schwellinversion, wächst die Verstärkung exponentiell. Da aber durch den Verstärkungsvorgang die Inversion abgebaut wird, kann die Intensität der Lichtwelle bzw. die Anzahl der Lichtquanten Q eines oszillierenden Modes nicht beliebig wachsen. Nach einem An- oder Einschwingvorgang stellt sich ein stationärer Schwingungszustand des schwingenden Modes ein. Aus diesem wird über einen Spiegel ein bestimmter Bruchteil der Energie des Wellenfeldes als Laserstrahlung ausgekoppelt.

Der stationäre Zustand muß in seiner Energiebilanz ausgeglichen sein, d.h., Verluste müssen durch gleich große Gewinne kompensiert werden. Dies ist dann der Fall, wenn die Einwegverstärkung gleich der Schwellverstärkung ist, also $V_1 = V_{1_s}$.

Der Gewinn erfolgt über den Pumpvorgang, der durch die pro Zeiteinheit erzeugten Inversionszustände (Pumprate P) gemessen wird.

Die Verluste setzen sich zusammen aus den Resonatorverlusten und der spontanen Emission des oberen Laserniveaus.

Alle Moden (Resonanzen) mit einer Kleinsignalverstärkung $V_{10} > V_{1S}$ können anschwingen. Das sind nach Bild 3.17 die Moden im Intervall $f_L < f < f_H$. Der Beginn einer Oszillatorschwingung wird durch einen spontanen Emissionsakt bewirkt, dessen Lichtquant in der Frequenz und Ausbreitungsrichtung zum angestoßenen Mode passen muß. Innerhalb des Oszillators können auch mehrere Anre-

Bild 3.17
Alle Resonanzfrequenzen mit
$V_{10} > V_{15}$ können anschwingen.

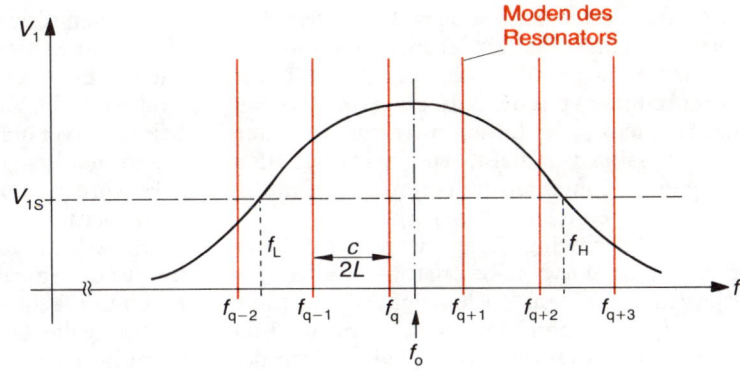

gungsvorgänge gleichzeitig erfolgen. Diese weisen aber wegen des statistischen Charakters der spontanen Emission keine Phasenrelation auf.

Im Anschwingzustand des Oszillators können

☐ mehrere Moden gleichzeitig angestoßen werden,

☐ innerhalb eines Modes mehrere in bezug auf die Phase unkorrelierte Wellenzüge entstehen.

Moden, die gegenseitig nicht im Wettbewerb stehen, entwickeln sich unabhängig voneinander. Bei denjenigen Moden, die miteinander konkurrieren («mode competition»), indem sie z. B. dieselben angeregten Atome – d. h. dieselbe Inversion – zu ihrer Verstärkung durch stimulierte Emission nutzen, wird sich der «Stärkere» durchsetzen. Dies kann z. B. derjenige sein, der die geringsten Verluste aufweist oder – bei gleichen Verlusten – die besseren Startbedingungen hatte.

Dieser Wettbewerb ist nun bei homogener und inhomogener Linienform unterschiedlich.

Anschwingvorgang bei homogener Linienform

Nach Abschnitt 3.3.1 haben alle angeregten Atome durch die statistisch erfolgenden Stöße während des Emissionsvorgangs dieselbe stark verbreitete Resonanzlinie ihres atomaren Übergangs. Diese wird durch die normierte Lorentz-Linie $g_L(f, f_0)$ beschrieben. Jedes angeregte Atom kann mit einer Wahrscheinlichkeit, die $g_L(f, f_0)$ entspricht, bei der Frequenz f zur stimulierten Emission veranlaßt werden. Das Resonanzverhalten der angeregten Atome ist also homogen über die Frequenzbreite der Lorentz-Linie verteilt. Wird ein Atom z. B. bei der Frequenz f_0 der Linienmitte zur stimulierten Emission veranlaßt, dann wird bei allen Frequenzen innerhalb der Lorentz-Linie die Inversion um eine Einheit gesenkt.

Beim Anschwingvorgang werden die Resonanzfrequenzen des Resonators, $f_q = q \Delta f_{res} = q (c_M/2 L)$, deren Kleinsignalverstärkung $V_{10} > V_{1S}$ ist, zunächst anschwingen (Bild 3.18). Die Einwegverstärkung wird – von der

Kleinsignalverstärkung $V_{10}(f)$ zu Beginn – im Laufe der Zeit absinken. Nach Ablauf des Anschwingvorgangs $(t \rightarrow \infty)$ oszilliert nur noch der Mode, dessen Frequenz der Mitte der Resonanzlinie (f_0) des atomaren Übergangs am nächsten liegt.

Bei der homogenen Linienverbreiterung werden alle Moden von derselben Inversion gespeist. Die Moden stehen also im Wettbewerb.

Bei gleichen Verlusten der verschiedenen Moden wird sich derjenige mit der höchsten Verstärkung durchsetzen. Im stationären Fall schwingt also bei einem Laser mit homogener Verbreiterung nur ein Mode.

Anschwingvorgang bei inhomogener Linienform

Nach Abschnitt 3.3.2 sind wegen des Dopplereffekts die angeregten Atome bezüglich ihrer Stimulanzfrequenzen in Klassen eingeteilt. Jedes angeregte Atom ist deshalb einer bestimmten Frequenz f (mit der Unschärfe der natürlichen Linienbreite Δf_N) zugeordnet. Somit hat jeder Mode mit der Oszillatorfrequenz $f_q = q (c_M/2 L)$ seine eigene Inversion, die entsprechend der Gauß-Verteilung $g_G(f, f_p)$ verteilt ist.

Dies bedeutet, daß die anschwingenden Moden nicht im Wettbewerb stehen. Bei jedem Mode mit einer Kleinsignalverstärkung $V_{10} > V_{1s}$ stellt sich der stationäre Schwingungszustand ein. Der Oszillator schwingt also im allgemeinen gleichzeitig mit mehreren Moden.

Im stationären Schwingungszustand ist die Einwegverstärkung der Oszillatorfrequenzen gleich der Schwellverstärkung V_{1s} (Bild 3.19). Die Inversionen der schwingenden Moden sind nach dem Anschwingphase also auf die Schwellinversion abgebaut.

Anschaulich gesprochen:

Es werden «Löcher» in das Verstärkungsprofil «gebrannt» («hole burning»).

Die Wellen laufen innerhalb des Resonators infolge der Spiegel in beiden Richtungen. Photonen der Frequenz f, die bei Bewegung in $+z$-Richtung die Atome der Geschwindigkeit $+v_z$ stimulieren, werden bei Bewegung in $-z$-Rich-

Bild 3.18
Anschwingvorgang bei
homogener Linienform

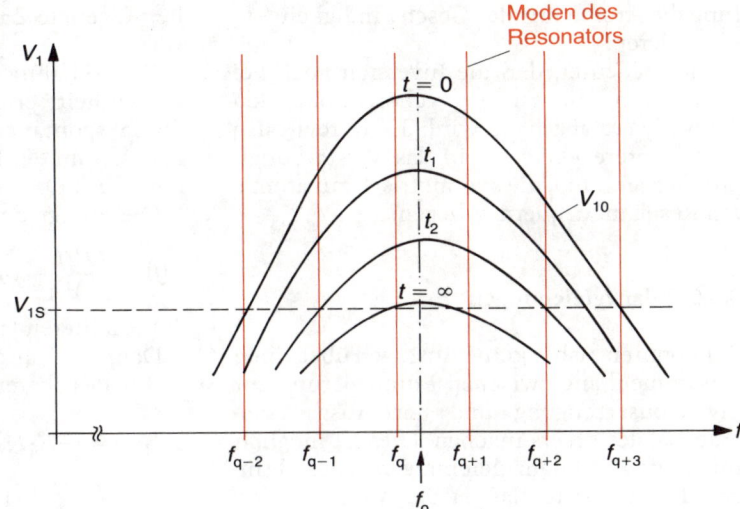

Bild 3.19
a) «hole burning». Nur bei
   denjenigen Atomen,
   deren thermische
   Geschwindigkeit zu einer
   Resonanzfrequenz paßt,
   wird die Inversion
   abgebaut.
b) Emittierte Ausgangsleistung

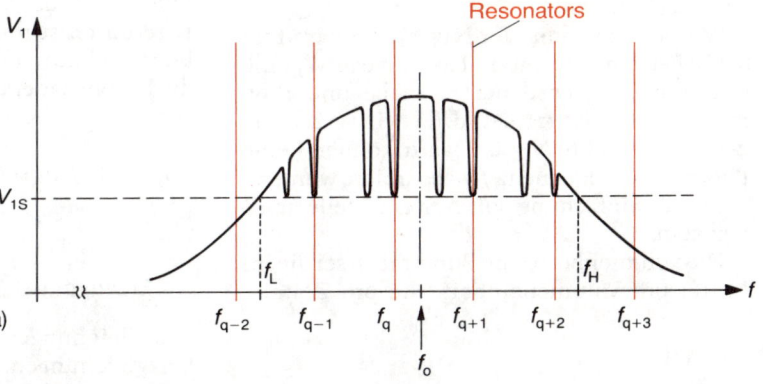

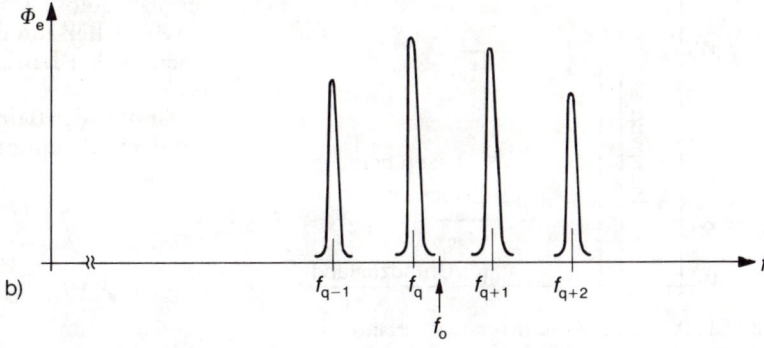

tung die Atome mit der Geschwindigkeit $-v_z$ stimulieren.

Dies bedeutet, daß die Inversion auch bei Frequenzen, die zu $-v_z$ gehören, auf den Schwellwert abgebaut wird. Es werden also noch weitere «Löcher» in das Verstärkungsprofil «gebrannt», die symmetrisch zur atomaren Resonanzfrequenz f_0 liegen.

3.6.2 Bilanzgleichungen

Wir konnten bisher keine Aussagen über einen Zusammenhang zwischen Pumpleistung zur Inversionserzeugung und der Ausgangsleistung ϕ_e des Lasers machen. Dies ist möglich mit Hilfe der Bilanzgleichungen. Diese bringen die Pumprate (das ist die Anzahl der erzeugten Inversionszustände pro Zeiteinheit) mit der Anzahl Q der Quanten der oszillierenden Moden in Verbindung.

Da dieser Sachverhalt jedoch sehr kompliziert ist, müssen wir uns auf den einfachsten Fall beschränken.

Wir benutzen ein vier-Niveau-System (Bild 3.20), bei dem das untere Laserniveau W_1 eine sehr kurze Lebensdauer τ_{10} habe und thermisch nicht besetzt sei, d.h., wir setzen die Besetzungsdichte $N_1 = 0$. Damit können keine Photonen der Frequenz f_{21} absorbiert werden.

Zur Vereinfachung soll nur ein Mode angeregt sein.

Die volumenbezogene Pumprate p sei die im Mittel pro Volumeneinheit und pro Zeiteinheit erzeugte Zahl von angeregten Zuständen W_2.

Die Abnahme der Besetzungsdichte N_2 pro Zeiteinheit erfolgt durch stimulierte und durch spontane Emission (Lebensdauer τ_{21}). Die Anzahl der Lichtquanten im Modenvolumen V sei Q.

Die Energiedichte im Teilchenbild ist dann

$$u(f) = \frac{Q\,h\,f}{V \cdot \Delta f_{21}}, \text{ wenn } \Delta f_{21} \text{ die Halbwertsbreite}$$

des oszillierenden Modes ist.

Dann gilt für die Änderung der Besetzungsdichte des oberen Laserniveaus

$$dN_2/dt = p - B \cdot N_2 \cdot \frac{Q \cdot h f}{V \cdot \Delta f_{21}} - N_2/\tau_{21} \quad \text{(Gl. 3.29)}$$

Abnahme durch spontane Emission

Abnahme durch stimulierte Emission

Zunahme durch Pumpen

Die Anzahl der Quanten im angeregten Mode wird durch stimulierte Emission $W_2 \to W_1$ erhöht und durch die Verluste erniedrigt. τ_R ist die Lebensdauer der Photonen im passiven Resonator.

$$dQ/dt = B \cdot N_2 \cdot \frac{Q \cdot h f}{\Delta f_{21}} - Q/\tau_R$$
$$\text{(Gl. 3.30)}$$

Auskoppelverluste

Erzeugung durch stimulierte Emission

Die Gleichungen 3.29 und 3.30 nennt man Bilanzgleichungen. Sie stellen ein nichtlineares Differentialgleichungssystem dar, das nur numerisch gelöst werden kann.

Wir wollen nur den stationären Zustand betrachten, bei dem also $N_2 = \text{const}$ und $Q = \text{const}$ ist.

Für $dN_2/dt = 0$ und $dQ/dt = 0$ folgt (bei $Q \neq 0$) aus dem Gleichungssystem:

$$N_2 = \frac{\Delta f_{21}}{B \cdot h f \cdot \tau_R} \quad \text{(Gl. 3.31)}$$

$$Q = p \cdot V \cdot \tau_R - \frac{V \cdot \Delta f_{21}}{B \cdot h f \cdot \tau_{21}} = P \cdot \tau_R - \frac{V \cdot \Delta f_{21}}{B \cdot h f \cdot \tau_{21}}$$
$$\text{(Gl. 3.32)}$$

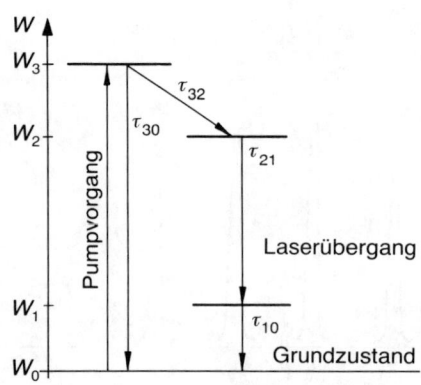

Bild 3.20   Vier-Niveau-Inversionsverfahren

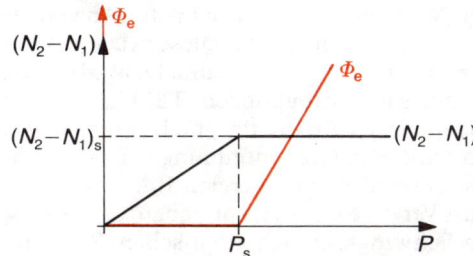

Bild 3.21 Bei $P = P_s$ wird die Schwellinversion erreicht. Die Laserausgangsleistung Φ_e wächst dann linear mit der Pumpleistung.

Solange der rechte Term in Gl. 3.32 negativ ist, existieren noch keine Photonen in dem betrachteten Mode. Der Mode ist dann mit Lichtquanten besetzt, wenn $Q > 0$ ist. Dies ist erst oberhalb der Mindestpumprate $P_s = p_s \cdot V$, die zur Schwellinversion führt, der Fall.

Es ist

$$P_s = \frac{V \cdot \Delta f_{21}}{B \cdot hf \cdot \tau_{21} \cdot \tau_R} \qquad \text{(Gl. 3.33)}$$

Aus Gleichung 3.32 folgt, daß Q linear mit der Pumprate $P = pV$ ansteigt. Die vom Laser emittierte Strahlungsleistung ϕ_e muß der Photonenzahl Q im Oszillator proportional sein. Daraus ist zu verstehen, daß die Ausgangsleistung ϕ_e eines Lasers für $P > P_S$ linear mit der Pumpleistung ansteigt (Bild 3.21).

Für Pumpleistungen $P < P_S$ ist der Resonator mit dem aktiven Medium nur ein rückgekoppelter Verstärker bzw. er strahlt selbst nur infolge spontaner Emissionsvorgänge.

3.6.3 Relaxationsschwingungen (Spiking)

Bevor es zu einem stationären Verhalten einer Oszillatorschwingung kommt, kann es im Einschwingvorgang zu Schwingungen der Laserstrahlleistung kommen. Wenn dabei hohe Intensitätsspitzen auftreten, bezeichnen wir das Emissionsverhalten als «Spiking» (Bild 3.22). Dies kann folgendermaßen verstanden werden: Nach dem Beginn des Pumpvorgangs baut sich eine hohe Inversion auf. Wegen der hohen Verstärkung wird die Zahl der Quanten im angeregten Mode so hoch anwachsen, daß

durch die stimulierte Emission die Inversion unter den Schwellwert sinkt. Dadurch sinkt die Intensität schnell ab. Der Pumpvorgang baut erneut eine überhöhte Besetzung auf. Es wiederholt sich der Vorgang in abgeschwächter Form.

Diese Relaxationsschwingungen kommen hauptsächlich bei Festkörperlasern vor, weil sie im allgemeinen eine höhere Lebensdauer des oberen Laserniveaus haben.

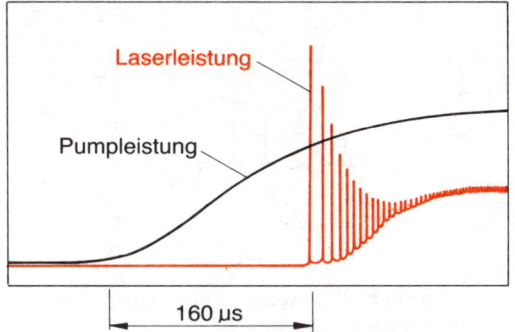

Bild 3.22 «Spiking» bei einem YAG-Laser [aus 3.19]

3.7 Moden des Lasers

3.7.1 Optische Resonatoren

Ein optischer Resonator ist ein Raum, in dem sich durch Interferenz der an den Spiegeln reflektierten und gebeugten Wellen bei bestimmten Frequenzen stehende Lichtwellen ausbilden. Die Knotenpunkte liegen räumlich fest. Diese Resonanzschwingungen werden in der Lasertechnik als Moden bezeichnet.

Der einfachste optische Resonator besteht aus zwei ebenen Spiegeln, die sich im Abstand L gegenüberstehen (Bild 3.23 a). Dies ist der Perot-Fabry-Resonator, den wir schon in Abschnitt 3.5 kennengelernt haben.

Statt der ebenen Spiegel können auch sphärische Spiegel mit den Krümmungsradien ρ_1 und ρ_2 verwendet werden. Ein sehr verbreiteter Resonatortyp ist der symmetrische konfokale Resonator (Bild 3.23 b). Bei diesem fallen, wie

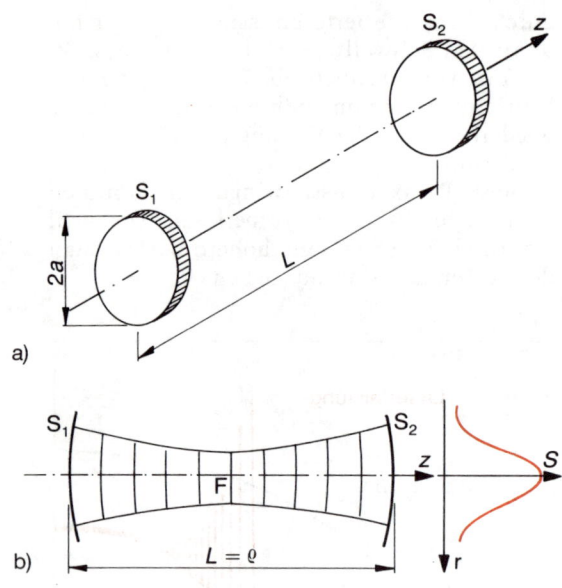

a)

b)

Bild 3.23
a) Zwei planparallele Spiegel bilden einen Perot-Fabry-Resonator.
b) Ein symmetrisch konfokaler Resonator besteht aus zwei gleichen Kugelspiegeln, deren Brennpunkte zusammenfallen.

der Name schon sagt, die Brennpunkte der beiden Spiegel im Punkt F zusammen. Die Brennweite f eines Kugelspiegels ist $f = \rho/2$.

Eine Welle, die achsensymmetrisch parallel zur z-Achse verläuft, wird von einem Spiegel auch wieder achsensymmetrisch reflektiert. Es können sich also axiale (longitudinale) stehende Wellen ausbilden. Die hin und her laufenden Wellen werden an jedem Spiegel gebeugt. Das durch Interferenz der reflektierten und gebeugten Wellen entstehende stationäre Wellenfeld hat beim symmetrischen Resonator eine Strahltaille in der Resonatormitte (Bild 3.23 b). Die ausgekoppelte Welle hat dann eine rotationssymmetrische Leistungsdichteverteilung $S(r)$.

Für die axialen Moden gilt die Beziehung:

$L = q \cdot (\lambda/2)$ und $f_q = q \cdot (c_M/2 \cdot L) = q \cdot \Delta f_{res}$

mit $q = 1, 2, 3 \ldots$ (Gl. 3.34)

Der Modenparameter q gibt die Anzahl der Knoten in z-Richtung an. Diese axialen Moden werden auch als longitudinale Moden oder transversale Grundmoden TEM_{00q} bezeichnet, wobei der Parameter q meist nicht angegeben wird. Die Größenordnung von q liegt bei Laserresonatoren im Bereich 10^6.

Im Vergleich zur Hochfrequenztechnik, wo der Schwingkreis dem optischen Resonator entspricht, sind die Laseroszillatoren mit einer sehr hohen Oberwelle angeregt.

Neben den longitudinalen Moden, die durch eine einzige Koordinate (z-Koordinate) beschreibbar sind, gibt es räumliche stationäre Wellenfelder (dreidimensionale stehende Wellen). Die genaue Beschreibung dieser Wellenfelder kann nur über die Beugungstheorie erfolgen. In erster Näherung kann man aber den Resonator mit Hilfe der geometrischen Optik betrachten.

Aus Bild 3.24 ist beispielsweise zu ersehen, daß es im konfokalen Resonator räumliche geschlossene Wege im Resonator gibt, auf denen sich stehende Wellen ausbilden können. Der ausgekoppelte Strahl besteht in diesem Beispiel aus zwei Teilstrahlen. Solche Moden, die sich nicht mehr genau achsenparallel ausbilden, nennt man transversale elektromagnetische Moden TEM_{mnq}.

Hat der Resonator Rechtecksymmetrie, wie es sich z. B. durch den Einbau einer Brewsterplatte (Abschnitt 3.9.2) ergibt, dann sind die Abstrahlungsbilder durch ein zweidimensionales kartesisches Koordinatensystem (x, y) einfach zu beschreiben. Bild 3.25 gibt Beispiele der Intensitätsverteilung und Phasenlage von verschiedenen transversalen Moden. Die Modenparameter m, n geben die Anzahl der Kno-

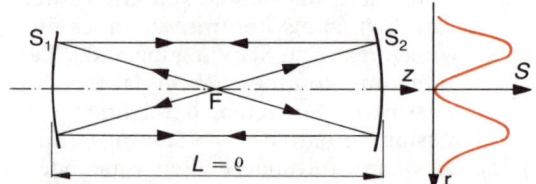

Bild 3.24 Beispiel für einen nichtaxialen Strahlenverlauf im konfokalen Resonator, der zu stationären Oszillationen führen kann

Bild 3.25
Abstrahlungsbilder und
Phasenlagen von
verschiedenen transversalen
Moden
a) bei Rechtecksymmetrie,
b) bei Kreissymmetrie [aus 5.4].

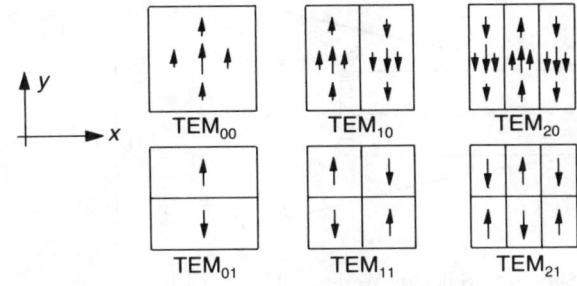

Rechtecksymmetrie

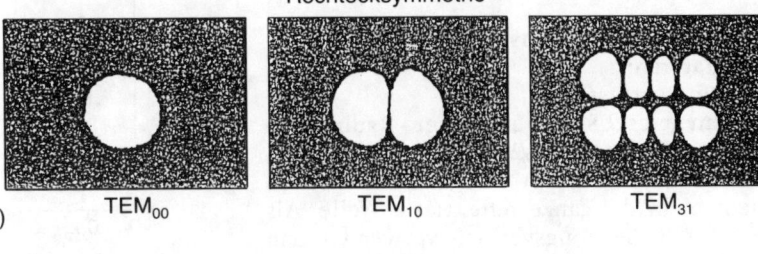

a)

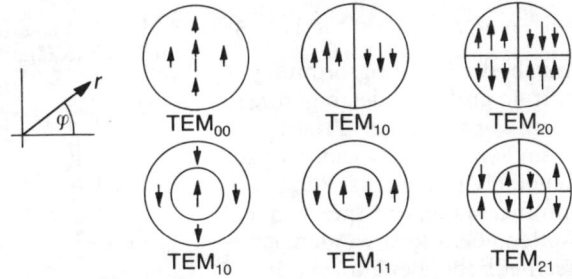

Kreissymmetrie

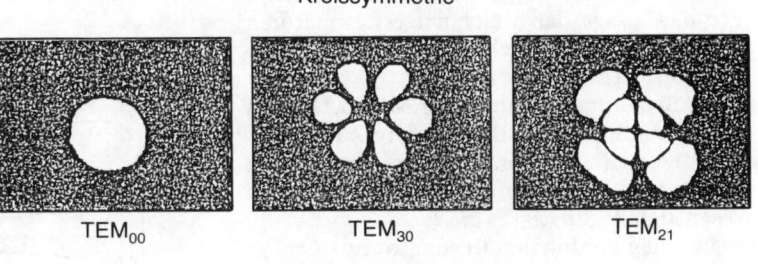

b)

ten im Abstrahlungsbild des Lasers für die x- und y-Richtung an. Die Phasen benachbarter Teilstrahlen sind gegenseitig um π verschoben; dies bedeutet, daß z.B. im TEM_{10}-Mode die beiden Teilstrahlen gegenphasig schwingen.

Hat der Resonator vollkommene Rotationssymmetrie, dann sind die Abstrahlungsbilder kreissymmetrisch und deshalb besser durch Polarkoordinaten (r, φ) zu beschreiben (Bild 3.25 b).

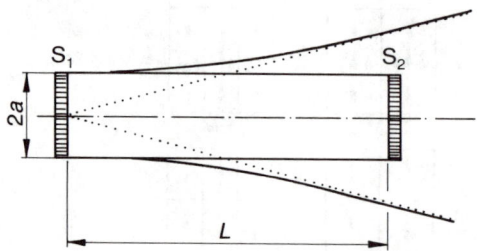

Bild 3.26 Die an Spiegel S₁ gebeugte Welle wird nicht mehr vollständig von Spiegel S₂ erfaßt.

Weitere wichtige Eigenschaften von Resonatoren:

Beugungsverluste

Eine an Spiegel S_1 mit effektivem Radius a reflektierte Welle (Bild 3.26) wird gebeugt wie an einer Lochblende. Der Spiegel S_2 erfaßt also nicht mehr die ganze reflektierte Welle. Als Maß für die Beugungsverluste verwendet man die Fresnelsche Zahl

$$F = a^2/\lambda L \qquad \text{(Gl. 3.35)}$$

Diese gibt die Anzahl der Beugungsordnungen an, die auf S_2 trifft. Je größer F, desto geringer sind also die Beugungsverluste. Erfaßt der Spiegel S_2 bei einem Perot-Fabry-Resonator gerade das Airy-Scheibchen, dann ist $F \cong 1$. Da durch die Krümmungsradien der Spiegel auch die gebeugten Wellen beeinflußt werden, ergeben sich unterschiedliche Beugungsverluste beim Perot-Fabry- und beim konfokalen Resonator. Für die Beugung gilt ein Ähnlichkeitsgesetz, das besagt, daß gleichartige Resonatoren mit gleicher Fresnelscher Zahl gleiche Beugungsverluste aufweisen.

Die Beugungsverluste δ_B in % pro Umlauf im Resonator sind in Bild 3.27 dargestellt. Daraus folgt, daß der konfokale Resonator den Grundmode gegenüber den Transversalmoden wesentlich begünstigt.

Für einen konfokalen Resonator mit $L = 1$ m und einem Spiegelradius $a = 1$ mm, ergibt sich für $\lambda = 633$ nm ein Wert $F = 1,58$. Dies entspricht einem δ_B von weit unter 0,01 %.

Die Auskoppelverluste $\delta_R = (1 - R_1 R_2)$ haben – zum Vergleich – die Größenordnung 2 % bei Reflexionsgraden $R \cong 0,99$.

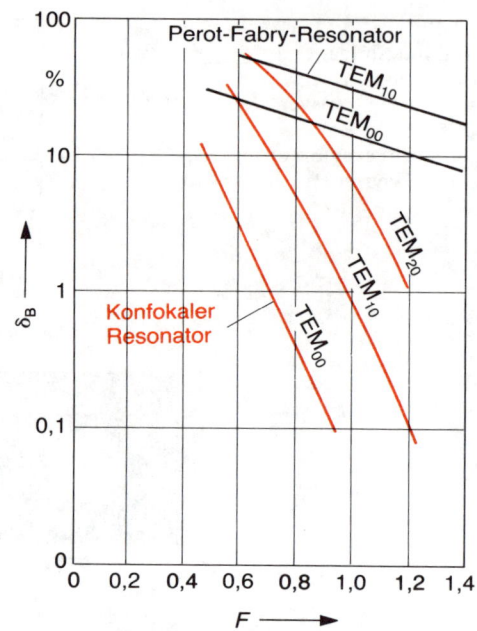

Bild 3.27 Beugungsverluste δ_B in % pro Umlauf im Resonator [nach A. G. Fox und T. Li (1961)]

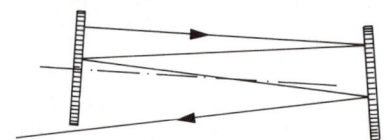

Bild 3.28 Auswanderung der Welle infolge Justierungenauigkeit

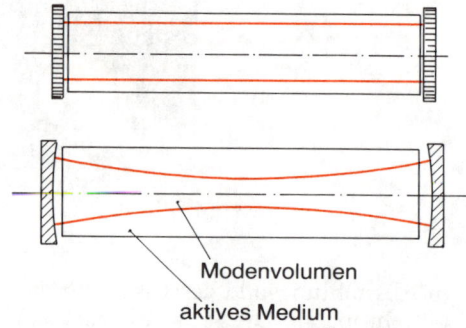

Modenvolumen

aktives Medium

Bild 3.29 Modenvolumina von longitudinalen Moden beim Perot-Fabry-Resonator und beim konfokalen Resonator

Tabelle 3.3 Eigenschaften verschiedener Resonatoren

	Perot-Fabry	sym. konfokal	semi-konfokal
Beugungsverluste	hoch	gering	gering
Begünstigung des Grundmodes	gering	hoch	mittel
Justieranforderung	hoch ca. 1''	gering ca. 3'	mittel
Modenvolumen (Nutzung des akt. Mediums)	groß	klein	mittel

Justiergenauigkeit

Durch Dejustierung der Spiegel (Bild 3.28) entstehen Auswanderungsverluste. Die Anforderungen an die Justiergenauigkeit sind bei den verschiedenen Resonatoren sehr unterschiedlich (Tabelle 3.3).

Modenvolumen

Das aktive Medium hat üblicherweise zylindrische Form. Das Modenvolumen des Grundmodes beim Perot-Fabry-Resonator füllt nahezu das Volumen des aktiven Mediums (Bild 3.29).

Beim konfokalen Resonator wird durch die Strahltaille das aktive Medium nur zum Teil genutzt. Dies bedeutet höhere Verluste.

Stabile und unstabile Resonatoren

Die Krümmungsradien ρ_1 und ρ_2 kann man in bezug auf die Resonatorlänge L variieren. Mit Hilfe der geometrischen Optik (Paraxial-Optik) läßt sich der Strahlenverlauf im Resonator untersuchen. Man nennt einen optischen Resonator stabil, wenn bei strahlenoptischer Betrachtung keine Verluste auftreten, d.h. der Strahlenverlauf innerhalb des Resonators einen geschlossenen Weg bildet. Das Ergebnis lautet:

Die Strahlen wandern dann aus dem Resonator, wenn die folgende Stabilitätsbedingung nicht erfüllt ist:

$$0 < (1 - L/\rho_1) \cdot (1 - L/\rho_2) < 1 \qquad \text{(Gl. 3.36)}$$

Die Grenzfälle der Stabilität werden im Stabilitätsdiagramm in Bild 3.30 a durch die Hyperbeln dargestellt. Der schraffierte Bereich stellt den Stabilitätsbereich dar.

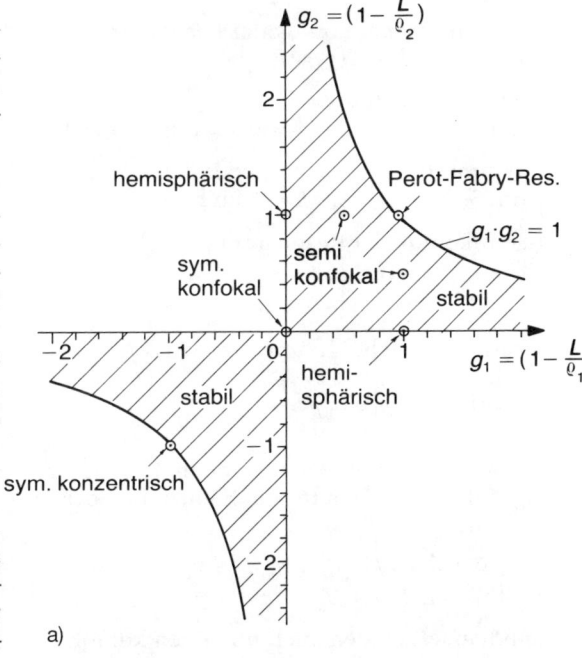

a)

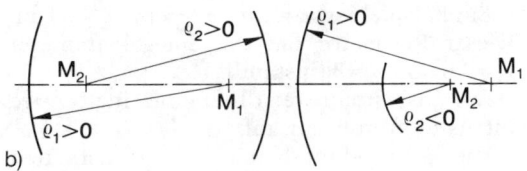

b)

Bild 3.30
a) Stabilitätsdiagramm von optischen Resonatoren [nach H. Weber, Tutorial Optische Resonatoren, Laser 1987]
b) Vorzeichendefinition für die Krümmungsradien

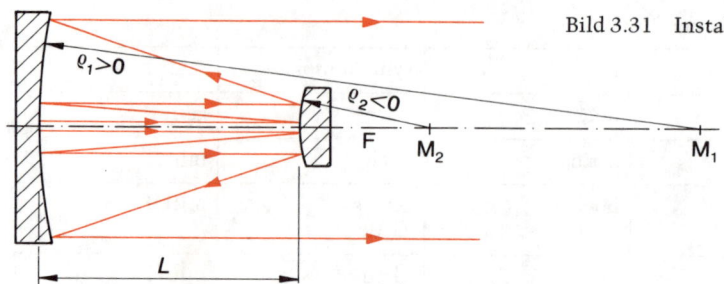

Bild 3.31   Instabiler konfokaler Resonator

Wichtige Sonderfälle sind:

☐ symmetrischer konfokaler Resonator,
$L = \rho_1 = \rho_2$ und $g_1 \cdot g_2 = 0$

☐ Perot-Fabry-Resonator
(im 1. Quadranten) $\rho_1 = \rho_2 = \infty$ und $g_1 \cdot g_2 = 1$

☐ symmetrisch konzentrischer Resonator
(im 3. Quadranten) $L = 2\rho$ und $g_1 \cdot g_2 = 1$

☐ semikonfokaler Resonator (2 Fälle)
$g_1 = 1$; $g_2 = 0,50$ | $2L = \rho_2$; $\rho_1 = \infty$
$g_1 = 0,5$; $g_2 = 1$ | $2L = \rho_1$; $\rho_2 = \infty$

☐ hemisphärischer Resonator (2 Fälle)
$g_1 = 1$; $g_2 = 0$ | $\rho_1 = \infty$; $\rho_2 = L$
$g_2 = 0$; $g_1 = 1$ | $\rho_1 = L$; $\rho_2 = \infty$

Ein Beispiel für einen instabilen Resonator zeigt Bild 3.31. Wenn für die Radien die Beziehung gilt:

$$\rho_1 = 2L - \rho_2, \text{ mit } \rho_1 > 0$$
$$\text{und } \rho_2 < 0$$

dann handelt es sich auch um einen konfokalen Resonator, jedoch im Instabilitätsbereich des 1. Quadranten.

Ein Beispiel ist: $L = 2$ m, $\rho_1 = 5$ m, $\rho_2 = -1$ m. Dieser Resonator hat die Spiegelparameter $g_1 = 0,6$ und $g_2 = 3$ (instabil).

Der Laserstrahl weist hier eine ringförmige Intensitätsverteilung auf.

Die Anwendungsbereiche von instabilen Resonatoren finden wir bei Lasern

☐ mit einem aktiven Medium, das hohe Verstärkung aufweist,

☐ bei denen hohe Leistungen ausgekoppelt werden sollen,

☐ bei denen kein geeignetes Subtrat für teildurchlässige Spiegel bei der Laserwellenlänge zur Verfügung steht.

Instabile Resonatoren werden z. B. bei CO_2-Lasern mit hoher Ausgangsleistung angewendet.

Modenselektion

Die transversalen Moden sind gegenüber dem Grundmode durch ihre höheren Beugungsverluste immer benachteiligt. Sollen aber diese vollständig unterdrückt werden, dann muß eine Modenblende in den Oszillator eingebaut werden. Wird z. B. im konfokalen Resonator (Bild 3.24) in der Mitte, also am Ort der Taille des Grundmodes, eine Lochblende eingebaut, dann wird der Mode TEM_{10} vollständig unterdrückt.

Für viele meßtechnische Anwendungen, aber auch zur Laser-Materialbearbeitung wird der Grundmode TEM_{00} benötigt, da er die geringste Divergenz und die höchste Kohärenz aufweist.

In der Laserinterferometrie soll der Laser nur in einem longitudinalen Mode schwingen (Einmodenlaser).

Einen Einmodenlaser, bei dem also der axiale Modenparameter nur einen einzigen Wert q hat, erhält man,

☐ wenn die Resonatorlänge L so kurz gewählt wird, daß – bei inhomogener Verbreiterung – nur ein Mode innerhalb der Dopplerbreite liegt

☐ durch Einbau eines wellenlängenselektiven Bauelements in den Oszillator wie z. B. ein Etalon (Abschnitt 3.9.4).

3.7.2 Gaußsche Strahlen

Alle stabilen Resonatoren haben im Grundmode TEM_{00} dieselbe Leistungsdichteverteilung $S(r)$. Für den symmetrischen konfokalen Resonator lassen sich die Feldverteilungen der Moden mit Hilfe der Beugungstheorie berechnen (Boyd & Gordon 1961 bzw. Boyd & Kogelnik 1962).

Der Grundmode TEM_{00} hat für Rechtecksymmetrie und Kreissymmetrie dieselbe Feldverteilung.

Für die radiale Verteilung der Leistungsdichte $S(r)$ in Watt/m^2 in den Querschnitten senkrecht zur Ausbreitungsrichtung ergibt sich eine Gaußsche Glockenkurve:

$$S(r) = S_0 \cdot \exp\{-2(r/w)^2\} \quad \text{(Gl. 3.37)}$$

Der Fleckradius w (Strahlradius) ist derjenige Radius, bei dem die Leistungsdichte auf den Bruchteil $1/e^2$ des Maximalwerts abgefallen ist (Bild 3.32).

Die Ausbreitung eines Gaußschen Strahls ist durch die Lage und den Fleckradius der Strahltaille festgelegt. Diese Taille befindet sich beim symmetrischen konfokalen Resonator in der Resonatormitte bei $z=0$ (Bild 3.33). Für diesen ist der Taillen-Fleckradius

$$w_0 = \sqrt{L\lambda/2\pi} \quad \text{(Gl. 3.38)}$$

wobei λ die Wellenlänge im Resonator ist.

Für den Fleckradius längs des Gaußschen Strahls gilt:

$$w(z) = w_0 \sqrt{1 + (\lambda z/\pi w_0^2)^2} \quad \text{(Gl. 3.39)}$$

Diese Gleichung beschreibt ein Rotationshyperboloid (Bild 3.34). Die Richtung des Asymptoten gibt den Öffnungswinkel Θ des Gaußschen Strahls für große z an (Fernfeld).

$$\Theta = \lambda/\pi w_0 \quad \text{und} \quad \Theta \cdot w_0 = \lambda/\pi \quad \text{(Gl. 3.40)}$$

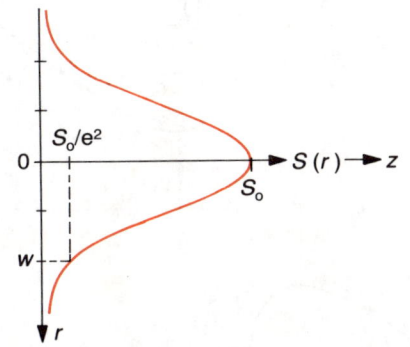

Bild 3.32 Radiale Verteilung der Leistungsdichte S in einem Gaußschen Strahl

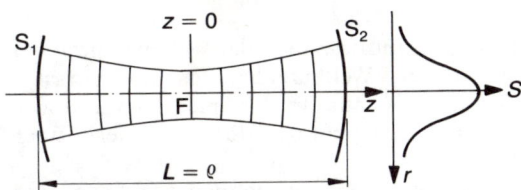

Bild 3.33 Modenvolumen und Strahltaille eines longitudinalen Modes

Je kleiner der Fleckradius w_0, d. h. je enger die Taille, desto divergenter verläuft der Gaußsche Strahl.

Der Krümmungsradius ρ der Wellenfront, die die Achse bei z schneidet ist

$$\rho(z) = z[1 + (\pi w_0^2/\lambda z)^2] \quad \text{(Gl. 3.41)}$$

In der Taille $(z=0)$ ist also die Wellenfront eben.

Nach Bild 3.35 gilt für den Minimalwert ρ_{min} von $\rho(z)$:

$$z(\rho_{min}) = \pm \pi w_0^2/\lambda = L/2 \quad \text{(Gl. 3.42)}$$

$$|\rho_{min}| = 2\pi w_0^2/\lambda = L \quad \text{(Gl. 3.43)}$$

Bild 3.34
Ausbreitung eines
Gaußschen Strahls

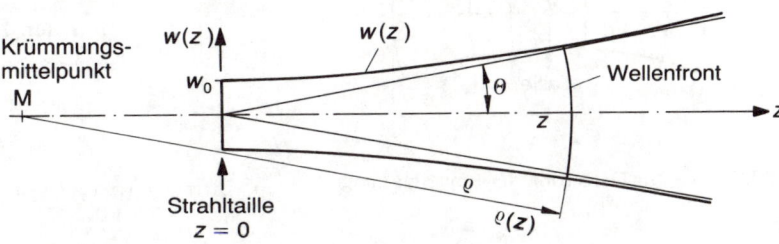

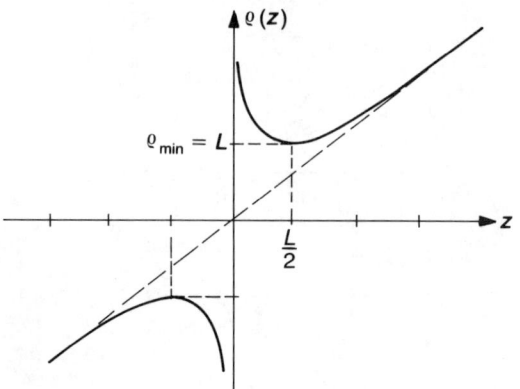

Bild 3.35   Krümmungsradius $\rho(z)$ der Wellenfronten

Der Krümmungsradius der Wellenfronten des stationären Wellenfeldes des transversalen Grundmodes am Ort der Spiegel stimmt also mit dem Krümmungsradius der Spiegel überein.

Als Fleckgröße bezeichnen wir die Fläche des Brennflecks πw^2.

Die höchste Leistungsdichte erhalten wir in der Strahltaille.

Die Rayleigh-Länge z_R (Fokustiefe) ist ein Maß für die Änderung der Fleckgröße (Tiefenschärfe) im Bereich der Taille. z_R ist die Strecke, in der die Fleckgröße auf das Doppelte anwächst bzw. die Leistungsdichte die Hälfte von der in der Taille ist (Bild 3.36).

Aus Gl. 3.39 ergibt sich:

$$w(z_R) = w_0 \cdot \sqrt{2} = w_0 \sqrt{1 + (\lambda z_R / \pi w_0^2)^2}$$
$$z_R = \pi w_0^2 / \lambda = w_0 / \Theta$$

$$\text{(Gl. 3.44)}$$

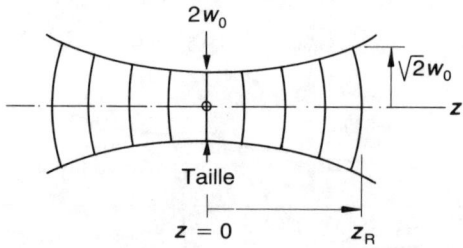

Bild 3.36   Zur Definition der Rayleigh-Länge z_R

Damit gilt auch:

$$w(z) = w_0 \sqrt{1 + (z/z_R)^2} \qquad \text{(Gl. 3.45)}$$

Die Gesamtleistung $\phi_e(z, r_1)$, die durch eine zentrierte Lochblende vom Radius r_1 fließt, ist:

$$\phi_e(z, r_1) = 2\pi \int_0^{r_1} S(r)\, r\, dr$$

$$= (\pi w^2 S_0 / 2)(1 - \exp\{-2(r/w)^2\}$$

$$= \phi_{e0}(1 - \exp\{-2(r/w^2)\}) \qquad \text{(Gl. 3.46)}$$

Durch eine Blende vom Radius $r_1 = w$ fließen also 86,5% der Gesamtleistung ϕ_{e0}.

Für die Leistungsdichte als Funktion von r, z können wir schreiben:

$$S(r, z) = S_0(z)\, \frac{\exp\{-2(r/w)^2\}}{(1 + z/z_R)^2} \qquad \text{(Gl. 3.47)}$$

Transformation von Gaußschen Strahlen

Die Wirkung einer Linse kann nach Bild 3.37 auch als eine Transformation der Krümmungsradien von Kugelwellen verstanden werden $(\rho_{vor} \rightarrow \rho_{nach})$.

Trifft ein Gaußscher Strahl G1 auf eine Linse, dann wird der Krümmungsradius ρ_{vor} der Wellenfront am Ort der Linse in den zu einem Gaußschen Strahl G2 gehörigen Krümmungsradius ρ_{nach} transformiert (Bild 3.38).

Mit einer Linse der Brennweite f wird also ein Gaußscher Strahl mit Taillen-Fleckradius w_1 im Abstand d_1 von der Linse in einen anderen mit w_2 und d_2 umgewandelt. Es gelten folgende Beziehungen:

$$1/w_2^2 = (1/w_1^2) \cdot (1 - d_1/f)^2 + (1/f^2) \cdot (\pi w_1 / \lambda)^2$$
$$\text{(Gl. 3.48)}$$

$$d_2 - f = \frac{(d_1 - f) \cdot f^2}{(d_1 - f)^2 + (\pi w_1^2 / \lambda)^2} \qquad \text{(Gl. 3.49)}$$

Durch Umformen findet man einen zweiten Gleichungssatz:

$$d_1 + f \pm (w_1/w_2) \sqrt{f^2 - f_0^2} \qquad \text{(Gl. 3.50)}$$

$$d_2 = f \pm (w_2/w_1) \sqrt{f^2 - f_0^2} \qquad \text{(Gl. 3.51)}$$

mit $f_0 = (\pi \cdot w_1 \cdot w_2)/\lambda$ und $f > f_0$

Bild 3.37
Transformation des
Krümmungsradius
einer Wellenfront
durch eine Linse

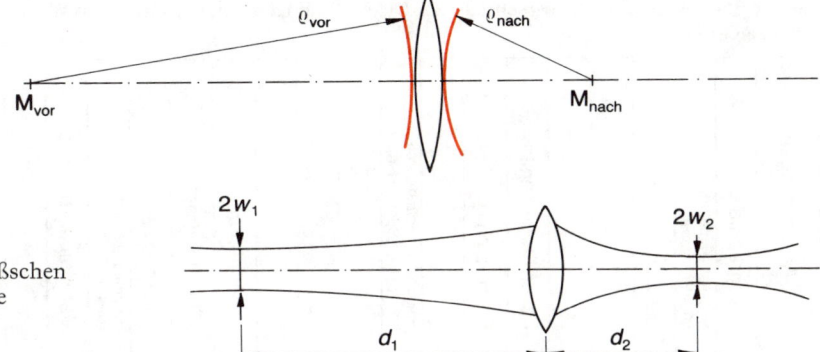

Bild 3.38
Transformation von Gaußschen
Strahlen durch eine Linse

In diesen Gleichungen 3.50 und 3.51 sind jeweils nur die oberen bzw. nur die unteren Vorzeichen zu verwenden.

3.8 Lasertypen

Einen Überblick über einige wichtige Laser zeigt Tabelle 3.4. Es sind darin jeweils die leistungsstärksten Wellenlängen schematisch eingezeichnet. Aus dieser Liste wollen wir nun einige für die Anwendungen wichtige Lasertypen besprechen.

3.8.1 Nd:YAG-Laser (Vier-Niveau-Laser)

Der für technische Anwendungen wichtigste Festkörperlaser ist der Nd (Neodym):YAG-Laser. YAG ist die Ablürzung für **Y**ttrium-**A**luminium-**G**ranat ($Y_3Al_5O_{12}$). Der YAG-Kristall ist mit Nd dotiert, wobei ca. 1% der Y^{3+}-Ionen durch Nd^{3+}-Ionen ersetzt sind. Das eigentliche aktive Medium sind die Nd^{3+}.

Das Energieniveauschema der Nd^{3+}-Ionen im YAG zeigt Bild 3.39. Durch die starken elektrostatischen Felder im Kristall entstehen die Energiebänder, die wir zu W_3 zusammenfassen. Ein Nd^{3+} – kann also Lichtquanten absorbieren, deren Energien in den verschiedenen Bereichen ($W_3 - W_0$) liegen. Dieser Vorgang wird zum optischen Pumpen benutzt. Lichtquanten, die nicht in das Raster ($W_3 - W_0$) passen, sind für den Pumpvorgang wertlos.

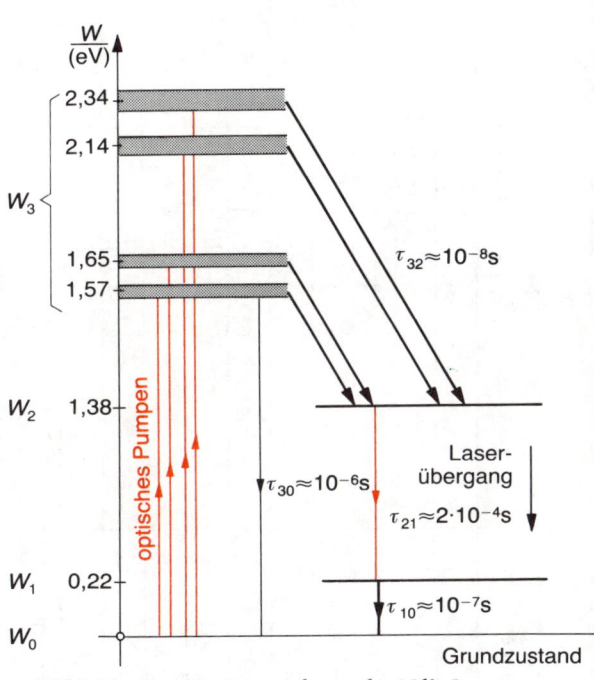

Bild 3.39 Energieniveauschema der Nd^{3+}-Ionen im YAG-Kristall

Tabelle 3.4   Auswahl von verschiedenen Lasern. Die Lagen der wichtigsten Wellenlängen im Spektrum sind eingezeichnet.

Laser-Typ	Laser	Anwendungen
Festkörperlaser	Rubin	Holographie
Festkörperlaser	Neodym: YAG	Materialbearbeitung, LIDAR, Medizin
Festkörperlaser	Erbium: YAG	Medizin
Festkörperlaser	Holmium: YAG	Medizin
Festkörperlaser	Alexandrit	
Metalldampf-L. / Gas-Laser	He-Neon	Laser-Meßtechnik
Metalldampf-L. / Gas-Laser	Cu (Kupfer)	Pump-Lichtq. f. Farbst. L.
Metalldampf-L. / Gas-Laser	Au (Gold)	
Ionen-Laser	Ar⁺(Argon)	Holographie, Pump-Lichtq. f. Farbst. L., Spektroskopie
Ionen-Laser	Kr⁺(Krypton)	
Ionen-Laser	He-Cadmium	Mikro-Lithographie, Reprographie
Excimer-Laser	ArF	Materialablation
Excimer-Laser	KrF	Mikrolithographie
Excimer-Laser	XeCl	Fotochemie
Excimer-Laser	XeF	
Molekül-Laser	CO_2	Materialbearbeitung, Medizin
Molekül-Laser	CO	Materialbearbeitung
chem. Laser	HF	
Laser-Dioden	Farbstoff-L.	Spektroskopie
Laser-Dioden	Farbzentren-L.	Spektroskopie
Laser-Dioden	$Ga_{1-x}Al_xAs$	Laser-Meßtechnik
Laser-Dioden	$In_{1-x}Ga_xAs_yP_{1-y}$	Nachrichtentechnik
Laser-Dioden	$Pb\,S_{1-x}Se_x$ (Bleisalzdioden-L.)	Spektroskopie

(Wellenlängen-Achse λ: 0,2 – 0,3 – 0,4 – 0,5 – 0,6 – 0,8 – 1 µm – 2 – 3 – 4 – 6 – 8 – 10 µm)

Abstimmbereich vom Farbstoff abhängig — Abstimmbereich vom Farbzentrenmaterial abhängig — Einstellbereich

Inversionsverfahren

Für die Beschreibung des Inversionsverfahrens benötigen wir im Prinzip die Energieniveaus W_0, W_1, W_2, W_3 (Vier-Niveau-Methode).

Im thermischen Gleichgewicht befinden sich die Nd^{3+}-Ionen im Grundzustand W_0. Durch optisches Pumpen werden die Zustände W_3 angeregt. Für eine Rückkehr nach W_0 gibt es die zwei Wege: $W_3 \to W_0$ und $W_3 \to W_2 \to W_1 \to W_0$. Da die Lebensdauer τ_{32} für $W_3 \to W_2$ ca. 100mal kürzer ist als τ_{30}, ist die Übergangswahrscheinlichkeit für $W_3 \to W_2$ ca. 100mal höher als für $W_3 \to W_0$. Ca. 99% aller Zustände W_3 gelangen also nach W_2. Wegen der vergleichsweise langen Lebensdauer τ_{21}, d. h. $\tau_{21}/\tau_{32} \cong 2 \cdot 10^4$, «stauen» sich die Anregungszustände in W_2.

Das Energieniveau W_1 ist unbesetzt, da es bei $T \cong 300$ K nach dem Boltzmann-Faktor (Gl. 3.16) fast keine thermische Anregung gibt. Ferner ist W_1 wegen der kurzen Lebensdauer τ_{10} bei Emissionsvorgängen $W_2 \to W_1$ schnell entleert. Es ist also die Besetzungsdichte $N_1 \cong 0$.

Die Inversion zwischen W_2 und W_1 beginnt damit mit der ersten Besetzung von W_2. Die Wellenlänge des Laserübergangs $W_2 \to W_1$ ist $\lambda = 1,064$ µm.

Pumplichtquellen

Zur Erzielung eines hohen Gesamtwirkungsgrades muß

☐ das Emissionsspektrum der Pumplichtquelle möglichst gut mit dem Absorptionsspektrum $(W_3 - W_0)$ übereinstimmen und
☐ die ganze Pumplichtmenge in den YAG-Kristall eingekoppelt werden.

Aufgrund des Energieniveauschemas (Bild 3.39) werden bei den Energiebändern W_3 die Wellenlängen in den Bereichen um 807 nm, 750 nm, 580 nm und 530 nm von Nd^{3+} in YAG absorbiert.

In der Praxis werden als Pumplichtquellen Halogenlampen, Edelgas-Bogenlampen und in neuerer Zeit Diodenlaser verwendet. Diese Lichtquellen sind verschieden gut dem Nd^{3+}-Spektrum angepaßt. Die unterschiedlichen Wirkungsgrade gehen aus Tabelle 3.5 hervor.

Durch die verschiedenen Pumplichtquellen wird der Kristall unterschiedlich thermisch

Tabelle 3.5 Vergleich der verschiedenen Pumplichtquellen von Nd^{3+} : YAG-Laser [nach 3.14]

	Edelgas-Bogen-lampe	Wolfram-Halogen-lampe	Dioden-laser
Elektrische Eingangsleistung	2 kW	500 W	6 W
Nutzbare Pumpleistung	200 W	5 W	2 W
Ausgangsleistung (TEM_{00})	20 W	0,2 W	1 W
Gesamtwirkungsgrad	0,5%	0,04%	15%
Lebensdauer der Lichtquelle	400 h	100 h	10 000 h

beansprucht. Dies wirkt sich in der Strahlqualität aus.

Die W-Halogenlampe emittiert ein kontinuierliches Spektrum, das viele nicht nutzbaren Spektralanteile enthält. Die Emission des Diodenlasers erfolgt bei einer Wellenlänge mit einer Halbwertsbreite unter 1 nm. Die Emissionswellenlänge kann durch Variation der Temperatur des Diodenlasers auf das Absorptionsspektrum des Nd^{3+} optimiert werden.

Konstruktiver Aufbau

Elliptischer Zylinderspiegel

Ein stabförmiger YAG-Kristall (die maximalen Abmessungen liegen im Bereich von 1 cm Durchmesser und ca. 10 cm Länge) wird in einem innen verspiegelten elliptischen Zylinder in einer Brennlinie angeordnet. In der anderen Brennlinie befindet sich eine ebenfalls stabförmige Pumplichtquelle (Bild 3.40). Dadurch wird die gesamte Pumplichtmenge dem YAG-Kristall zugestrahlt. Wegen der hohen Wärmeentwicklung der Lampe muß diese intensiv mit Wasser gekühlt werden.

«Slab»-Geometrie

Der YAG-Kristall ist in diesem Fall eine Platte,

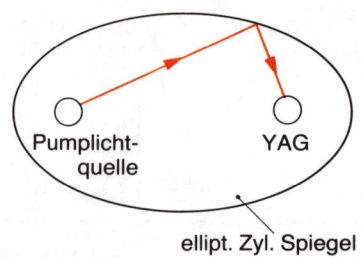

Bild 3.40 Optimale Einkopplung der Pumplichtstrahlung in den YAG-Kristall mit Hilfe eines elliptischen Zylinderspiegels

die von oben und unten mit Pumplicht beleuchtet wird (Slab-Geometrie, Bild 3.41). Innerhalb der Platte breitet sich der Laserstrahl infolge Totalreflexion zickzackförmig aus (Bild 3.41).

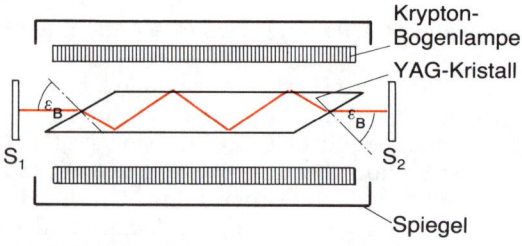

Bild 3.41 Experimentelle Anordnung zum optischen Pumpen beim YAG-Laser mit Slab-Geometrie

Diodenlaser als Pumplichtquelle
Beim diodenlasergepumpten Nd:YAG-Laser wird die Strahlung eines phasengekoppelten Diodenlaser-Arrays über eine Optik in den YAG-Kristall in Resonatorachsenrichtung eingestrahlt (Bild 3.42).

Die YAG-Kristallfläche ist optisch so vergütet, daß sie für die Pumpwellenlänge (800 nm) eine hohe Transmission und für die Laserwellenlänge (1 064 nm) hohe Reflexion aufweist (Resonatorspiegel). Mit dieser Anordnung lassen sich YAG-Laser in sehr kleinen Abmessungen bauen. Leistungsfähige diodenlasergepumpte Nd:YAG-Laser mit einer Ausgangsleistung von 2 W in TEM_{00} (cw) können gebaut werden.

Lampengepumpte Nd:YAG-Laser können Ausgangsleistungen von 30 W im TEM_{00}-Mode und 1 kW im Multimodebetrieb erreichen.

Gepulste Nd:YAG-Laser erreichen Pulsenergien von 10 J bei Pulsrepetitionsfrequenzen von 1 Hz. Die realisierbaren Impulsdauern (10^{-3} bis 10^{-12} s) sind von der angewandten Modulationsmethode abhängig.

Anwendungen
☐ Das Hauptanwendungsgebiet liegt im Bereich der Materialbearbeitung. Glasfasern kann man dabei (im Gegensatz zum CO_2-Laser) zur Strahlführung benutzen.
☐ In der Umweltmeßtechnik dient er zur quantitativen Messung von Schadstoffen in

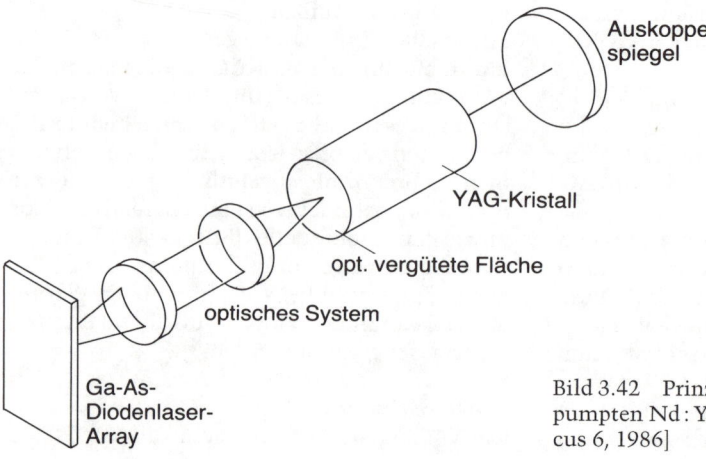

Bild 3.42 Prinzipieller Aufbau eines diodengepumpten Nd:YAG-Lasers [nach Baer, Laser Focus 6, 1986]

der Atmosphäre über die Raman-Streuung und zur Aerosolmessung (LIDAR = light detection and ranging).

☐ Entfernungsmessung

☐ Medizinische Anwendungen (z.B. laserinduzierte Stoßwellen-Lithotripsie, d. h. Gallensteinzertrümmerung, bei der der Nd : YAG-Laserstrahl in eine Quarzglasfaser eingekoppelt und zum Anwendungsort geführt wird)

☐ Der Nd : YAG-Laser kann aufgrund seines Energieniveauschemas (in Bild 3.39 nicht eingezeichnet) auch bei $\lambda = 1319$ nm emittieren. Daher ist er auch für die faseroptische Nachrichtentechnik interessant, weil Fasern aus Quarzglas bei $\lambda = 1,3$ µm minimale Dispersion haben.

☐ Durch Frequenzverdopplung (Abschnitt 3.9.8) wird der Anwendungsbereich vergrößert.

Anstelle von Nd : YAG-Kristallen können auch Nd : Glas-Stäbe als aktives Medium benutzt werden. Das Energieniveauschema von Nd^{3+} in Glas ist nahezu dasselbe wie in YAG. Nd : Glas-Stäbe sind wesentlich billiger und in größeren Abmessungen herstellbar als Nd : YAG-Kristalle. Nd : Glas-Laser werden als Hochenergielaser gebaut.

Da die Wärmeleitfähigkeit von Nd : Glas ca. 12mal kleiner ist als die von Nd : YAG, kann man mit Nd : Glas keine cw-Laser bauen. Außerdem sind die Strahleigenschaften bei Nd : Glas-Lasern meist etwas schlechter als bei Nd : YAG-Lasern.

3.8.2 Rubin-Laser (Drei-Niveau-Laser)

Der Rubin-Laser war der erste realisierte Laser (MAIMAN, 1960). Rubin ist ein mit Cr^{3+}-Ionen dotierter Al_2O_3-Einkristall. Die Menge des Chroms in p Gewichtsprozent beträgt für Laserzwecke $0,006 < p < 0,7$. Bei der optimalen Cr-Konzentration von $p = 0,035$ Gewichtsprozent ist die Anzahl der Cr^{3+}-Ionen je Volumeneinheit $N_0 = 1,6 \cdot 10^{19}/cm^3$. Das eigentliche aktive Medium sind die Cr^{3+}-Ionen, die dem Rubinkristall auch die rote Farbe verleihen (Fluoreszenz nach Einstrahlung von grüner und blauer Strahlung). Die Abmessungen der Rubinkristalle liegen im Bereich von 0,5 bis 1 cm Durchmesser und einer Länge der Größenordnung 10 cm. Die Massendichte des Rubins ist $\rho_{Rubin} = 3,98$ g/cm³.

Die Inversion wird hier auch durch «optisches Pumpen» erzielt. Als experimentelle Anordnung wird im Prinzip wie beim YAG-Laser ein elliptischer Zylinderspiegel verwendet (Bild 3.40).

In den Brennlinien eines innen verspiegelten elliptischen Zylinderspiegels befindet sich der Rubinstab bzw. die stabförmige Pumplichtquelle. Eine Quecksilber-Hochdrucklampe als Pumplichtquelle emittiert ein Spektrum, das optimal vom Rubin absorbiert wird (Wellenlängenbereich 410 nm und 550 nm).

Die Cr^{3+}-Ionen sind im Kristall starken elektrischen Feldern durch die Nachbaratome ausgesetzt. Dadurch wird ihr Energieniveauschema (Bild 3.43) stark beeinflußt. Für das Verständnis des Inversionsverfahrens sind 3 Niveaus W_1, W_2 und W_3 erforderlich (Drei-Niveau-Methode). Wir fassen die beiden Bänder W_{31} und W_{32} zu W_3 zusammen.

Inversionsverfahren

Im thermodynamischen Gleichgewicht befinden sich die Cr^{3+}-Ionen im Grundzustand W_1. Durch Absorption von Lichtquanten der Photonenenergie 3 eV und 2,3 eV (entsprechend $\lambda = 410$ nm und 540 nm) wird vom Grundzustand aus die Energieniveaugruppe W_3 angeregt. Innerhalb der jeweiligen Lebensdauern τ_{31} und τ_{32} gehen die angeregten Zustände in tiefere über. Da $\tau_{31} \gg \tau_{32}$ (Faktor 100), werden praktisch alle angeregten Zustände nach W_2 gelangen. Wegen der vergleichsweise extrem langen Lebensdauer von W_2 (metastabiler Zustand) $\tau_{21} \cong 10^{-3}$ s kommt es dann zur Inversion zwischen W_2 und W_1. Der Übergang $W_3 \rightarrow W_2$ erfolgt strahlungslos, d.h., es wird der Kristall durch diese Energie erwärmt.

Wegen der sehr kurzen Lebensdauer τ_{32} befinden sich zu jedem Zeitpunkt alle Cr^{3+}-Ionen nur in den Niveaus W_1 und W_2. Es ist also $N_0 = N_1 + N_2$. Um eine Inversion $\Delta N = N_2 - N_1 > 0$ zu erzeugen, müssen sich also $N_2 = (N_0 + \Delta N)/2$ im Zustand W_2 aufhalten. Für $\Delta N > 0$ muß also mehr als die Hälfte

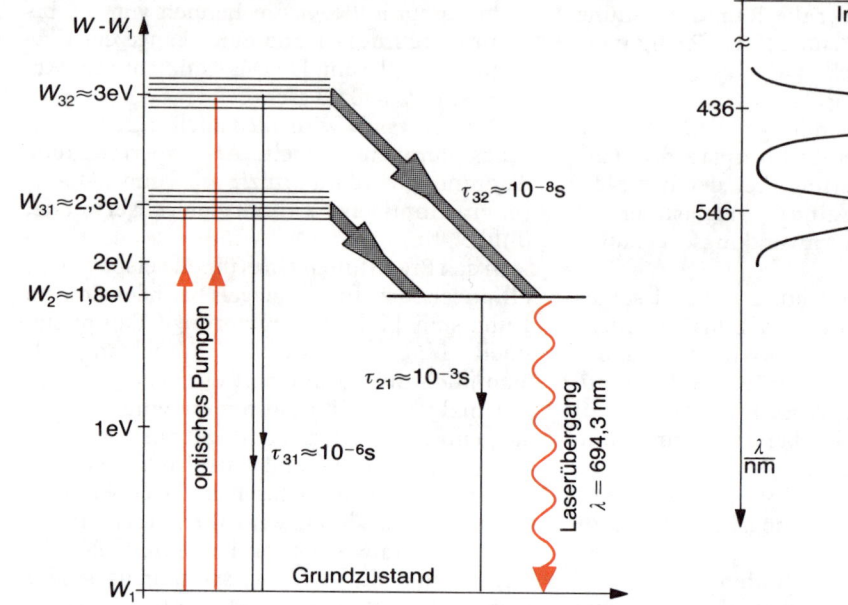

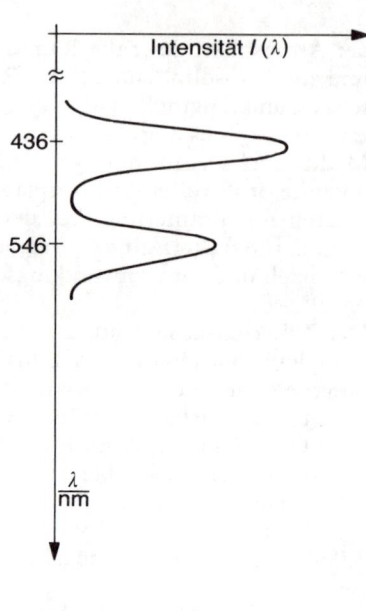

Bild 3.43   Energieniveauschema der Cr^{3+}-Ionen im Rubin und Spektrum der Hg-Hochdruck-lampe

Bild 3.44
a) Energieniveauschema des He-Ne-Lasers. Ne hat eine große Zahl von Übergängen, bei denen eine Inversion aufgebaut werden kann [nach 3.1].
b) Prinzipielle Anordnung zum «Pumpen» in einer Niederdruckentladung. Die Entladungs-röhren haben Innendurchmesser in der Größenordnung 1 mm, um den Zustand 1 s besser zu entleeren.

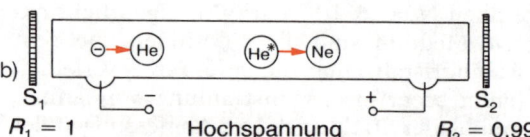

der Cr^{3+}-Ionen ($N_0/2$ im Zustand W_2 sein. Dies ist sehr ungünstig, verglichen mit dem Vier-Niveau-Laser (Abschnitt 3.8.1), bei dem praktisch der erste angeregte Zustand W_2 schon zur Inversion führt. Der Grund liegt darin, daß bei der Drei-Niveau-Methode das untere Laserniveau mit dem Grundzustand zusammenfällt.

Frage: Welche optische Pumpleistung P_v pro Volumeneinheit muß man aufwenden, um den Sättigungszustand $N_1 = N_2$ bei $p = 0,035$ Gew.-% zu erreichen?

Für jeden erzeugten Zustand W_2 ist die Energie W_3 aufzuwenden. Benutzen wir näherungsweise den Mittelwert $\overline{W}_3 = 2,6$ eV, dann müssen $N_2 = N_0/2$ Zustände W_2 innerhalb der Lebensdauer τ_{21} erzeugt werden. Dies ergibt eine optische Pumpleistung je Volumeneinheit: $P_v = N_0 \cdot \overline{W}_3/2\,\tau_{21} = 2,3$ kW/cm³.

Um die Erwärmung in Grenzen zu halten, wird der Rubin-Laser meist nur als Impulslaser benutzt. Die Pulsenergien können – je nach Bauart – bis zu 300 J betragen. Der Gesamtwirkungsgrad liegt unter 1%. Die anwendungsbezogene Bedeutung des Rubin-Lasers geht zurück. Er wird bei der Pulsholographie und zur Entfernungsmessung eingesetzt.

3.8.3 Helium-Neon-Laser

Der He-Ne-Laser ist der verbreitetste Gaslaser. Er wurde als erster Gaslaser realisiert (A. JAVAN et. al., 1961). Sein eigentliches aktives Medium sind die Ne-Atome. He dient nur als Pumpgas, um die Inversion beim Ne zu erreichen. Der Pumpvorgang erfolgt über Elektronenstöße in einer elektrischen Niederdruckentladung und über Stöße 2. Art. Die Partialdrücke im Entladungsrohr liegen im Bereich $p_{He} \cong 0,7$ bis 6 mbar und $p_{Ne} \cong 0,1$ mbar.

Die Energieniveauschemata von He und Ne sind in Bild 3.44 dargestellt. Die Grundzustände von den He- und Ne-Atomen haben abgeschlossene Elektronenschalen (Edelgasschalen). Die Elektronenkonfigurationen sind also bei He $\rightarrow (1\,s^2)$ und bei Ne $\rightarrow (1\,s^2, 2\,s^2, 2\,p^6)$. Durch Anregung wird ein Elektron in eine höhere Schale gehoben und kann beim Ne die Zustände 3 s, 3 p, 4 s usw. annehmen. Die Wechselwirkung des angeregten Elektrons mit dem Atomrumpf führt zu den Aufspaltungen, die bei den s-Zuständen eine Gruppe mit 4 Termen und bei den p-Zuständen eine Gruppe mit 10 Termen ergibt. Zur Kennzeichnung der angeregten Zustände benutzen wir im Energieniveauschema die allgemein übliche Bezeichnungsweise. Dies bedeutet, daß z. B. der erste angeregte Zustand mit 1 s und nicht mit 3 s bezeichnet wird, obwohl sich das Elektron bei 1 s auf der dritten Bahn befindet.

Inversionserzeugung

Im Entladungsraum sind viel mehr He-Atome als Ne-Atome. Durch Elektronenstoß werden also hauptsächlich He-Atome in die angeregten Zustände 2^1 s und 2^3 s gebracht. Diese sind metastabil und haben Lebensdauern von $5 \cdot 10^{-6}$ s und 10^{-4} s. Bei Stößen von angeregten He-Atomen (He*) mit Ne-Atomen im Grundzustand kommt es zum Energietransfer von He* $\rightarrow$ Ne (Stöße 2. Art oder resonante Stöße), weil die Niveaus von He* und Ne* (3 s und 2 s) nahezu übereinstimmen. Die kleinen Energiedifferenzen zwischen den Niveaus von He* und Ne* werden durch die thermische Energie ausgeglichen.

Die Ne-Atome werden durch Elektronenstöße kaum angeregt, da wegen der geringen Ne-Atomdichte die Trefferwahrscheinlichkeit gering ist. Damit bestehen also Inversionen zwischen den Zuständen

$$3\,s \quad \text{und} \quad 3\,p,$$

$$3\,s \quad \text{und} \quad 2\,p,$$

$$2\,s \quad \text{und} \quad 2\,p.$$

Die Übergangswahrscheinlichkeiten zwischen verschiedenen Niveaupaaren sind allerdings unterschiedlich hoch, so daß die verschiedenen Übergänge unterschiedliche Kleinsignalverstärkungen haben.

Tabelle 3.6 zeigt typische Werte für die Ausgangsleistungen ϕ_e bei den verschiedenen Laserübergängen. Durch Spiegelwechsel und Einbau von Wellenlängenselektoren (z.B. Perot-Fabry-Etalon, Abschnitt 3.9.4) kann ein He-Ne-Laser auf eine andere Wellenlänge umgestimmt werden.

Tabelle 3.6   Laserübergänge des He-Ne-Lasers im sichtbaren Bereich; Wellenlängen λ und typische Ausgangsleistungen Φ_e

$\dfrac{\lambda}{nm}$	Übergang	$\dfrac{\phi_e}{mW}$
543,3	$3\,s_2 \rightarrow 2\,p_{10}$	1
549,1	$3\,s_2 \rightarrow 2\,p_8$	0,5
611,8	$3\,s_2 \rightarrow 2\,p_6$	1
629,4	$3\,s_2 \rightarrow 2\,p_5$	0,5
632,8	$3\,s_2 \rightarrow 2\,p_4$	10
635,2	$3\,s_2 \rightarrow 2\,p_3$	0,2
640,1	$3\,s_2 \rightarrow 2\,p_2$	1
730,5	$3\,s_2 \rightarrow 2\,p_1$	0,5

Die Entleerung der $2\,p$-Terme erfolgt relativ rasch $(\tau \cong 10^{-8}\,s)$ zu den $1\,s$-Termen. Da aber letztere besonders langlebig sind $(10^{-3}\,s)$, muß die Entleerung über Wandstöße erfolgen. Dies wird erreicht, indem der Entladungsrohrdurchmesser genügend klein gemacht wird.

Die erzielbaren Ausgangsleistungen des He-Ne-Lasers sind relativ gering. Da aber seine Strahlqualität sehr hoch ist, wird er überwiegend in der optischen Meßtechnik verwendet (Holographie, LDA, Laserinterferometrie u. a.). Der Gesamtwirkungsgrad des He-Ne-Lasers liegt unter 0,1%.

3.8.4 CO₂-Laser

Der CO_2-Laser gehört zu den wichtigsten Lasern. Er zeichnet sich aus durch seinen hohen Wirkungsgrad und große Ausgangsleistungen im kontinuierlichen (cw) Betrieb. Seine Hauptanwendung liegt im Bereich der Materialbearbeitung.

Das CO_2-Molekül ist ein lineares symmetrisch aufgebautes Molekül. Die Energiespeicherung ist bei Molekülen auf drei verschiedene Arten möglich:

☐ Anregung der Elektronen (Elektronenenergie),

☐ Schwingungen der Atome im Molekül (Schwingungsenergie),

☐ Rotation des Moleküls (Rotationsenergie).

Für die Beschreibung des Inversionsverfahrens des CO_2-Lasers betrachten wir die Moleküle im Elektronengrundzustand. Ein lineares Molekül hat $(3\,n - 5)$ Fundamentalschwingungen, wobei n die Anzahl der Atome des linearen Moleküls ist. Das CO_2-Molekül hat also 4 Fundamentalschwingungen (Bild 3.45). Diese sind dadurch gekennzeichnet, daß der Massenmittelpunkt des Moleküls während der Schwingung in Ruhe bleibt oder gleichförmig bewegt ist. Jeder Schwingungszustand des Moleküls kann als Summe dieser Fundamentalschwingungen dargestellt werden und wird durch die Schwingungsquantenzahlen v_i gekennzeichnet.

Bei den Knickschwingungen gibt es zwei Möglichkeiten, die in zwei zueinander senk-

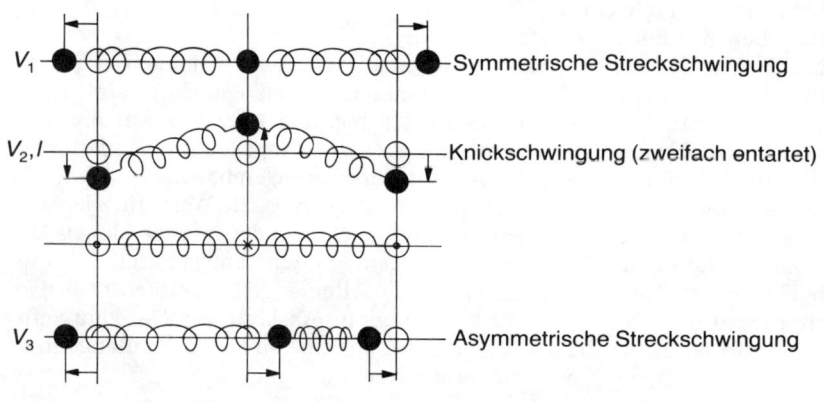

V_1 ——— Symmetrische Streckschwingung

V_2, I ——— Knickschwingung (zweifach entartet)

V_3 ——— Asymmetrische Streckschwingung

Bild 3.45
Modell eines
CO₂-Moleküls und
seine Fundamentalschwingungen

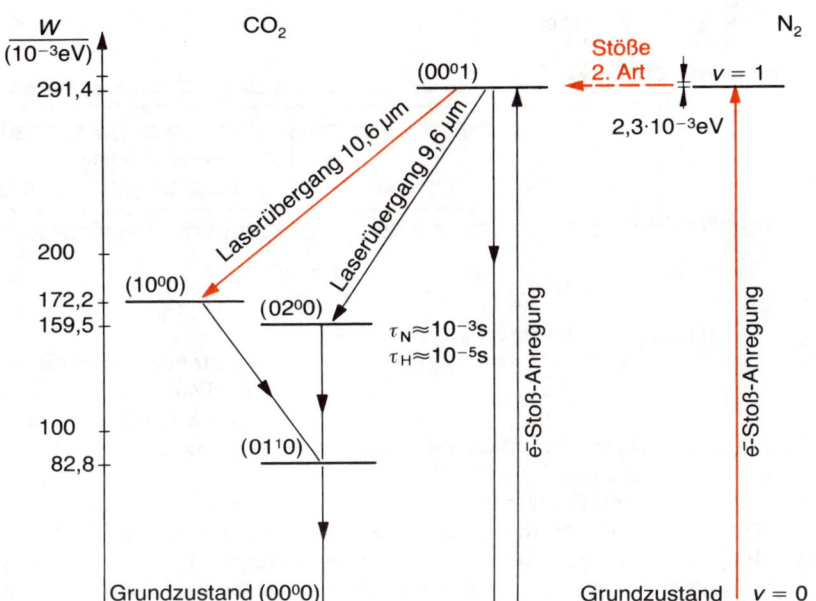

Bild 3.46
Vereinfachte Energie-
niveauschemata des
CO_2-Moleküls und
des N_2-Moleküls

recht stehenden Ebenen erfolgen. Diese zählen als unterschiedliche Fundamentalschwingungen, da sie durch verschiedene Raumkoordinaten zu beschreiben sind. Beide schwingen mit derselben Frequenz, deshalb bezeichnet man die Knickschwingung als zweifach entartet. Der Entartungsgrad wird durch die Quantenzahl l gekennzeichnet.

Ein beliebiger Schwingungszustand wird durch ein Quantenzahlentripel dargestellt: $(v_1 v_2^l v_3)$. Dabei ist $v_i = 0, 1, 2, 3 \dots$

Die gesamte Schwingungsenergie eines CO_2-Moleküls ist die Summe der Energieanteile der einzelnen Fundamentalschwingungen. In der harmonischen Näherung (d. h., man nimmt näherungsweise ein lineares Kraftgesetz für die Kräfte zwischen den Atomen an, so daß sich harmonische Schwingungen ergeben) gilt:

$$W_v = (v_1 + 1/2)\,hf_1 + (v_2 + 1/2)\,hf_2 + (v_3 + 1/2)\,hf_3$$

Das Molekül kann also Energiequanten der Beträge hf_1, hf_2, hf_3 entsprechend bestimmter Auswahlregeln aufnehmen oder abgeben.

Das Energieniveauschema für das CO_2-Molekül mit seinen Schwingungsniveaus ist auf der linken Seite von Bild 3.46 gezeigt.

Die Moleküle können, während sie schwingen, auch rotieren. Die möglichen Rotationsenergien sind über den Drehimpuls ebenfalls gequantelt. Nacht der Quantentheorie ergibt sich:

$$W_{rot} = \frac{h^2}{8\,\pi^2\,I}\,J(J+1)$$

mit den Rotationsquantenzahlen

$$J = 0, 1, 2, 3 \dots$$

I ist das Massenträgheitsmoment des Moleküls, das für die beiden Achsen senkrecht zur Molekülachse gleich ist. Die Rotation um die Molekülachse kann nicht angeregt werden.

Über jedem Schwingungsniveau $(v_1 v_2^l v_3)$ ist also noch eine Serie von Rotationsniveaus angeordnet, die in Bild 3.46 nicht eingezeichnet sind. Wir wollen nur festhalten, daß das Linienspektrum der Rotationsschwingungsspektren aus vielen eng beieinanderliegenden Linien besteht. Beim Betrieb des CO_2-Lasers setzt sich dann die meistbegünstigte Linie des Rotationsschwingungsspektrums durch. Durch wellenlängenselektive Maßnahmen lassen sich über 100 Wellenlängen im Bereich 9,14 µm … 11,01 µm abstimmen.

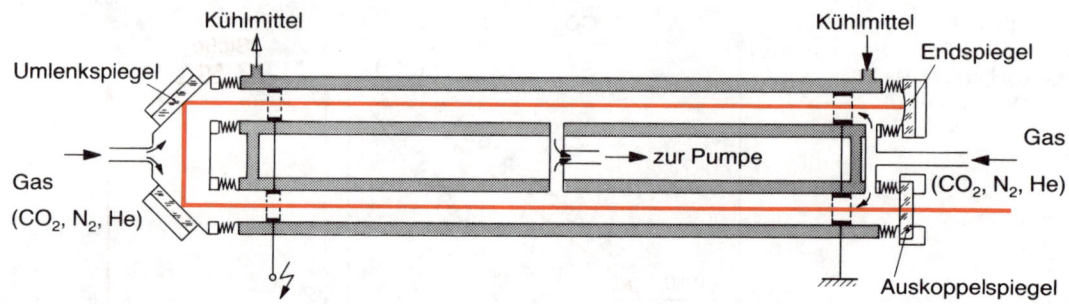

Bild 3.47   Aufbau eines CO_2-Lasers mit Elektronenstoßanregung in einer Gasentladung

Laserkonstruktion: Die Inversion kann in einer elektrischen Entladung durch Elektronenstoßanregung erzeugt werden.

Als Beispiel wählen wir die Anordnung mit einer longitudinalen (axialen) Gasströmung und gefaltetem Resonator, die schematisch in Bild 3.47 dargestellt ist.

Neben dem CO_2 ist zur Erreichung der Inversion noch Stickstoff (N_2) und Helium (He) erforderlich.

Die optimale Gaszusammensetzung hängt von der Konstruktion ab und muß experimentell bestimmt werden. Die Verhältnisse der Partialdrücke liegen in der Größenordnung:

$$p_{CO_2} : p_{N_2} : p_{He} \cong 1 : 1 : 8$$

Der Gesamtdruck liegt bei unserem gewählten Beispiel im Bereich 20 mbar bis 100 mbar.

Inversionserzeugung

Eine Inversion kann zwischen dem langlebigen oberen Laserniveau (00^01) und dem Niveau (10^01) für die Wellenlänge $\lambda = 10{,}6\ \mu m$ bzw. dem Niveau (02^00) für $\lambda = 9{,}6\ \mu m$ erzeugt werden. Die Anregung von (00^01) ist auf zwei Wegen über Elektronenstöße möglich:

☐ direkte Anregung des CO_2-Moleküls nach (00^01) durch Elektronenstoß,

☐ über den ersten Schwingungszustand von N_2, den wir mit (N_2^*) bezeichnen.

Das Niveau von N_2^* liegt nur $2 \cdot 10^{-3}\ eV \cong \frac{1}{10} k T$ unter dem oberen Laserniveau. Da die thermische Energie der Moleküle bei Betriebstem-

peratur etwa $kT \cong 25 \cdot 10^{-3}\ eV$ ist, besteht eine hohe Wahrscheinlichkeit für Stöße zweiter Art (resonante Stöße). Dabei wird die Energie des angeregten N_2-Moleküls auf das gestoßene CO_2-Molekül im Grundzustand übertragen. Wegen der hohen Lebensdauer von N_2^* (0,1 s … 1 s) können bis zu 30% der N_2-Moleküle angeregt sein. Somit ist die Wahrscheinlichkeit für resonante Stöße sehr hoch.

Die Lebensdauer der unteren Laserniveaus (10^00) und (02^00) liegt im Bereich 1 ms bis 10 ms. Die Entleerung dieser Zustände und des Zwischenzustandes (01^10) muß deshalb über Stoßprozesse mit anderen Molekülen (insbesondere mit He) und mit der Wand des Entladungsrohres erfolgen. Als effektive Lebensdauer werden dadurch Werte in der Größenordnung von 1 µs erreicht.

He hat wegen seiner kleinen Atommasse eine hohe Wärmeleitfähigkeit. Dadurch kann es Wärmeenergie aus dem aktiven Medium abtransportieren und die Gastemperatur verringern. Der thermischen Besetzung der unteren CO_2-Niveaus wird dadurch entgegengewirkt.

Um die bei der Entladung entstehenden Dissoziationsprodukte wie z. B. CO zu entfernen und die Kühlung zu unterstützen, wird durch eine ständige Gasströmung das Gas im Entladungsraum ausgetauscht.

Die Kleinsignalverstärkung eines CO_2-Lasers kann Werte von $V_{10}(L = 1\ cm) = 1{,}05$ bis $1{,}08$ pro cm Verstärkerlänge erreichen.

Der theoretische Wirkungsgrad η_{th} ergibt sich aus dem Termschema unter der Voraussetzung, daß jeder einzelne Pumpvorgang zu einem emittierten Photon der Laserwellenlänge führt. Um ein Photon mit $\lambda = 10{,}6\ nm$ entsprechend 0,117 eV zu erzeugen muß die

Energie $W = 291,4 \cdot 10^{-3}$ eV (Bild 3.46) aufgewendet werden. Also

$$\eta_{th} = \frac{0,117 \text{ eV}}{0,2914 \text{ eV}} = 0,4$$

Der in der Praxis erreichbare Wirkungsgrad η_p ist:

$$\eta_p = \frac{\text{optische Energie}}{\text{aufg. el. Energie}} \cong 0,3$$

CO_2-Laser werden hauptsächlich in der Materialbearbeitung angewandt. Je nach Laserkonstruktion erhält man Strahlungsleistungen

bei Singlemode   (cw) bis 5 kW,
bei Multimode   (cw) bis 10 kW,
mit instabilen Resonatoren (cw) bis 25 kW.

CO_2-Pulslaser können Pulsenergien von 500 J und Spitzenleistungen im Gigawatt-Bereich erzeugen.

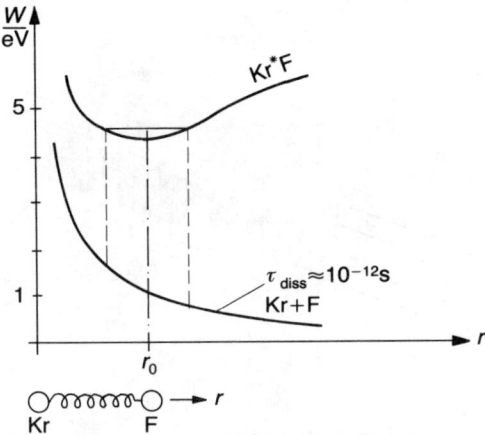

Bild 3.48   Potentialkurve des angeregten Excimermoleküls Kr^*F als Funktion des Kernabstandes r

3.8.5 Excimer-Laser

Excimer-Laser können hohe Impulsleistungen im UV-Bereich erzeugen. Sie werden hauptsächlich in der Materialbearbeitung angewendet. Dabei erfolgt ihre Wirkung nicht über thermische Effekte, sondern es werden durch die UV-Strahlung chemische Bindungen aufgebrochen (photochemische Stanzen).

Ein Excimer (**exc**ited d**imer**) ist ein zweiatomiges Molekül, das nur im angeregten Zustand existieren kann. Ein dimer ist ursprünglich ein Molekül, das aus zwei gleichartigen Atomen besteht. Der Ausdruck Excimer wird aber heute auch verwendet bei angeregten Molekülen, die aus zwei verschiedenartigen Atomen bestehen.

Aus der Chemie ist bekannt, daß Edelgase keine chemische Verbindung eingehen, weil diese eine abgeschlossene Elektronenschale haben. Wird das Edelgasatom jedoch angeregt (z.B. Ar^*), indem ein Elektron auf die nächsthöhere Schale angehoben wird, dann verhält es sich chemisch ähnlich wie ein Alkaliatom. Es können sich Edelgashalogenide bilden, wie z.B. Ar^*F, Kr^*F, Xe^*Cl u. a. Die Potentialkurve für ein Excimermolekül Kr^*F als Funktion vom Atomabstand r zeigt Bild 3.48.

Der Excimerzustand hat eine Lebensdauer gegenüber spontaner Emission von etwa $\tau = 9$ ns. Der Laserübergang geht vom Excimerzustand (Kr^*F) zum dissoziierten Zustand ($Kr + F$). Das Excimer zeigt ein Energieminimum im Abstand r_0. Um diese Lage sind Molekülschwingungen möglich. Das Franck-Condon-Prinzip besagt, daß während des Emissionsvorgangs sich der Abstand nicht ändert. Die Emissionswellenlänge ist daher in einem bestimmten Bereich (ca. 3 nm) abstimmbar (in Bild 3.48 nicht maßstäblich gezeichnet).

Der große Vorteil bei der Inversionserzeugung des Excimer-Lasers besteht darin, daß das untere Laserniveau immer leer ist. Das Molekül kann im Grundzustand nicht existieren, bzw. es zerfällt innerhalb $\tau_{diss} \cong 10^{-12}$ s.

Durch Elektronenstoßanregung in einer Hochspannungsentladung werden die angeregten Edelgasatome erzeugt. Zur Bildung des Excimers aus den Reaktionspartnern ist die Erfüllung von Energie- und Impulssatz erforderlich. Dazu ist ein weiterer Stoßpartner notwendig, der bei hohem Gasdruck (mittels eines Puffergases, z.B. He) mit ausreichender Wahrscheinlichkeit zur Verfügung steht.

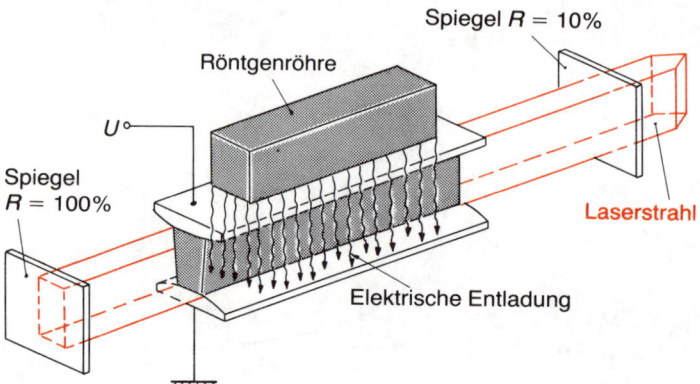

Bild 3.49
Schematische Anordnung bei
einem Excimerlaser mit
Vorionisation durch Röntgenstrahlung [Lambda-Physik]

Konstruktiver Aufbau zur Inversionserzeugung

Ein Entladungsgefäß enthält z.B. 10% Kr, 0,5% F und als Puffergas Helium. Der Gasdruck liegt im Bereich 1,5 bar bis 4 bar.

Eine Funkenentladung oder Röntgenstrahlung erzeugt eine möglichst homogene Vorionisierung im Gasvolumen (Bild 3.49). Kurz danach wird die Hauptentladung gezündet (mit Stromdichten von ca. 100 A/cm²). Instabilitäten der Entladung begrenzen die Dauer auf ca. 10 ns. Tabelle 3.7 zeigt Daten von einigen Excimer-Lasern.

3.8.6 Edelgas-Ionenlaser

Der bekannteste Vertreter dieser Lasergruppe ist der Argon-Ionenlaser (Ar⁺-Laser). Die Anregung erfolgt in einer Gasentladung mit reiner Ar-Füllung (0,01 mbar bis 1 mbar), bei der hohe Entladungsströme fließen müssen, um eine genügend hohe Ar⁺-Dichte durch Elektronenstöße zu erzeugen. Die Ionisationsenergie ist 15,75 eV bezüglich des Grundzustandes des Ar-Atoms (Bild 3.50). Vom Grundzustand des

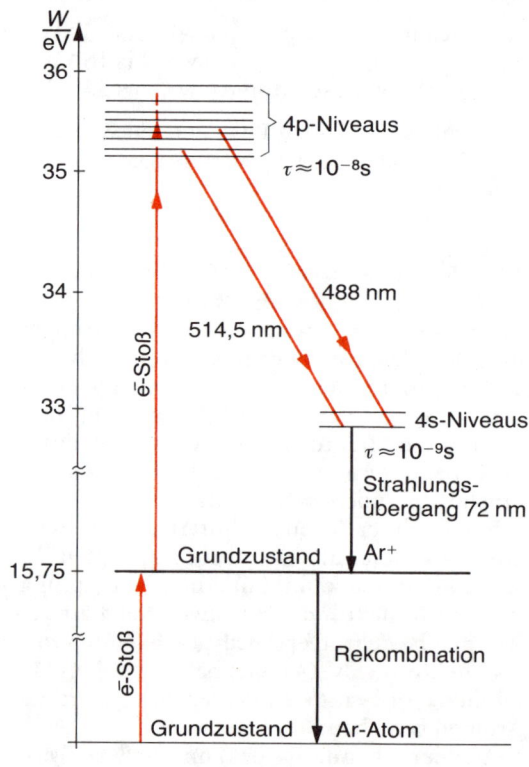

Bild 3.50   Energieniveauschema des Ar⁺-Lasers

Tabelle 3.7   Auszug aus einem Datenblatt für Excimer-Laser [Lambda-Physik]

Lasermedium	F_2	ArF	KrF	XeCl	XeF	
Wellenlänge	157	193	248	308	351	nm
Max. Pulsenergie	16	400	600	400	320	mJ
Max. Ausgangsleistung	0,8	32	56	40	28	W
Pulsdauer	12	23	34	28	30	ns

Ar⁺ ausgehend erfolgt die Inversionserzeugung durch einen weiteren Elektronenstoß in einem Vier-Niveau-System. Es werden dadurch die einzelnen Niveaus der 4p-Niveaugruppe des Ar⁺ angeregt. Wegen der notwendigen zweistufigen Elektronenstoßanregung nimmt die Besetzung der 4p-Niveaus mit dem Quadrat des Entladungsstromes I zu. Bei genügend großer Stromdichte wird die Inversion zwischen den Niveaus der 4p-Gruppe und dem 4s-Niveaupaar hergestellt. Die Lebensdauer der oberen Niveaus betragen ca. 10 ns und die der unteren ca. 1 ns.

Es werden also mehrere Linien gleichzeitig angeregt. Die leistungsstärksten Linien sind $\lambda=488$ nm (blau) und 514,5 nm (grün). Durch ein drehbares resonatorinternes Prisma läßt sich eine Wellenlänge selektieren. Mit Hilfe eines Etalons (Abschnitt 3.9.4) kann ein Monomode-Laser realisiert werden. Die Ausgangsleistungen der einzelnen Linien liegen im Bereich von 1 W bis 10 W. Der Gesamtwirkungsgrad beträgt etwa 0,1%.

Die wichtigsten Anwendungsgebiete von Ar⁺-Lasern sind: Pumpen von kontinuierlichen Farbstoff-Lasern, Holographie, Medizin, Materialbearbeitung.

Anstelle von Argon können auch andere Edelgase in gleicher Weise angeregt werden. Der Krypton-Ionenlaser (Kr⁺) hat seine leistungsstärkste Linie bei $\lambda=647{,}1$ nm (rot).

3.8.7 Farbstoff-Laser

Der Farbstoff-Laser ist der verbreitetste abstimmbare Laser. Das aktive Medium wird hier durch organische Farbstoffmoleküle in wäßriger oder alkoholischer Lösung gebildet.

Ein Molekül kann auf 3 Arten Energie speichern [3.3]:

☐ Anregung der Elektronen (elektronische Anregungsenergie),
☐ Anregung von Schwingungen der das Molekül bildenden Atome (Schwingungsenergie),
☐ Rotation des Moleküls (Rotationsenergie).

Das Energieniveauschema enthält deshalb zu jedem Elektronenzustand (S oder T) eine große Zahl dicht beieinanderliegender Rotations-

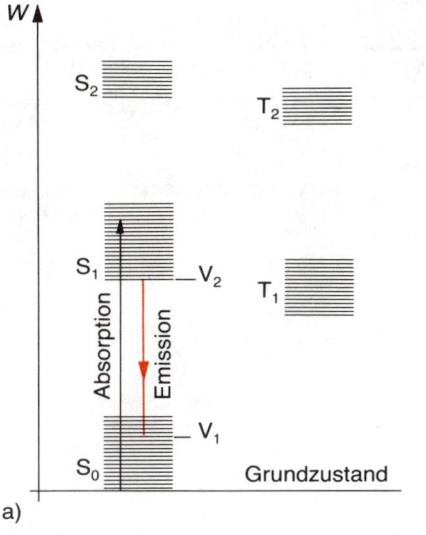

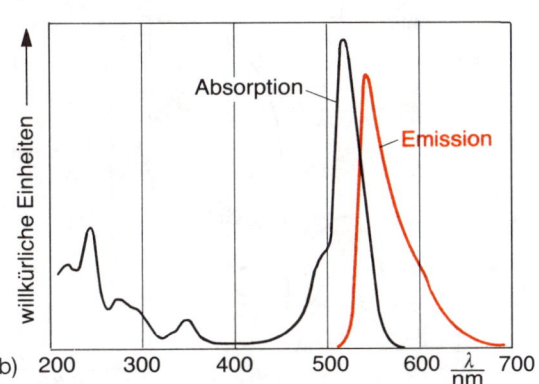

Bild 3.51
a) Energieniveauschema eines Farbstoffmoleküls
b) Absorptions- und Emissions-(Fluoreszenz-) Spektrum von Rhodamin 6G [aus 3.9]

schwingungs-Niveaus (Bild 3.51 a). Durch Temperaturstöße sind die einzelnen Niveaus verbreitert, so daß sich die einzelnen Niveaus überdecken.

S_0 ist der Elektronengrundzustand. Durch Strahlungsabsorption wird ein Rotationsschwingungszustand in S_1 angeregt (Bild 3.51 a). Infolge der Stöße mit den Lösungsmittelmolekülen geht der Zustand innerhalb von

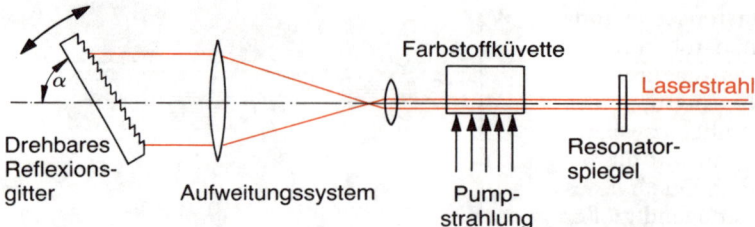

Bild 3.52   Beispiel eines Farbstoff-Laseroszilla-
tors mit Reflexions-Beugungsgitter in Littrow-
Anordnung

Bild 3.53
a) Reflexionsgrade von Metallspiegeln und eines
    dielektrischen Spiegels für $\lambda = 633$ nm
b) Aufbau eines dielektrischen Spiegels [aus
    3.21]

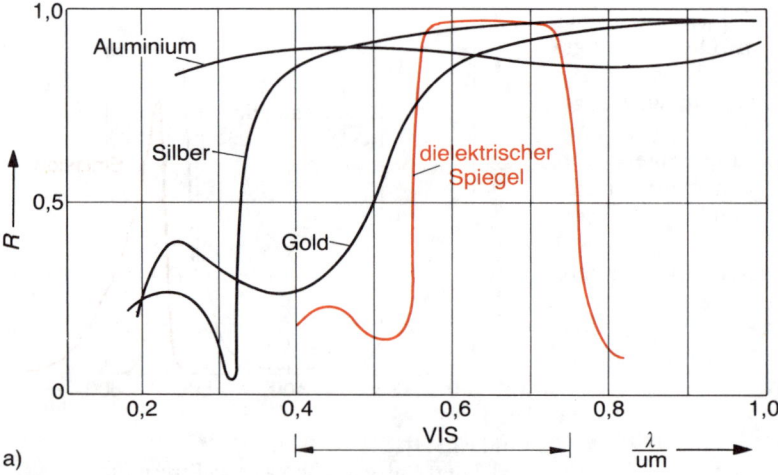

a)

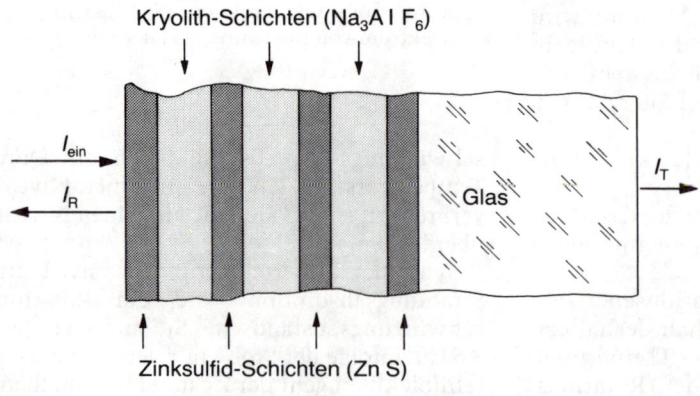

b)

10^{-11} s nach V_2, dem energetisch tiefsten Wert von S.

Die Emission erfolgt durch Übergang von V_2 zu irgendeinem Rotationsschwingungszustand V_1 von S_0 (Lebensdauer 1 ns bis 10 ns). Es gibt also ein Kontinuum von Emissionswellenlängen.

Der bekannteste Farbstoff ist Rhodamin 6G, der in Ethanol gelöst wird. Sein Absorptions- und Emissions-(Fluoreszenz-)Spektrum zeigt Bild 3.51 b.

Die verschiedenen Emissionswellenlängen können in einem Laseroszillator (Bild 3.52) angeregt werden, sofern sie sich mit dem Absorptionsspektrum nicht überdecken. Das Reflexions-Beugungsgitter mit der Gitterkonstanten s beugt – in der sogenannten Littrow-Anordnung – die 1. Beugungsordnung in die Einfallsrichtung zurück. Es gilt

$$2\,s\cos a = \lambda.$$

Durch Drehen des Gitters läßt sich der Resonator auf eine bestimmte Wellenlänge abstimmen. Rhodamin 6G hat einen nutzbaren Wellenlängenbereich 570 nm $< \lambda <$ 625 nm.

Es gibt heute über 500 verschiedene Farbstoffe für Farbstoff-Laser. Der Wellenlängenbereich 300 nm bis 1,2 µm läßt sich damit lückenlos abdecken.

Als Pumplichtquellen verwendet man Blitzlampen, Argon-Laser (für kontinuierliche Farbstoff-Laser), Stickstoff-Laser und Excimer-Laser.

Die Anwendungen liegen hauptsächlich im Bereich der Spektroskopie.

3.9 Wichtige optische Bauelemente der Lasertechnik

3.9.1 Laserspiegel

Metallspiegel sind als Resonatorspiegel kaum verwendbar. Wegen ihrer relativ hohen Absorption können sie bei hohen Leistungsdichten zerstört werden (Bild 3.53 a).

Dielektrische Spiegel haben *geringe Verluste* und hohe Reflexionsgrade (Werte bis zu $R = 0,999$ sind erreichbar). Zur Herstellung wird auf ein Substrat (Glasunterlage) abwech-

selnd eine Schicht mit hohem (n_2) und eine mit niederem Berechnungsindex n_1 aufgedampft. Die optischen Dicken $n \cdot d$ der Schichten müssen die Werte $n_1 d_1 = n_2 d_2 = \lambda_{\text{vak}}/4$ haben (Bild 3.53 b).

Die prinzipielle Wirkungsweise kann man durch die reflektierten Wellen an zwei aufeinanderfolgenden Grenzflächen erklären. An der ersten Grenzfläche erfolgt ein Phasensprung π (Reflexion am optisch dichteren Medium). Die an der zweiten Grenzfläche reflektierte Welle hat bei ihrem Hin- und Rückweg einen um $\lambda_{\text{vak}}/2$ längeren Weg zurückgelegt, der ebenfalls einer Phasenverschiebung π entspricht. Die beiden Wellen (Reflexion an der vorderen und an der hinteren Fläche) haben also eine Phasenverschiebung 2π. Damit werden sie konstruktiv interferieren. Durch das Berechnungsindex-Verhältnis $n_{\text{rel}} = n_2/n_1$ läßt sich das Amplitudenverhältnis der beiden reflektierten Wellen steuern (Fresnelsche Gleichung s. Abschnitt 2.4.2.2).

In Bild 3.53 b ist der Aufbau eines dielektrischen Spiegels für $\lambda = 640$ nm dargestellt. Die Schichten haben eine optische Dicke von $\lambda/4$ und bestehen aus Zinksulfid (ZnS) mit $n_2 = 2,5$ und $d_2 = 0,064$ µm und Kryolith mit $n_1 = 1,35$ und $d_1 = 0,119$ µm. Die Oberflächenqualität sollte möglichst $\lambda/20$ (für sphärische Spiegel) und $\lambda/100$ (bei ebenen Spiegeln) sein.

Die dielektrischen Spiegel sind *wellenlängenselektiv*, d.h., man kann bei einem Laser, dessen aktives Medium bei mehreren Wellenlängen gleichzeitig angeregt wird, durch Spiegelwechsel die gewünschte Wellenlänge einstellen (rückkoppeln).

3.9.2 Brewster-Platten

Gaslaser senden nur dann polarisiertes Licht einer gewünschten Polarisationsrichtung aus, wenn in den Resonator Brewster-Platten eingebaut werden. Dies sind planparallele Glasplatten (Bild 3.54), die so im Resonator angeordnet sind, daß der Einfallswinkel der Laserstrahlung gleich dem Brewster-Winkel ε_B ist (Abschnitt 2.4.2.2). Dadurch hat die in der Einfallsebene schwingende Komponente keine Reflexionsverluste, während die dazu senk-

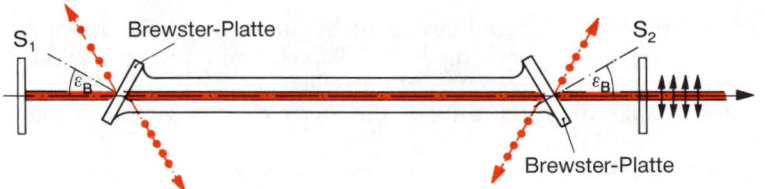

Bild 3.54
Polarisation der Laser-
strahlung durch
Brewster-Platten

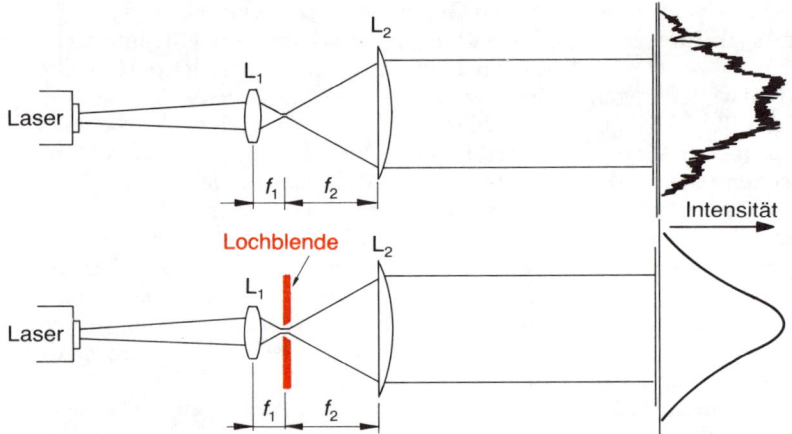

Bild 3.55
Zentrierte Lochblende als
Raumfrequenzfilter zur
Erzeugung eines
modenreinen Gauß-Strahls
(TEM$_{00}$) [nach 3.21]

rechte Komponente infolge von Reflexionsverlusten weitgehend unterdrückt wird.

3.9.3 Raumfrequenzfilter

Ein Laser, der im TEM$_{00}$-Mode schwingt,
müßte eine gaußförmige Intensitätsverteilung
haben. Kontrolliert man die Intensitätsverteilung, dann ist diese in der Regel stark struktu-
riert. Die Ursachen sind Interferenzeffekte infolge von Mehrfachreflexionen innerhalb des
optischen Systems oder auch Beugungseffekte
an Staubteilchen. Wie Bild 3.55 zeigt, können
die Störungen durch eine Modenblende (kleine
Lochblende im Brennpunkt der Linse L$_1$) unterdrückt werden.

Im Sinne der Fourier-Optik (Abschnitt 2.3.7)
bedeutet dies, daß die hohen Raumfrequenzen
(Rauschen) herausgefiltert werden.

Der Strahltaillendurchmesser $2 \cdot w_1$ am Ort
der Modenblende muß etwas kleiner sein als
der Lochblendendurchmesser D, damit die
Gauß-Verteilung nicht gestört wird. Ein ge-
bräuchlicher Wert ist $D = 3,4 \cdot w_1$.

3.9.4 Perot-Fabry-Etalon

Ein Laser kann gleichzeitig in mehreren Moden schwingen. Durch genügend schmalban-
dige selektive Filter, die man innerhalb oder
außerhalb des Oszillators anordnen kann,
können bestimmte Moden unterdrückt oder
aussortiert werden. Ein Beispiel ist das Perot-
Fabry-Etalon. Dies ist im Prinzip ein Perot-
Fabry-Resonator wie in Abschnitt 3.5.

Eine genau planparallele Platte der Dicke d
und dem Brechungsindex n (Bild 3.56) wird auf
beiden Seiten teilverspiegelt. Der Reflexionsgrad jeder Fläche sei R. Das Transmissionsvermögen T_E ist wellenlängenabhängig infolge
der Interferenz der durch die Platte gehenden
phasenverschobenen Teilwellen.

T_E ergibt sich für $a = 0$ aus Gl. 3.20. Dabei ist
$V_1 = 1$ zu setzen, da kein aktives Medium vorhanden ist. Es gilt:

$$T_E = \frac{(1-R)^2}{(1-R)^2 + 4R \cdot \sin^2 \Phi} = \frac{1}{1 + K \cdot \sin^2 (2\pi d/\lambda)}$$

$$\text{mit} \quad K = \frac{4R}{(1-R)^2} \qquad \text{(Gl. 3.52)}$$

Bild 3.57
Transmissionsvermögen T_E eines
verlustfreien Etalons bei den
Reflexionsgraden
$R = 0{,}5$ und $R = 0{,}8$

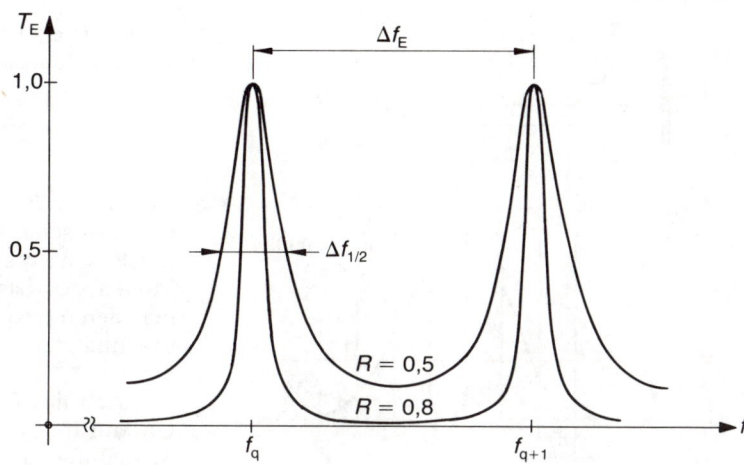

Für die Wellenlängen λ, bei denen $2\,d/\lambda = 2\,n\cdot d\cdot f_q/\,c_{vak} = q$ ganzzahlig wird, verschwindet die Sinusfunktion, und wir erhalten den maximalen Transmissionsgrad $T_{Emax} = 1$, wenn Verluste vernachlässigt werden.

Die Transmissionslinie $T_E(f)$ (Bild 3.57) hat eine kammähnliche Struktur. Für die Halbwertsbreite $\Delta f_{1/2}$ eines Transmissionsmaximums bei f_q gilt:

$$T_E\left(f_q + \frac{1}{2}\cdot\Delta f_{1/2}\right) = 1/2$$

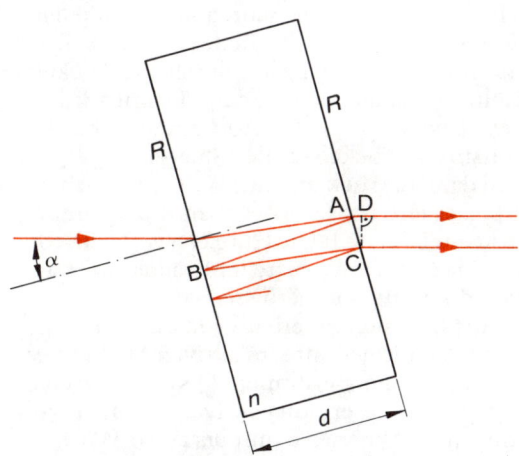

Bild 3.56 Eine teilverspiegelte planparallele Quarzplatte bildet ein Etalon

Daraus folgt:

$$\Delta f_{1/2} = (c_M/\pi\,d)\cdot\sqrt{1/K} = (c_{vak}/\pi\,n\,d)\cdot\sqrt{1/K}$$
$$(\text{Gl. 3.53})$$

Der Frequenzabstand Δf_E der Maxima der Transmissionslinie $T_E(f)$ wird als freier Spektralbereich bezeichnet. Für diesen wächst das Argument der Sinusfunktion in Gl. 3.52 um π. Es folgt für Δf_E:

$$\Delta f_E = c_M/2\,d = c_{vak}/2\,n\,d \qquad (\text{Gl. 3.54})$$

Die Frequenzen der Transmissionsmaxima sind

$$f_{max} = q\cdot\Delta f_E$$

Das Verhältnis von freiem Spektralbereich zur Halbwertsbreite bezeichnet man als Finesse $F^\star$. Diese Größe ist ein Maß für das Auflösungsvermögen des Etalons. Es ist

$$F^\star = \Delta f_E/\,\Delta f_{1/2} = (\pi\,\sqrt{R})/(1 - R) = (\pi/2)\,K \quad (\text{Gl. 3.55})$$

Typische Werte liegen bei $F^\star \cong 100$.

Hat ein Etalon z. B. folgende Daten: Quarzplatte mit $d = 1$ cm, $n = 1{,}5$, $R = 0{,}985$, dann sind $\Delta f_E = 10^{10}$ Hz und $\Delta f_{1/2} = 48{,}1$ MHz.

Durch Kippen des Etalons um den Winkel a können die Frequenzen mit maximalem Transmissionsgrad verschoben werden. Aus Bild 3.56 folgt für die optische Wegdifferenz δl_{opt} zweier benachbarter Teilstrahlen

$$\delta l_{opt} = n\,(\overline{AB} + \overline{BC}) - \overline{AD} = 2\,d\,\sqrt{n^2 - \sin^2 a}$$

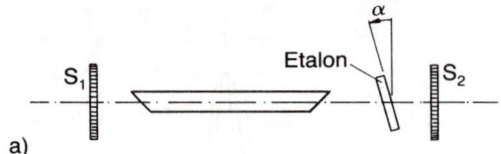

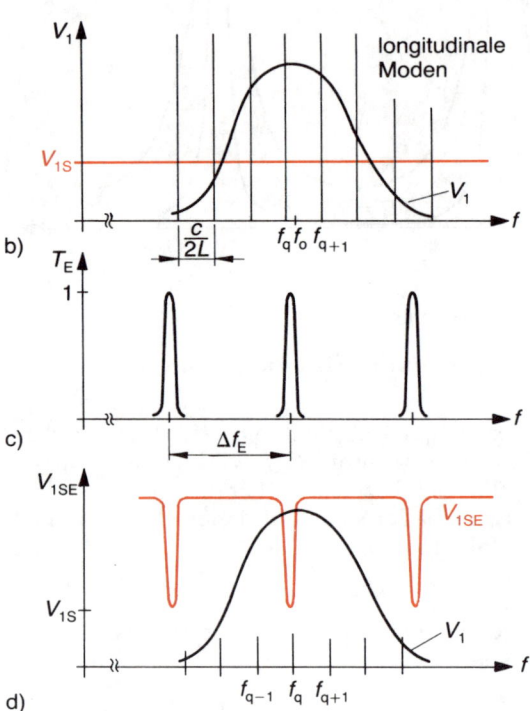

Bild 3.58
a) Anordnung zur Modenselektion durch ein resonatorinternes drehbares Etalon
b) Einwegverstärkung V_1 des aktiven Mediums und Schwellverstärkung V_{1S} ohne Etalon. Ohne Etalon können vier Moden anschwingen.
c) Transmissionsverhalten des Etalons
d) Schwellverstärkung V_{1SE} mit Etalon. Nur bei einem Resonatormode ist die Verstärkung $V_1 > V_{1SE}$. Nur dieser kann anschwingen [nach 2.3].

Konstruktive Interferenz erhalten wir für die Frequenzen $f_q = c_M / \lambda_q = c_{vak} / n \lambda_{vak}$, bei denen δl_{opt} ein ganzzahliges Vielfaches der Vakuumwellenlänge $\lambda_{vak} = n \lambda_q$ ist. Der Frequenzab-

stand Δf_E als Funktion des Kippwinkels a des Etalons ist also

$$\Delta f_E = \frac{c_{vak}}{2\,d\,\sqrt{n^2 - \sin^2 a}} \qquad \text{(Gl. 3.56)}$$

Mit einem Etalon können wir bestimmte Frequenzen selektieren. Ist das Etalon innerhalb des Resonators, dann werden nur diejenigen Moden des Laseroszillators schwingen können, deren Frequenzen mit den Transmissionsmaxima des Etalons zusammenfallen (Bild 3.58).

Durch das Etalon werden die Verluste pro Umlauf für alle Frequenzen stark erhöht mit Ausnahme von denjenigen Frequenzen, die zu den Transmissionsmaxima gehören.

3.9.5 Elektrooptischer Schalter

Mit einer Pockels-Zelle (Abschnitt 2.4.2.4) läßt sich ein schneller Lichtschalter bauen. Eine Anwendung besteht beim «Q-switch» zur Erzeugung von getriggerten kurzen Laserimpulsen (Bild 3.59).

Eine linear polarisierte Lichtwelle läuft im Resonator von links nach rechts. Liegt an der Pockels-Zelle die Spannung $U = U_{\lambda/4}$, dann entsteht – infolge der Phasenverschiebung $\Delta \varphi_1 = \pi/2$ zwischen zwei senkrecht zueinander schwingenden Komponenten – zirkular polarisiertes Licht. Nach der Reflexion am Spiegel kommt beim Durchgang durch die Pockels-Zelle nochmals $\Delta \varphi_1 = \pi/2$ dazu. Damit wird der Reflexionsgrad R_2 der Anordnung (Polarisationsfilter – Pockels-Zelle – Spiegel) $R_2 = 0$, weil dann die rücklaufende Welle senkrecht zu P polarisiert ist. Schaltet man die Spannung ab, dann ist $R_2 \cong 1$. Die Güte Q des Oszillators (ein Maß für die Verluste im Resonator) steigt, weil die Reflexionsverluste fast Null werden. Damit läßt sich innerhalb von einigen Nanosekunden die gesamte im aktiven Medium gespeicherte Energie abrufen. Q-switch geschaltete Rubin-Laser mit aktiven Medien von einigen cm³ können damit bis zu 50 MW Spitzenleistung erzeugen. Die Schaltzeit liegt in der Größenordnung 10^{-9} s.

Bild 3.59
Q-switch mit Pockels-Zelle
als elektrooptischer Schalter

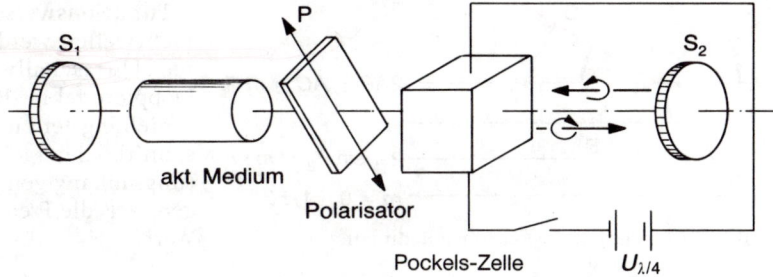

3.9.6 Akustooptischer Modulator und Deflektor

Viele Materialien ändern ihren Berechnungsindex n, wenn sie unter mechanische Spannung gesetzt werden. Eine Ultraschallwelle, die sich in einer Flüssigkeit oder in einem Festkörper ausbreitet, erzeugt räumlich periodische Verdichtungen und Verdünnungen. Für die Änderung Δn des Brechungsindex zwischen Verdichtungen und Verdünnungen gilt:

$$\Delta n \sim \sqrt{\text{Leistung der Ultraschallwelle}}$$

Die Wellenlänge Λ der Ultraschallwelle ist:
$\Lambda = c_{\text{schall}}/f_{\text{Hf}}$.

Eine ebene Ultraschallwelle, die sich in einem durchsichtigen Medium ausbreitet, stellt also für Licht ein mit Geschwindigkeit c_{schall} bewegtes Phasengitter dar. Die Gitterkonstante ist Λ, und der Brechungsindex ist sinusförmig moduliert (Bild 3.60).

Bei genügend großer Dicke l, genügend hoher Frequenz f_{Hf} und Intensität der Ultraschallwelle kann das Ultraschallfeld als ein Stapel reflektierender Ebenen betrachtet werden. Wie bei den Röntgenstrahlen – an den Netzebenen eines Kristalls – tritt hier Bragg-Reflexion auf (Bild 3.61).

Die gebeugte (reflektierte) Welle zeigt konstruktive Interferenz, wenn

$$2 \cdot \overline{AB} - \overline{AC} = m \cdot \lambda \quad \text{ist.}$$

Mit $\qquad \Lambda = \overline{AB} \cdot \sin \Theta_B$

und $\qquad \overline{AC} = 2 \cdot \overline{AB} \cdot \cos^2 \Theta_B$

folgt die Bragg-Bedingung:

$$2 \cdot \Lambda \cdot \sin \Theta_B = m \cdot \lambda \quad \text{mit } m = 0, \pm 1, \pm 2 \ldots$$

$$\text{(Gl. 3.57)}$$

Bei der Bragg-Reflexion an Ultraschallwellen sind nur die Beugungsordnungen $m = 0$ und $m = 1$ wesentlich. Dabei gibt es verschiedene

Bild 3.60
Aufbau eines akustooptischen
Modulators

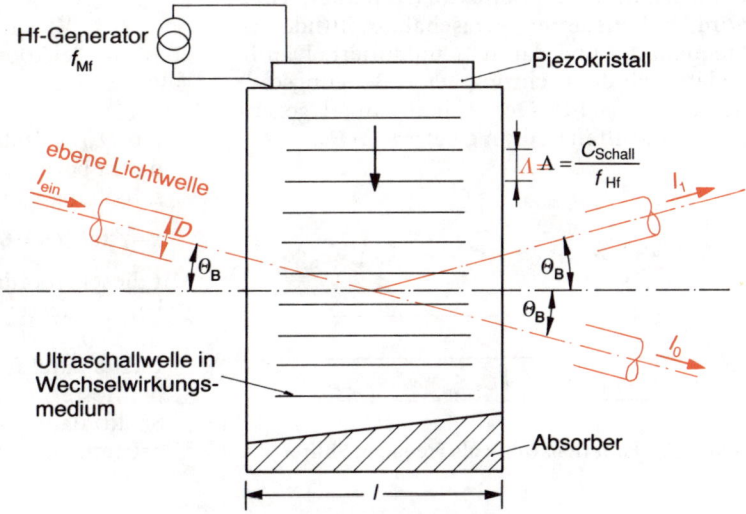

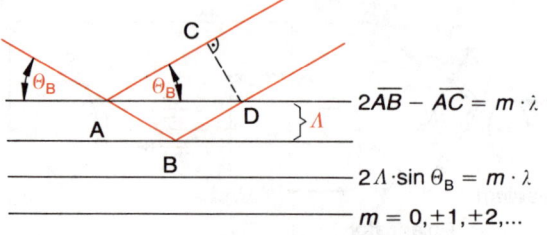

$$2\overline{AB} - \overline{AC} = m \cdot \lambda$$

$$2\Lambda \cdot \sin\Theta_B = m \cdot \lambda$$

$$m = 0, \pm 1, \pm 2, \dots$$

Bild 3.61   Herleitung der Bragg-Bedingung

Funktionsweisen von akustooptischen Anordnungen:

Funktionsweise als Modulator: Es ist hier $\Lambda = $ const, und die Ultraschallamplitude wird moduliert. Der Beugungswirkungsgrad ist $\eta = I_{beug}/I_{ein} = I_1/(I_0 + I_1)$, wenn I_0 und I_1 die Intensitäten in der nullten und in der ersten Beugungsordnung sind. Bei einer Steigerung der Ultraschallamplitude wächst der Beugungswirkungsgrad η.

Man kann zwei Fälle unterscheiden:

☐ Es wird der Strahl 0ter Ordnung benutzt. Dann schwankt der Modulationsgrad der Lichtintensität zwischen $(I_{0min}/I_{ein}) \cdot 100\%$ und 100%.

☐ Es wird der Strahl 1. Ordnung benutzt. Da bei der Ultraschallamplitude Null keine gebeugte Welle existiert, schwankt hier der Modulationsgrad der Lichtintensität zwischen 0% und $(I_{1max}/I_{ein}) \cdot 100\%$.

Bei käuflichen Modulatoren werden Werte $I_{1max}/I_{ein} \cong 0,9$ erreicht.

Funktionsweise als Deflektor (Ablenker): Hier wird bei konstanter Ultraschallamplitude die Frequenz f_{Hf} und damit Λ moduliert. Damit ändert sich die Richtung der 1. Beugungsordnung, also $\Theta_B(\Lambda)$. Der Ablenkwinkel gegenüber der nullten Ordnung beträgt $2 \cdot \Theta_B$.

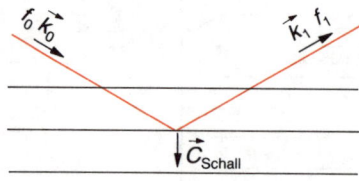

Bild 3.62   Funktionsweise als Frequenz-Shifter

Funktionsweise als Frequenz-Shifter: Die Lichtwellen werden an den mit c_{schall} bewegten Ultraschallwellen gebeugt. Infolge des Dopplereffekts (Bild 3.62) entsteht eine Verschiebung der Lichtfrequenz f_0. Mit den in Abschnitt 5.3 hergeleiteten Formeln für den richtungsabhängigen Dopplereffekt kann man zeigen, daß die Frequenz der Beugungswelle den Wert

$$f_1 = f_0 \pm f_{Hf} \quad \text{hat.}$$

Das Vorzeichen von f_{Hf} hängt davon ab, ob die Ultraschallwelle eine Bewegungskomponente gegen (+) oder mit (−) der Lichtausbreitungsrichtung hat.

Funktionsweise als abstimmbares Filter (Spektralanalyse): Wird die erste Beugungsordnung auf ein Diodenarray in der Brennebene einer Linse fokussiert (Bild 3.63), dann ist die Lage x des Bildscheibchens vom Beugungswinkel Θ_B abhängig. Für Θ_B gilt:

$$\Theta_B = \arcsin(\lambda/2\Lambda).$$

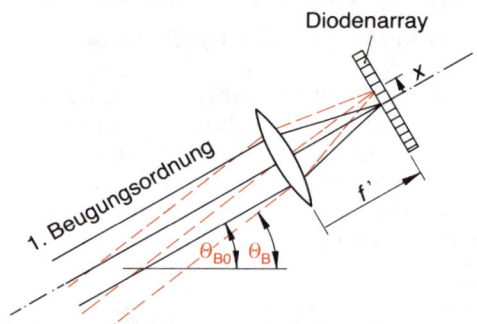

Bild 3.63   Funktionsweise als abstimmbares Filter

Für Θ_{BO} soll das Bildscheibchen im Brennpunkt bei $x = 0$ liegen. Dann gilt für die Verschiebung x in Abhängigkeit von Θ_B:

$$x = f' \tan(\Theta_B - \Theta_{BO}) = f(\lambda, \Lambda)$$

Mit dieser Anordnung kann man

☐ bei fester Ultraschallwellenlänge $\Lambda_{Hf0} = c_{schall}/f_{Hf0}$ eine Spektralanalyse des Lichts durchführen,

☐ bei fester Lichtwellenlänge $\lambda = c/f_0$ eine Spektralanalyse des das Ultraschallfeld erzeugenden Hf-Signals durchführen.

Materialien für akustooptische Modulatoren
Diese müssen für die entsprechende Lichtwellenlänge durchsichtig sein und sollen eine hohe Schallgeschwindigkeit c_{schall} aufweisen. Tabelle 3.8 zeigt einige Daten von den zur Anwendung kommenden Materialien.

Frage: Wie schnell reagiert die modulierte Lichtwelle auf schnelle Änderung des Ultraschallsignals?

Die Transitzeit τ eines Modulators ist ein Maß dafür, wie schnell die Lichtmodulation der Hf-Modulation folgt. Sie wird bestimmt durch die Laufzeit τ der Schallwelle durch den Lichtstrahl. Also ist $\tau = D/c_{schall}$, wenn D der Durchmesser des Lichtstrahls in Ausbreitungsrichtung der Schallwelle ist.

Die verwendeten Ultraschallfrequenzen liegen im allgemeinen im Bereich 40 MHz bis 100 MHz.
   Der akustooptische Modulator kann mit Spannungen von einigen Volt betrieben werden (im Gegensatz zu elektrooptischen Modulatoren, wo man zur Ansteuerung Spannungen von einigen 100 Volt oder kV benötigt).

3.9.7 Modenkopplung (Mode Locking)

Mit Hilfe dieses Verfahrens lassen sich sehr kurze Laserimpulse (bis ca. 1 ps Dauer) erzeugen. Es beruht darauf, daß Laseroszillatoren gleichzeitig in mehreren longitudinalen Moden schwingen können (siehe Bild 3.17). Deren Frequenzabstand ist $\Delta f_{res} = c/2\,L = \omega_1/2\,\pi$. Wenn N_q longitudinale Moden oszillieren, dann ist die resultierende Welle

$$E_{res} = \sum_{q=q_1}^{q_1+N_q-1} E_q \cdot e^{j(q\omega_1 t - k_q z + \varphi_q)} \qquad (Gl.\ 3.58)$$

wobei der Summationsindex q gleich dem Modenparameter der longitudinalen Moden ist. Diese Moden schwingen unabhängig voneinander, d.h., die φ_q sind zufällige Werte. Die Ausgangsleistung ergibt sich aus $E_{res}E_{res}^*$. Dieses Produkt enthält die Summe der Ausgangsleistungen der Einzelmoden und die gemischten Glieder mit statistisch verteilten Phasenwerten φ_q. Diese führen zu Fluktuationen in der Ausgangsleistung.

$$E_{res} \cdot E_{res}^* = \sum_{q=q_1}^{q=q_1+N_q-1} \sum_{p=q_1}^{p=q_1+N_q-1} E_q E_p \cos[(q-p)\omega_1 t$$
$$- (k_q - k_p)z + \varphi_q - \varphi_p] \qquad (Gl.\ 3.59)$$

Durch einen elektrooptischen Modulator (Abschnitt 3.9.5) oder akustooptischen Modulator (Abschnitt 3.9.5), der die Moden im Takt des Umlaufs im Resonator «schaltet», lassen sich diese phasenkoppeln, also z.B. bei $z=0$ für alle Moden die Phasen $\varphi_q=0$ setzen. Dadurch wird die resultierende Ausgangswelle

$$E_{res} = \sum_{q=q_1}^{q_1+N_q-1} E_q e^{jq\omega_1 t} \qquad (Gl.\ 3.60)$$

Dies ist eine Fourier-Reihe mit der Grundfrequenz ω_1. Also können wir an einem bestimmten Ort eine periodische Schwingung mit der Periodendauer $T = 2\pi/\omega_1 = 2\,L/c$ erwarten.
   Zur Vereinfachung setzen wir $E_q = E_0 =$ const. Dann wird Gl. 3.60 zu einer geometrischen Reihe, die sich leicht aufsummieren läßt.

Tabelle 3.8   Eigenschaften von Materialien für akustooptische Modulatoren

	c_{schall} [m/s]	Brechungsindex	Spektralbereich λ [µm]
Quarzglas	3760	1,46	0,2 … 4,5
TeO$_2$	671	2,25	0,40… 5
Flintglas	3510	1,8	0,45… 2
PbMoO$_4$	3630	2,39	0,45… 3,5
LiNbO$_3$	3600	2,2	0,6 … 4,5
GaP	6320	3,3	0,63…10
Ge	5500	4,0	2,0 …20

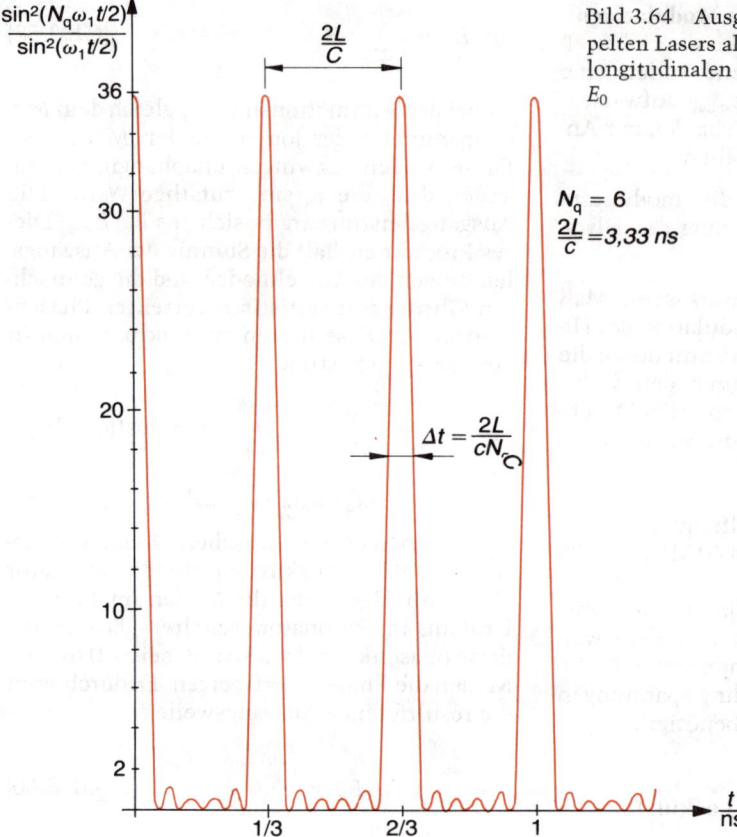

Bild 3.64   Ausgangsleistung eines modengekoppelten Lasers als Funktion der Zeit bei sechs longitudinalen Moden mit gleichen Amplituden E_0

$N_q = 6$

$\frac{2L}{c} = 3{,}33$ ns

$$E_{\mathrm{res}} = E_0\,\mathrm{e}^{\mathrm{j}\,q_1\omega_1 t}\,\frac{\sin(N_q\,\omega_1 t/2)}{\sin(\omega_1 t/2)}\,\mathrm{e}^{-\mathrm{j}(N_q-1)\omega_1 t/2}$$

(Gl. 3.61)

Die Ausgangsleistung (Bild 3.64) wird nun

$$\phi_e \sim E_{\mathrm{res}}E^{*}_{\mathrm{r\,es}} = E_0^2\,\frac{\sin^2(N_q\,\omega_1 t/2)}{\sin^2(\omega_1 t/2)} \qquad \text{(Gl. 3.62)}$$

Die Hauptmaxima liegen bei den Nullstellen des Nenners, also für $\omega_1 t/2 = n\pi$ oder $t_n = n\cdot 2\,L/c$. Es ist

$$\lim_{\omega_1 t/2 \to n\pi}\left\{\frac{\sin^2(N_q\,\omega_1 t/2)}{\sin^2(\omega_1 t/2)}\right. = N_q^2 \qquad \text{(Gl. 3.63)}$$

Also ist das Leistungsmaximum das N_q^2-fache der Leistung eines Einzelmodes.

Zwischen zwei Hauptmaxima gibt es $(N_q - 1)$ Nullstellen. Die Impulsbreite Δt

(Halbwertsbreite) ergibt sich näherungsweise aus der ersten Nullstelle

$$\Delta t = 2\,L/cN_q \qquad \text{(Gl. 3.64)}$$

Die Ausgangsleistung modengekoppelter Laser besteht also aus einer zeitlich periodischen Folge (Periodendauer $T = 2\,L/c$) von Leistungsimpulsen mit der Dauer (Halbwertsbreite) $\Delta t = 2\,L/cN_q$.

3.9.8   Frequenzverdopplung

Wir wissen aus Gl. 3.10, daß mit zunehmender Frequenz die Realisierung von Lasern schwieriger wird. Durch Frequenzvervielfachung kann aus langwelliger Strahlung – wie z.B.

vom Nd:YAG-, Rubin- oder Farbstoff-Laser –
kurzwelligere Strahlung im UV-Bereich erzeugt werden.

Wir wollen hier das Grundprinzip der Frequenzverdopplung besprechen.

Wirkt ein elektrisches Feld $\vec{E}$ auf ein Atom
ein, dann werden durch die elektrischen Kräfte
$\vec{F}=q\cdot\vec{E}$ die Ladungsschwerpunkte von positi-
ver und negativer Ladung verschoben. Das
Atom wird zum elektrischen Dipol mit dem
Dipolmoment $\vec{p}=q\cdot\vec{l}$ (Bild 3.65).

Dabei ist q die Ladung, $\vec{l}$ der Vektor vom negativen zum positiven Ladungsschwerpunkt.
Das resultierende Dipolmoment pro Volumeneinheit nennen wir Polarisation $\vec{P}$.

$$\vec{P}=\sum\vec{p}_i=\varepsilon_0\chi\,\vec{E}=\varepsilon_0(1-\varepsilon_r)\vec{E}$$

mit ε_0 elektrische Feldkonstante
ε_r relative Dielektrizitätskonstante
(Permittivitätszahl)
χ elektrische Suszeptibilität
(eine Stoffkonstante)

Solange die Feldstärken klein sind ist $\vec{P}$ linear
von $\vec{E}$ abhängig. Bei hohen elektrischen Feldstärken $\vec{E}$ zeigt sich ein nichtlineares Verhalten (Bild 3.66). In einem isotropen Medium
(dessen physikalische Eigenschaften rich-
tungsunabhängig sind) kann man schreiben:

$$P=\varepsilon_0(\chi_1 E+\chi_2 E^2+\chi_3 E^3+\dots)\qquad\text{(Gl. 3.65)}$$

Die Größenordnungen bei Festkörpern sind:

$$\chi_1\cong 1;\quad\chi_2\cong 10^{-10}\text{ cm/V};\quad\chi_3\cong 10^{-17}\text{ cm}^2/\text{V}^2$$

Zur Vereinfachung brechen wir diese Reihe
nach dem 2. Glied ab.

Eine harmonische polarisierte elektromagnetische Welle (Primärwelle)

$$\vec{E}(z,t)=\vec{E}\sin(\omega t-kz)$$

soll ein Dielektrikum in z-Richtung mit der
Phasengeschwindigkeit $c_1=\omega/k=c_{vak}/n_1$
durchlaufen. Die Elektronen werden durch das
elektrische Feld der Welle zu erzwungenen
Schwingungen der Frequenz ω angeregt. Dadurch läuft eine Polarisationswelle der Frequenz ω gemeinsam mit der Primärwelle
durch das Dielektrikum ebenfalls mit der Phasengeschwindigkeit c_1. An einem bestimmten

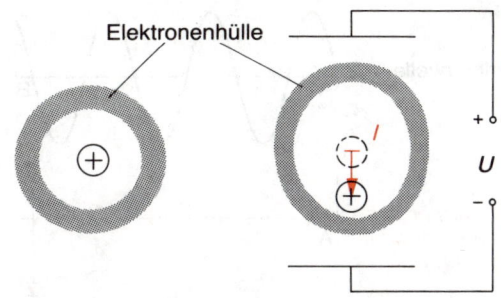

Bild 3.65   Ein äußeres elektrisches Feld bewirkt
eine Deformation der Elektronenhüllen. Die
Atome werden zum elektrischen Dipol.

Ort (z.B. $z=0$) ergibt sich für die Polarisation:

$$P=\varepsilon_0(\chi_1\hat{E}\sin\omega t+\chi_2\hat{E}^2\sin^2\omega t)$$
$$=\varepsilon_0(\chi_2\cdot\frac{\hat{E}^2}{2}+\chi_1\hat{E}\cdot\sin\omega t-\chi_2\frac{\hat{E}^2}{2}\cos 2\omega t)$$

(Gl. 3.66)

Die Elektronen führen wegen der nichtlinea-
ren Kennlinie P(E) (Bild 3.66) nichtharmoni-
sche Schwingungen aus, bei denen nach Gl.
3.66 ein Gleichanteil und die doppelte Frequenz enthalten sind. Jedes von der Primärwelle mit ω zu erzwungenen Schwingungen
angeregte Atom sendet neben der Frequenz ω
auch die 2. Harmonische mit der Frequenz 2ω

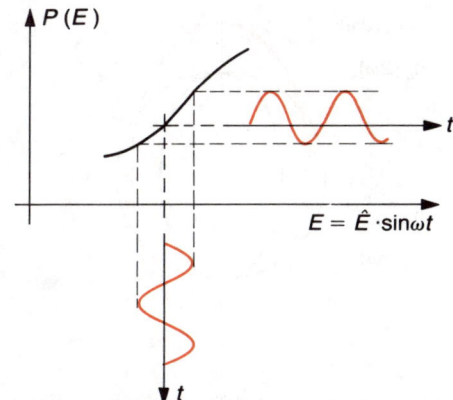

Bild 3.66   Elektrische Polarisation als Funktion
der elektrischen Feldstärke. Durch die Nichtlinearität entstehen unharmonische Anteile.

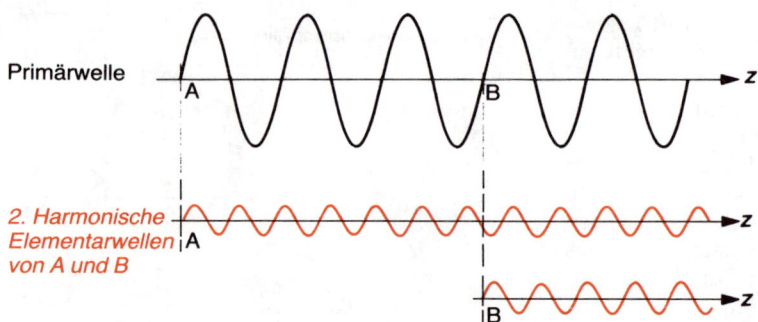

Primärwelle

2. Harmonische
Elementarwellen
von A und B

Bild 3.67   Die 2. Harmonische breitet sich wegen der Dispersion mit kleinerer Phasengeschwindigkeit aus als die Primärwelle. Dadurch können sich die an den verschiedenen Punkten erzeugten Elementarwellen auslöschen. Im gezeichneten Beispiel löschen sich die von A und B kommenden 2. Harmonischen aus.

aus. Es kommt also eine Lichtwelle mit der Frequenz 2ω zustande, die sich ebenfalls in z-Richtung ausbreitet (Bild 3.67).

Wegen der Dispersion ist aber die Phasengeschwindigkeit c_2 der höheren Frequenz 2ω geringer als die von ω. Dadurch können sich die längs einer bestimmten Wegstrecke erzeugten

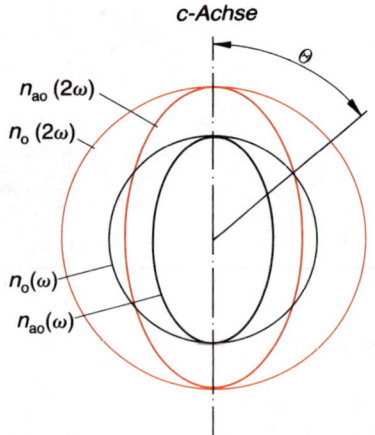

Bild 3.68   Anpassung der Phasengeschwindigkeiten («phase-matching») zwischen Primärwelle und 2. Harmonischer mit Hilfe eines einachsig doppelbrechenden Kristalls

Wellen mit der Frequenz 2ω durch Interferenz gegenseitig auslöschen. Die Effektivität für die Erzeugung der Oberwelle mit 2ω ist dann gering.

Diese Schwierigkeit kann man beseitigen, wenn es gelingt, daß sich die Primärwelle und die 2. Harmonische gleich schnell ausbreiten (Phasenanpassung, phase matching). Dadurch können sich die Elementarwellen aller Senderpunkte phasenrichtig überlagern.

Dies ist mit Hilfe von anisotropen Medien, wie z. B. dem einachsig doppelbrechenden KDP-Kristall, realisierbar.

Ein einachsiger doppelbrechender KDP-Kristall hat für den ordentlichen und außerordentlichen Strahl unterschiedliche Brechungsindizes n_o und n_{ao} (Bild 3.68) (Abschnitt 2.4.2.3). Diese zeigen ebenfalls Dispersion, d. h., wir erhalten für jede Frequenz (ω und 2ω) ein Paar von Indexellipsoiden, deren Schnittpunkte die Raumrichtung Θ relativ zur c-Achse ergeben, für die die Phasenanpassung erfüllt werden kann. Beim KDP-Kristall ist der Winkel $\Theta = 55°$.

Eine prinzipielle Anordnung zur Frequenzverdopplung ist in Bild 3.69 dargestellt. Die linear polarisierte Primärwelle mit ω durchläuft als ordentlicher Strahl unter Winkel Θ zur c-Achse den KDP-Kristall. Längs des Weges durch den Kristall entsteht als außerordentlicher Strahl die 2. Harmonische mit Frequenz 2ω. Der nicht umgewandelte Rest der Primärwelle wird durch ein Filter gesperrt.

Nach Gl. 3.66 ist die Feldstärke-Amplitude der Oberwelle zu E^2, die Intensität der Oberwelle also zu E^4 proportional. Da die Suszeptibilitäten sehr klein sind, ist die Frequenzvervielfachung nur bei hohen Laserleistungen

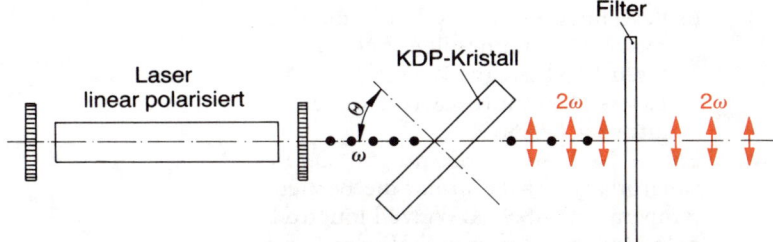

möglich. Umwandlungs-Wirkungsgrade von 60% sind möglich.

Baut man den Frequenzverdopplungskristall in den Laseroszillator ein, dann ist die Effektivität wegen der hohen Feldstärke im Modenvolumen besonders hoch.

Bild 3.69 Frequenzverdopplung mit Hilfe eines KDP-Kristalls. Die linear polarisicrte Primärwelle mit Frequenz ω breitet sich im KDP als o-Strahl aus. Die 2. Harmonische mit Frequenz 2ω entsteht als ao-Strahl.

3.10 Übungsaufgaben

3.1: Bei einem Experiment zum Lichtelektrischen Effekt ermittelt man bei den Wellenlängen λ verschiedener Interferenzfilter auf dem Oszilloskop folgende Gegenspannungen U_{gf}:

λ [nm]	U_{gf} [V]
403	1,1
447	0,85
519	0,5
609	0,15

Bestimmen Sie daraus die Plancksche Konstante h.

3.2: Welche Wellenlänge hat das Licht, das beim Übergang von der sechsten Bahn auf die zweite Bahn des H-Atoms emittiert wird? Welche Wellenlänge gehört zur Seriengrenze der Balmerserie? In welchem Spektralbereich liegen die emittierten Linien?

3.3: Welche Dopplerbreite Δf_D hat die Ne-Linie mit $\lambda = 632,8$ nm (rote Linie des He-Ne-Lasers), wenn die Molmasse des Ne $M_{Ne} = 20,2$ g/mol und die Temperatur $T = 300$ K ist?

3.4: Welche Beziehung ergibt sich für die Einwegverstärkung V_1 bei Gaslasern in der Linienmitte, wenn nur inhomogene Linienverbreiterung vorliegt?

3.5: Ein He-Ne-Laser mit $\lambda = 632,8$ nm hat die Verstärkerlänge $L = 1$ m. Welche Inversion ist erforderlich, wenn eine Kleinsignalverstärkung $V_{10} = 1,1$ bei $T = 300$ K erreicht werden soll? Die Lebensdauer des oberen Laserniveaus W_2 beträgt $\tau = 10^{-6}$ s.

3.6: Bestimmen Sie die Halbwertsbreite Δf_R eines passiven Resonators (also für $V_1 = 1$). Die Resonatorlänger sie $L = 0,5$ m und die Reflexionsgrade $R_1 = 1$ bzw. $R_2 = 0,98$.

3.7: Welche Länge L_{min} muß ein He-Ne-Laser mindestens haben, damit es innerhalb der Dopplerbreite $\Delta f_D = 1\,500$ MHz höchstens eine longitudinale Resonanz gibt?

3.8: Zwei Sammellinsen, die im Abstand $d = f_1 + f_2$ angeordnet sind (astronomisches Fernrohr), sollen benutzt werden, um die Strahltaille eines Gaußschen Strahls zu vergrößern. Zeigen Sie mit Hilfe der Gleichungen 3.48 und 3.49, daß zwischen den Fleckradien w_2 und w_1 (nach und vor dem astronomischen Fernrohr) der Zusammenhang $w_2/w_1 = f_2/f_1$ besteht.

3.9: Der Kristall eines Nd:YAG-Lasers sei mit 1 Atomprozent Nd dotiert; dies bedeutet, daß 1% der Y^{3+}-Ionen durch Nd^{3+}-Ionen ersetzt sind. Die Molmasse von YAG ($Y_3AL_5O_{12}$) ist $M_{YAG} = 593,7$ g/mol und die Dichte $\rho_{YAG} = 4,55$ g/cm³.
   a) Wie groß ist die Anzahl N_0 der Nd-Atome je Volumeneinheit?

b) Berechnen Sie nach Gl. 3.16 die thermische Besetzungsdichte N_1 des unteren Laserniveaus W_1 des Nd : YAG-Lasers (Abschnitt 3.8.1). Die Temperatur sei $T = 350$ K.

3.10: Ein He-Ne-Laser ($\lambda = 633$ nm) mit der Resonatorlänge $L = 0,6$ m hat die Betriebstemperatur $T = 350$ K. Wieviel longitudinale Moden liegen innerhalb der Dopplerbreite Δf_D? Welchen Frequenzabstand haben diese? Welchen freien Spektralbereich muß ein externes Etalon haben, um einen Mode herauszufiltern? Bestimmen Sie die maximale Dicke d des Quarzplättchens mit $n = 1,5$, das das Etalon bildet.

3.11: Welchen Wert hat die Transitzeit τ bei einem akustooptischen Modulator aus $PbMoO_4$, wenn der Durchmesser des Laserstrahls $D = 0,7$ mm ist? Wie groß ist der Bragg-Winkel Θ_B für $\lambda_0 = 632,8$ nm bei $f_{Hf} = 80$ MHz?

3.12: Welche Dauer hat ein Laserimpuls eines modengekoppelten Nd : Glas-Lasers, wenn der Modenabstand $\Delta f_{res} = 10^9$ Hz ist und 1 000 Moden angeregt sind?

3.13: Ein linear polarisierter Laserstrahl eines Nd : YAG-Lasers (1,06 µm) habe die Leistungsdichte $S_1 = 10^{12}$ W/m². Welche Feldstärkeamplitude $\hat{E}_1$ hat die Welle und wie groß ist der Photonenstrom pro Flächeneinheit? Welche Wellenlänge ergibt sich bei der Frequenzverdopplung für die 2. Harmonische? Welche Amplitude $\hat{E}_2$ und welchen Photonen-Strom je Flächeneinheit der 2. Harmonischen erhält man, wenn der energiebezogene Wirkungsgrad der Frequenzverdopplung 60% beträgt?

4 Optoelektronik

4.1 Einleitung

Optoelektronische Bauelemente sind Bauteile, die optische Strahlung in elektrische meßbare Größen (Strom, Spannung, Widerstandsänderung) umwandeln und umgekehrt. Man kann allgemein folgende Unterscheidung treffen:

☐ Detektoren ⎰ mit *innerem Fotoeffekt* (Fotowiderstand, Fotoelement, Fotodiode), mit *äußerem Fotoeffekt* (Fotomultiplier);

☐ optoelektronische Strahlungssender, bei denen die Strahlungserzeugung durch den *inversen inneren Fotoeffekt* (strahlender Rekombinationsvorgang) erfolgt. Dazu gehören u. a. lichtemittierende Dioden (LED), die inkohärente Strahlung aussenden, und Laserdioden (LD), die kohärent strahlen.

Wir wollen uns hier nur mit der Halbleiter-Optoelektronik beschäftigen. Bei den Bauelementen, deren Wirkung auf dem inneren bzw. auf dem inversen inneren Fotoeffekt beruhen, ist das Verständnis des *Bändermodells von Halbleitern* und des *pn-Übergangs* besonders wichtig.

4.2 Bändermodell

Wir wissen, daß sich die erlaubten Energiezustände der Elektronen einzelner Atome in einem Energieniveauschema mit ganz bestimmten diskreten Energiewerten darstellen lassen. Bilden nun N gleiche Atome zusammen einen Einkristall, dann spalten sich die ursprünglich gleichen in N unterschiedliche, jedoch sehr dicht beieinanderliegende Energieniveaus auf. Dies ist die Folge der geringen Atomabstände, wodurch die gegenseitige Wechselwirkung z.B. durch elektrische Felder sehr stark ist (Bild 4.1).

Ein Energieniveau ist ein von Elektronen besetzbarer «Platz» oder Zustand. Nach der Quantenmechanik darf jeder Zustand nur einfach besetzt sein. Bei sehr tiefen Temperaturen

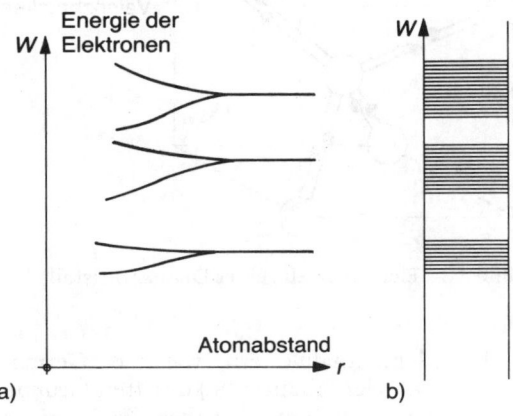

Bild 4.1
a) Energieniveaus von Einzelatomen spalten durch zunehmende Wechselwirkung auf.
b) Die erlaubten Energiezustände der Elektronen in einem Kristall sind Energiebänder mit dazwischenliegenden verbotenen Zonen (gap).

$(T \rightarrow 0$ K) nehmen die Elektronen die tiefstmöglichen Zustände ein.

Das energetisch höchste vollbesetzte Band nennen wir Valenzband *VB*. Unmittelbar darüber folgt das Leitungsband *LB*. Dazwischen liegt die verbotene Energiezone (gap) der Weite W_G, deren Energiewerte die Elektronen nicht annehmen können (Bild 4.2).

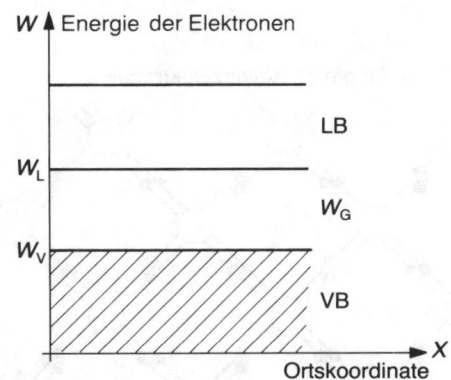

Bild 4.2   Vereinfachtes Bänderschema, bestehend aus Valenzband (VB), verbotener Zone (Energiebreite W_G) und Leitungsband (LB)

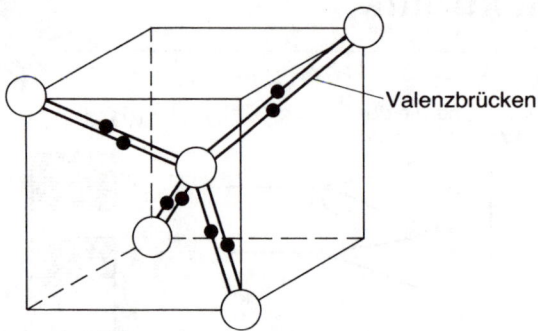

Bild 4.3   Elementarzelle eines Diamantkristalls

Bei Elementhalbleitern, wie z.B. Germanium (Ge) oder Silizium (Si) der 4ten Gruppe des Periodischen Systems haben die Atome 4 Valenzelektronen auf der äußeren Schale. Da jedes Atom eine Edelgaskonfiguration anstrebt, ergibt sich eine Tetraederanordnung als Elementarzelle der Kristallstruktur (Bild 4.3). Diese Struktur wiederholt sich in allen Richtungen, so daß jedes Atom im Zentrum eines aus 4 Nachbaratomen aufgebauten Tetraeders sitzt (Diamantgitter). Die Valenzelektronen sind in den Valenzbrücken zwischen den Atomen gebunden.

Eine vereinfachte zweidimensionale Darstellung (z.B. für Ge oder Si) zeigt Bild 4.4.

Galliumarsenid (GaAs) und Indiumphosphid (InP) sind Verbindungen aus Atomen der 3. und 5. Gruppe des Periodischen Systems. Im

Mittel sind also auch hier 4 Valenzelektronen vorhanden. Diese Verbindungen sind auch Halbleiter mit diamantartiger Struktur (Zinkblendenstruktur). Die Valenzbrücken bestehen ebenfalls aus einem Elektronenpaar.

Am absoluten Nullpunkt sind bei einem Halbleiter alle Zustände des VB besetzt, und das LB ist leer. Die Valenzelektronen sind in den Valenzbrücken gebunden. Es bedarf einer Energiezufuhr $W > W_G$, um diese Bindung eines Elektrons zu lösen.

Durch Energiezufuhr, z.B. thermische Energie oder Absorption von Lichtquanten (innerer Fotoeffekt) entsprechend Bild 4.5, können die Valenzelektronen in das LB gebracht werden. Dies bedeutet dann, daß die Elektronen im Kristall beweglich sind und in einem elektri-

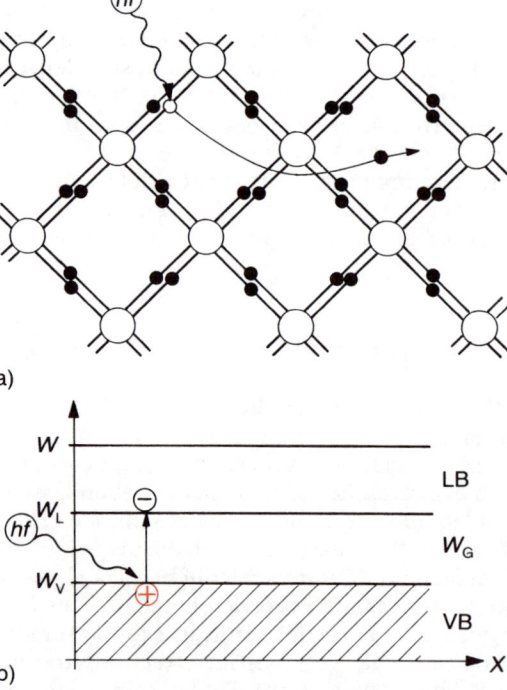

a)

b)

Bild 4.5   Fotoleitfähigkeit eines reinen Kristalls
a) Ein Valenzelektron wird aus seiner Bindung freigesetzt und hinterläßt einen freien Platz (Defektelektron bzw. Loch).
b) Darstellung des inneren Fotoeffekts im Bändermodell

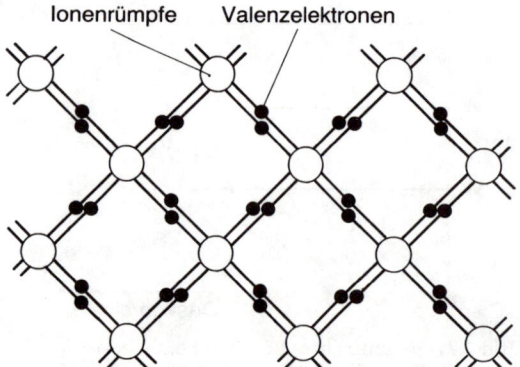

Bild 4.4   Zweidimensionales Gittermodell

schen Feld kinetische Energie aufnehmen können. Die unbesetzten Zustände im VB werden Defektelektronen oder Löcher genannt; sie verhalten sich wie bewegliche positive Ladungsträger.

Im reinen Halbleiterkristall hinterläßt jedes Elektron, das im LB einen Zustand besetzt, ein Defektelektron (Loch, d. h. einen unbesetzten Zustand) im VB (Bild 4.5). Die Trägerdichten von Elektronen (n) und Löchern (p) sind – unabhängig vom Erzeugungsmechanismus – also im reinen Halbleiterkristall immer gleich ($n = p$).

Die Wahrscheinlichkeit $f(W)$ nach Gl. 4.1, mit der die einzelnen Zustände im thermischen Gleichgewicht besetzt sind, wird durch die Fermi-Verteilungsfunktion beschrieben (Bild 4.6):

$$f(W) = \frac{1}{1 + \exp\{(W - W_\mathrm{F})/k_\mathrm{B}T\}} \quad \text{(Gl. 4.1)}$$

Bei jeder Temperatur T ist für die Fermi-Energie $W = W_\mathrm{F}$ die Besetzungswahrscheinlichkeit $f(W_\mathrm{F}) = 1/2$. Für $T = 0$ K sind alle Zustände mit $W < W_\mathrm{F}$ besetzt und alle mit $W > W_\mathrm{F}$ unbesetzt.

Im reinen Halbleiter wird für jeden mit einem Elektron besetzten Zustand im LB ein unbesetzter Zustand im VB erzeugt. Die Fermi-Energie W_F liegt also bei Eigenleitung in der Mitte des verbotenen Bereichs W_G.

Wird der Halbleiterkristall an eine äußere Spannungsquelle gelegt, dann erhalten die Ladungsträger entsprechend ihren Beweglichkeiten μ_n und μ_p (im inneren elektrischen Feld E) die Driftgeschwindigkeiten $v_\mathrm{D} = \mu \cdot E$. Für die Leitfähigkeit σ erhält man

$$\sigma = e\,(\mu_\mathrm{n} \cdot n + \mu_\mathrm{p} \cdot p) \quad \text{(Gl. 4.2)}$$

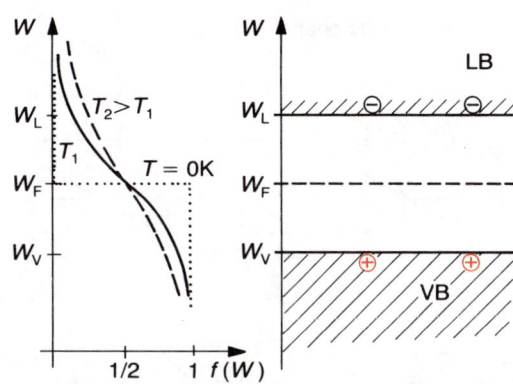

Bild 4.6 Fermi-Verteilungsfunktion $f(W)$ bei einem reinen (intrinsischen) Halbleiter. Diese gibt die Wahrscheinlichkeit für die Besetzung der Elektronenzustände als Funktion der Temperatur an.

Das Konzentrationsprodukt der Ladungsträgerdichten im thermodynamischen Gleichgewicht ist eine Funktion der Temperatur. Mit steigender Temperatur nimmt die Zahl der aufgebrochenen Valenzbrücken zu. Es gilt:

$$n \cdot p = n_\mathrm{i}^2 = n_\mathrm{i0}^2 \cdot T^3 \cdot e^{-\frac{W_\mathrm{G}}{k_\mathrm{B}T}} \quad \text{(Gl. 4.3)}$$

n_i ist die Intrinsic-Dichte (Eigenleitungsdichte) bei thermischem Gleichgewicht.

Tabelle 4.1 enthält einige Daten von technisch wichtigen Halbleitern.

Tabelle 4.1 Daten von Halbleitern bei $T = 300$ K

	W_G/eV	n_i/cm^{-3}	μ_n/cm^2 (Vs)$^{-1}$	μ_p/cm^2 (Vs)$^{-1}$	Brechungsindex
Germanium	0,66	$2{,}24 \cdot 10^{13}$	3900	1900	4,0
Silizium	1,12	$1{,}14 \cdot 10^{10}$	1350	480	3,45
Galliumarsenid	1,424	$2 \cdot 10^6$	8500	450	3,59
Al$_x$Ga$_{1-x}$As für $0 \leq x \leq 0{,}45$	$(1{,}424 + 1{,}246\,x)$				$3{,}59 - 0{,}71\,x$
Indiumphosphid	1,35	$1{,}14 \cdot 10^7$	4500	150	3,4

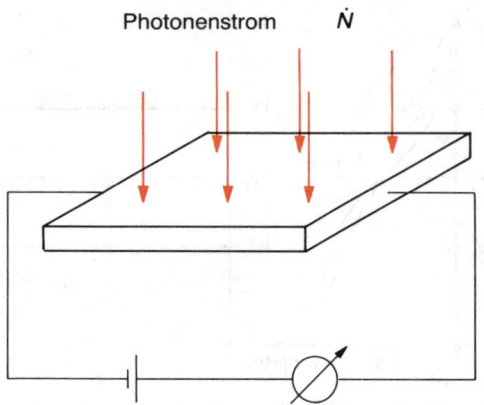

Bild 4.7   Fotoleiter bzw. Fotowiderstand

Fotoleiter (Fotowiderstand)
Die Leitfähigkeit eines homogenen einkristallinen Fotoleiters steigt, wenn man ihn mit Licht bestrahlt, dessen Photonenenergie

$$h \cdot f > W_G \quad \text{ist.}$$

Durch den inneren Fotoeffekt werden Elektronen-Loch-Paare erzeugt. Die Anzahl der generierten Ladungsträger ist dem eingestrahlten Photonenstrom dN/dt proportional (Bild 4.7).

Nach dem Abschalten der Lichteinstrahlung nehmen die erhöhten Ladungsträgerkonzentrationen $(p+\Delta p)$ und $(n+\Delta n)$, mit $\Delta p = \Delta n$, exponentiell mit der Zeit ab, bis die thermischen Gleichgewichtskonzentrationen n und p wieder erreicht sind. Die Lebensdauer t ist die Zeit, in der die überhöhte Konzentration auf $1/e$ ihres Anfangswerts abgeklungen ist.

Das Verhältnis der absorbierten Photonenzahl zur Anzahl der erzeugten Elektronen-Loch-Paare wird als Quantenausbeute $\eta(\lambda)$ bezeichnet. Ist Φ_e die absorbierte Strahlungsleistung und der Fotostrom I_{ph} die elektrische Ladung je Zeiteinheit, dann gilt:

$$\eta(\lambda) = (\Phi_e / hf)/(I_{ph}/e) \qquad \text{(Gl. 4.4)}$$

4.3 Störstellenhalbleiter und pn-Übergang

Durch Einbau von Fremdatomen (Dotierung) in das Kristallgitter kann die Ladungsträgerdichte und damit die Leitfähigkeit stark beeinflußt werden.

Akzeptoren binden Elektronen, dadurch entstehen freie Energiezustände im VB (Löcher, Defektelektronen), also unbesetzte Elektronenzustände. Akzeptoratome sind Atome der 3. Gruppe des Periodischen Systems (z. B. Ga). Sie haben also auf der äußeren Schale 1 Elektron weniger als Ge oder Si.

Donatoren (Elektronenspender) führen zu besetzten Zuständen im LB, dadurch wird der Halbleiter n-leitend. Sie entstammen der 5. Gruppe des Periodischen Systems (z. B. As) und besitzen auf der äußeren Schale 1 Elektron mehr als Ge oder Si.

Bei der Bildung der Valenzbrücken durch Elektronenpaare im Si- oder Ge-Kristall ist also 1 Elektron zuwenig (Akzeptor) oder zuviel (Donator) vorhanden. Durch Ionisation kann die Edelgaskonfiguration wieder erreicht werden (Bilder 4.8 a und 4.9 a).

Die Akzeptoren- bzw. Donatoren-Niveaus W_A und W_D für die Ionisierung liegen einige 0,01 eV oberhalb der VB-Oberkante bzw. unterhalb der LB-Unterkante (Bilder 4.8 b und 4.9 b). Bei Zimmertemperatur $(T \cong 300 \text{ K})$ genügt die thermische Energie der Größenordnung $k_B T \cong 0,025$ eV, um praktisch alle Akzeptoren- und Donatorenatome zu ionisieren. Dies bedeutet, daß die

Defektelektronendichte

$$p \cong N_A \text{ (Akzeptorendichte)}$$

und die Elektronendichte

$$n \cong N_D \text{ (Donatorendichte)}$$

ist.

Durch die Dotierung z. B. mit Donatoren wird die Elektronendichte n stark erhöht. Da das Gleichgewichts-Konzentrationsprodukt (Gl. 4.3) immer $n \cdot p = n_i^2$ ist, muß dann die Löcherdichte p entsprechend kleiner sein. Die Elektronen sind in diesem Beispiel die Majoritätsträger und die Löcher die Minoritätsträger. Wir haben dann einen n-Leiter. Bei Dotierung mit Akzeptoren sind die Löcher die Majoritätsträger, also ist dies ein p-Leiter.

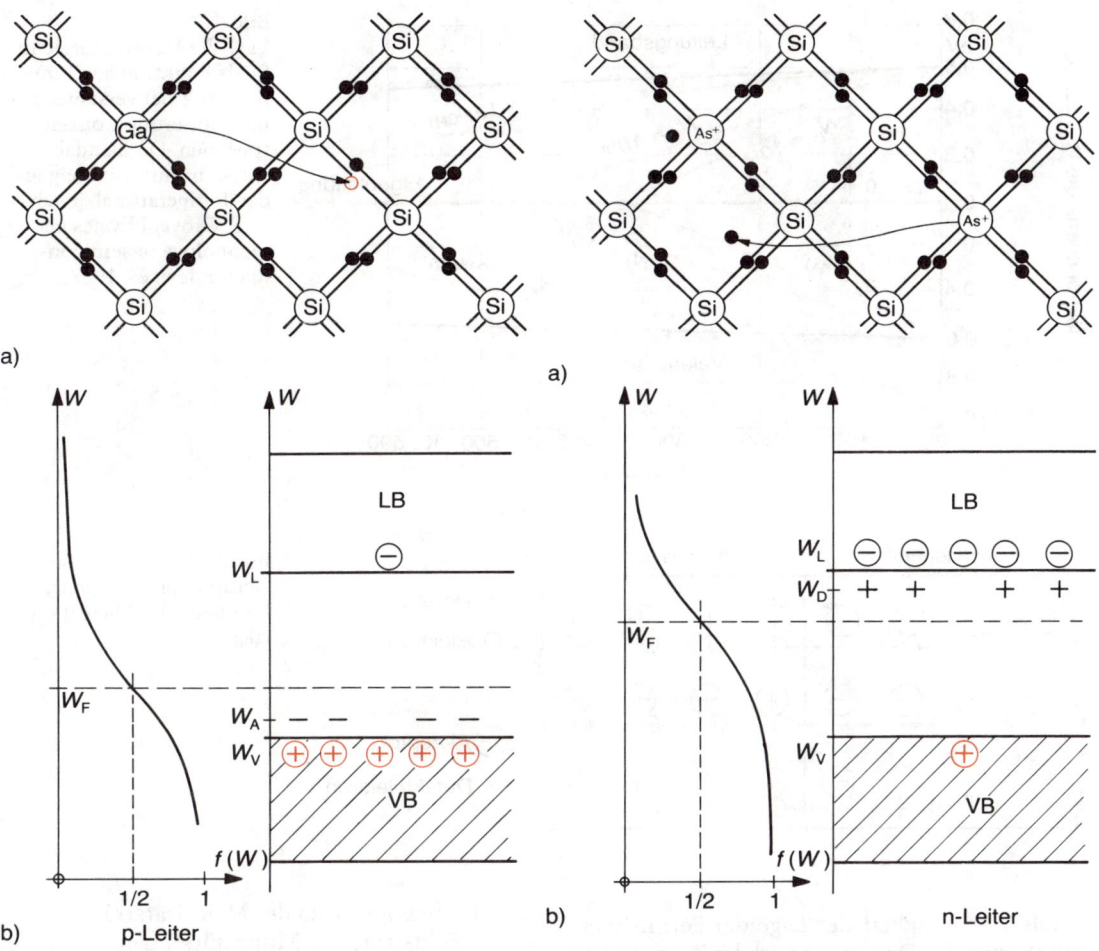

Bild 4.8
a) Schematische Darstellung der Entstehung eines Defektelektrons durch Bindung eines Elektrons an ein Akzeptoratom (negatives Ion), z. B. Ga in einem Si-Kristall
b) Die Besetzung der Zustände im VB nimmt mit zunehmender Dotierung ab. Dadurch verschiebt sich die Fermi-Energie in Richtung VB.

Bild 4.9
a) Schematische Darstellung zur Bildung eines Elektrons im LB durch Ionisation eines Donatoratoms (z. B. As in einem Si-Kristall)
b) Die Besetzungswahrscheinlichkeit $f(W)$ im LB steigt. Dies bedeutet eine Erhöhung der Fermi-Energie W_F.

Die Wahrscheinlichkeit $f(W)$ im thermischen Gleichgewicht für die Besetzung der verschiedenen Zustände verschiebt sich beim n-Leiter zum LB, da die von den Donatoren abgegebenen Elektronen eine höhere Besetzung der Zustände im LB bewirken.

Beim p-Leiter werden durch die Anlagerung von Elektronen an die Akzeptoren besetzte Zustände des VB frei.

Dies kann durch eine Verschiebung der Fermi-Energie W_F in Gl. 4.1 beschrieben werden (Bilder 4.8 b und 4.9 b).

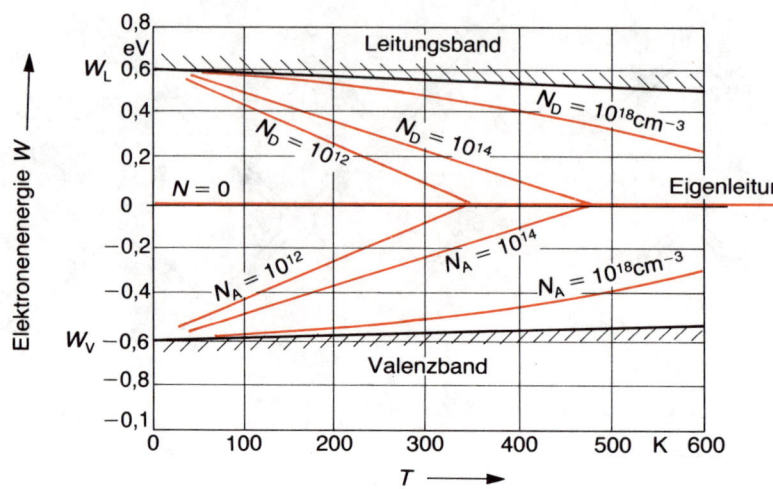

Bild 4.10
Lage der Fermi-Energie in Si als Funktion der Temperatur T bei verschiedenen Dotierungskonzentrationen. Der Bandabstand nimmt mit steigender Temperatur ab [nach A. S. Grove, Physics and technology of semiconductor devices, 1967].

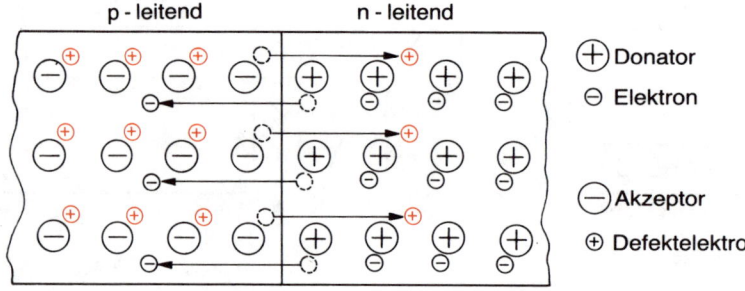

Bild 4.11
Abrupter pn-Übergang; Diffusion der Majoritätsträger

Die Abhängigkeit der Lage der Fermi-Energie W_F von der Dotierung und der Temperatur zeigt Bild 4.10. Man sieht daraus auch, daß der Bandabstand $W_G = W_L - W_V$ mit steigender Temperatur sinkt.

Bringt man p- und n-leitendes Material in Kontakt, dann treten wegen der Konzentrationsunterschiede Diffusionsvorgänge der Majoritätsträger auf (Bild 4.11), d. h., Elektronen diffundieren vom n- zum p-Leiter und Defektelektronen vom p- zum n-Leiter. Den damit verbundenen elektrischen Strom nennen wir Diffusionsstrom. Die sich dadurch aufbauende Potentialdifferenz U_D erzeugt ein elektrisches Feld, das der Diffusion entgegenwirkt und einen Minoritätsträgerstrom (Feldstrom) in Gang setzt. Der Gleichgewichtszustand ist gekennzeichnet durch die Beziehung:

Diffusionsstrom der Majoritätsträger = Feldstrom der Minoritätsträger.

Der pn-Übergang verarmt an Majoritätsträgern (Sperrschicht). Die ionisierten Akzeptorenrümpfe bilden auf der p-Seite ein Gebiet mit negativer Ladung, die Donatorenrümpfe auf der n-Seite eine positive Raumladung.

In Bild 4.12 wird ein Beispiel eines abrupten pn-Übergangs in Silizium im thermischen Gleichgewicht betrachtet. Bei $T = 300$ K sind alle Akzeptoren und Donatoren ionisiert, so daß außerhalb der Diffusionszone, die etwa der Raumladungszone entspricht, die Majoritätsträgerdichten $p = N_A$ und $n = N_D$ sind. Das Konzentrationsprodukt $n \cdot p$ ist durch Gl. 4.3 gegeben.

In der Mitte der Raumladungszone ist die Ladungsträgerdichte um den Faktor 10^5 gerin-

Bild 4.12
Abrupter pn-Übergang in Si im thermischen Gleichgewicht
a) Akzeptorendichte N_A und Donatorendichte N_D als Funktion des Ortes
b) Majoritätsträgerdichten p_p, n_n und Minoritätsträgerdichten n_p und p_n
c) Die ionisierten Akzeptoren und Donatoren stellen Raumladungen dar.
d) Potentialdifferenz U_D als Folge der Diffusion
e) Elektrisches Feld in der Raumladungszone mit dem Maximalwert E_m

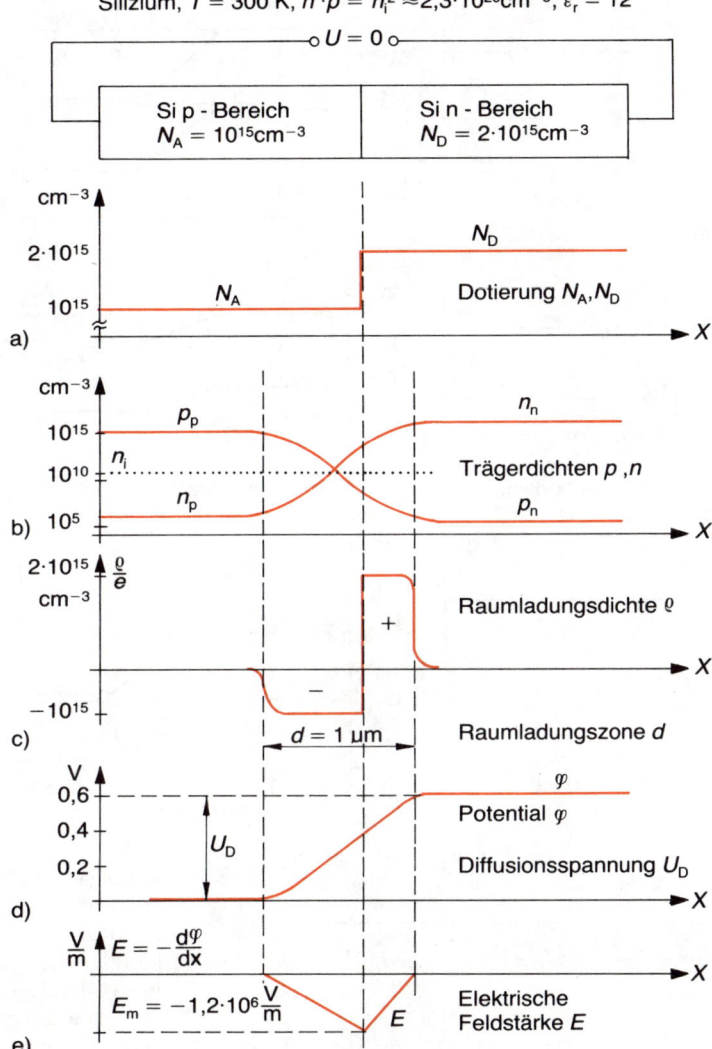

Silizium, $T = 300$ K, $n \cdot p = n_i^2 \approx 2{,}3 \cdot 10^{20}$ cm^{-3}; $\varepsilon_r = 12$

ger als außerhalb der Diffusionszone (Bild 4.12 b). Die dort existierende Ladungsträgerdichte ist durch die thermische Erzeugungsrate bestimmt.

Die p-Seite lädt sich negativ und die n-Seite positiv auf. Das Potential φ, das definitionsgemäß auf positive Ladungsträger bezogen ist, steigt vom p-Leiter zum n-Leiter um die Diffusionsspannung U_D an (Bild 4.12 d).

Man erhält

$$U_D = \frac{k_B T}{e} \ln (N_A N_D / n_i^2) \quad \text{(Gl. 4.5)}$$

Die im Gitter eingebauten ionisierten Donatoren und Akzeptoren sind ortsfeste negative und positive Ionen. Deshalb stellt die Sperrschicht eine Raumladungszone dar (Bild 4.12 c). Deren Ausdehnung ist durch die fol-

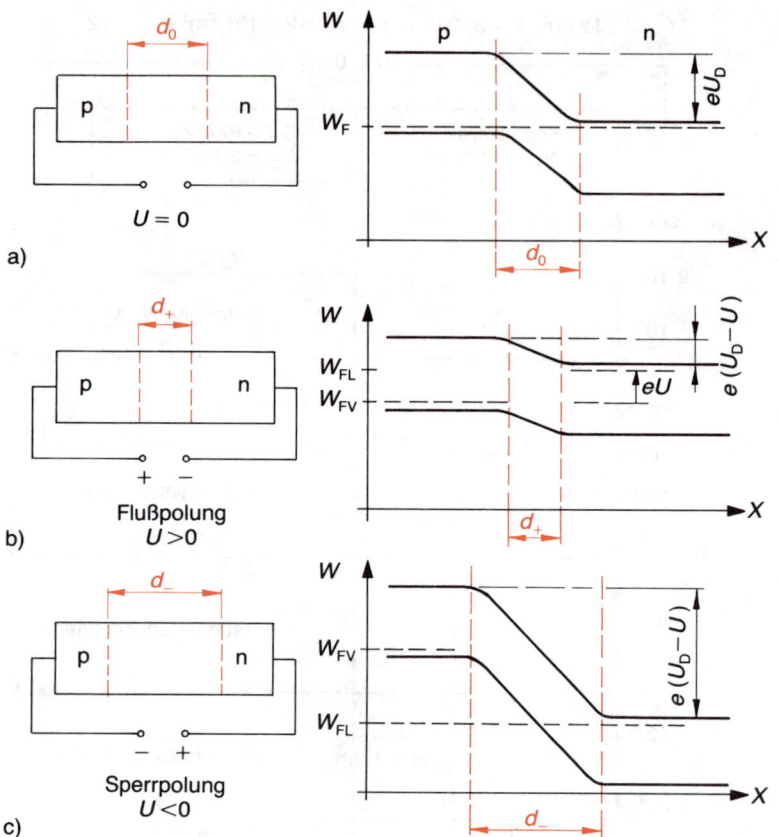

Bild 4.13
Energiebandverläufe bei einem pn-Übergang mit der Breite d der Raumladungszone. Nach oben steigt die Elektronenenergie W.
a) Bei thermischem Gleichgewicht $(U = 0)$
b) Flußpolung $(U > 0)$
c) Sperrpolung $(U < 0)$

gende Beziehung gegeben:

$$d = \sqrt{\frac{2\,\varepsilon_0\,\varepsilon_r}{e}(U_D - U)(1/N_A + 1/N_D)} \quad \text{(Gl. 4.6)}$$

Dabei ist für das thermische Gleichgewicht $U = 0$ zu setzen.

Innerhalb der Raumladungszone herrscht ein elektrisches Feld (Bild 4.12 d), dessen Maximalwert E_m durch folgende Beziehung gegeben ist:

$$E_m = \sqrt{\frac{2\,e}{\varepsilon_0\,\varepsilon_r} \cdot \frac{U_D - U}{1/N_A + 1/N_D}}$$

$$\text{(Gl. 4.7)}$$

Im thermischen Gleichgewicht $(U = 0)$ müssen

die Besetzungswahrscheinlichkeiten der Elektronenzustände bei derselben Energie im gesamten Kristall (also im p- und n-Gebiet) gleich sein. Wäre dies nicht der Fall, dann läge kein Gleichgewichtszustand vor, und die Elektronen würden zu tieferen nicht besetzten Zuständen übergehen.

Daraus folgt, daß im thermischen Gleichgewicht die Fermi-Energie W_F (Energie mit Besetzungswahrscheinlichkeit 1/2) im Gesamtkristall (im p- und n-Gebiet) energetisch auf gleicher Höhe liegen muß (Bild 4.13 a).

Schließen wir den pn-Übergang an eine äußere Spannungsquelle an $(U \neq 0)$, dann wird der Gleichgewichtszustand aufgehoben. Anstelle der Fermi-Energie können wir die Elektronen im n-Leiter durch eine Quasi-Fermi-Energie W_{FL} und die Defektelektronen durch eine Quasi-Fermi-Energie W_{FV} beschreiben.

Bei der Flußpolung ($U>0$) wird die Fermi-Energie der Majoritätsträger um eU erhöht. Dies bedeutet für die Elektronen im n-Gebiet gegenüber dem p-Gebiet eine Energieerhöhung um eU auf W_{FL} (Bild 4.13 b). Entsprechendes gilt für die Defektelektronen im p-Gebiet. Der Majoritätsträgerstrom steigt, und die Dicke d der Raumladungszone verringert sich.

Bei Sperrspannung ($U<0$) wird die Energie der Majoritätsträger verringert, also z.B. die Energie der Elektronen im n-Gebiet gegenüber dem p-Gebiet herabgesetzt. Dies bedeutet, daß die Fermi-Energie im n-Gebiete um eU sinkt (Bild 4.13 c). Dadurch wird der Diffusionsstrom unterdrückt, und nur der Feldstrom – der durch die Minoritätsträger bestritten wird – fließt. Gleichzeitig wächst die Dicke d der Raumladungszone.

Bei Flußpolung werden durch die Raumladungszone hindurch Minoritätsträger in das andere Gebiet injiziert. Dadurch entstehen um Δn_{p} bzw. Δp_{n} über den thermischen Gleichgewichtskonzentrationen n_{p} und p_{n} liegende Minoritätsträgerkonzentrationen (Bild 4.14). Durch Rekombinationsprozesse werden die überhöhten Konzentrationen innerhalb der Diffusionslängen L_{n} bzw. L_{p} auf 1/e-tel des Wertes am Rand der RL-Zone abgebaut. Es gilt stets $L_{\mathrm{n}}>L_{\mathrm{p}}$. Typische Wertebereiche für L_{n} bzw. L_{p} sind: bei Si: 1 µm... 200 µm und bei GaAs: 0,3 µm... 15 µm.

Die Diffusionslängen fallen mit steigender Dotierung. Es gilt:

$$L_{\mathrm{n}}\sim\sqrt{1/p_{\mathrm{p}}}\quad\text{und}\quad L_{\mathrm{p}}\sim\sqrt{1/n_{\mathrm{n}}}\quad\text{(Gl. 4.8)}$$

Der Strom durch den pn-Übergang wird durch folgenden Zusammenhang beschrieben:

$$I=I_{\mathrm{s}}\left(e^{\frac{e\cdot U}{k_{\mathrm{B}}\cdot T}}-1\right)\quad\text{(Gl. 4.9)}$$

Für genügend große Spannung U steigt der Diodenstrom exponentiell an. Die Dicke der Raumladungszone wird mit steigender Spannung kleiner, und damit überwiegt der Majoritätsträgerstrom (Bild 4.15).

Ist die Spannung negativ (Sperrpolung), dann geht der Strom gegen den Sättigungswert I_{S}. Dieser Sperrsättigungsstrom wird durch die

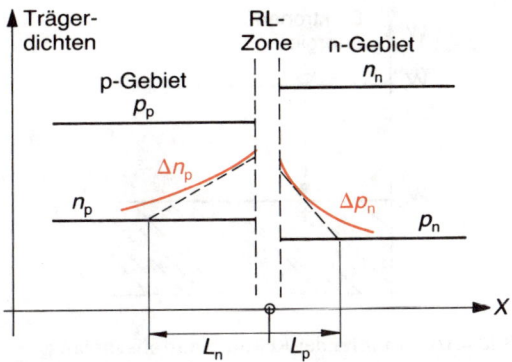

Bild 4.14 Erhöhte Minoritätsträgerkonzentrationen Δn_{p} und Δp_{n} durch Injektion bei Flußpolung. Diffusionslängen L_{p} und L_{n}

Diffusion der Minoritätsträger zur Raumladungszone verursacht. Diese werden wegen des elektrischen Feldes über den pn-Übergang gezogen. Dadurch fällt ihre Konzentration in der Nähe der Raumladungszone unter den thermodynamischen Gleichgewichtswert ab. Die Konzentration der Minoritätsträger ist dann durch die thermische Erzeugungsrate bestimmt. Diese wächst mit der Temperatur, so daß für den Sperrsättigungsstrom I_{s} näherungsweise folgende Proportionalität gilt:

$$I_{\mathrm{s}}\sim e^{-\frac{W_{\mathrm{G}}}{k_{\mathrm{B}}\cdot T}}\quad\text{(Gl. 4.10)}$$

I_{s} hat bei einer Si-Diode bei Zimmertemperatur eine Größenordnung von 1 nA.

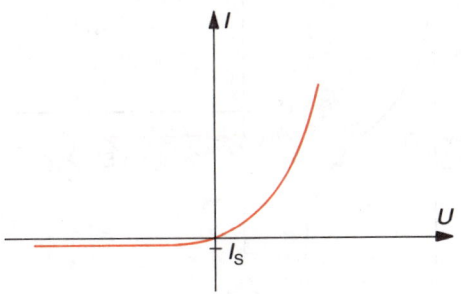

Bild 4.15 *I-U*-Kennlinie einer Diode

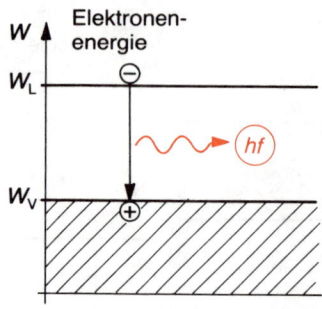

Bild 4.16   Strahlender Rekombinationsvorgang

4.4 Laserdiode

4.4.1 Aufbau und Wirkungsweise

Ein Elektron, das einen Zustand des LB besetzt, kann mit einem Defektelektron des VB rekombinieren. Die bei dieser Rekombination freiwerdende Energie kann als Photon emittiert werden (Bild 4.16).

Dieser strahlende Rekombinationsprozeß tritt im wesentlichen nur bei den sogenannten direkten Halbleitern auf, zu denen auch GaAs gehört. Bei diesen sind – ohne Zuhilfenahme eines weiteren Teilchens – beim Rekombinationsprozeß der Energiesatz und der Impulssatz erfüllt.

Ge und Si gehören zu den indirekten Halbleitern, bei denen die Rekombinationsenergie als thermische Energie auf das Kristallgitter übertragen wird. Diese sind für lichtemittierende Dioden (LED) und Laserdioden (LD) ungeeignet.

Die Besetzungsinversion einer Laserdiode kann erreicht werden, wenn im selben Volumen eine hohe Zahl besetzter Elektronenzustände im LB und eine große Zahl nicht besetzter Zustände im VB (Defektelektronen) gegenübersteht. Dies bedeutet eine hohe Besetzungswahrscheinlichkeit $f(W)$ der Elektronenzustände im unteren LB-Bereich und eine geringe Besetzung (Defektelektronen) im oberen VB-Bereich.

Dieser Zustand läßt sich bei den sogenannten entarteten Halbleitern verwirklichen. Hier sind die Dotierungen so hoch (bei GaAs bedeutet dies N_A bzw. $N_D > 10^{18}$ cm^{-3}), daß das Fermi-Niveau innerhalb eines erlaubten Bandes liegt (Bild 4.17).

Beim entarteten p-Leiter rückt das Fermi-Niveau W_{FV} also in das Valenzband (Bild 4.17a). Dies bedeutet, daß im oberen VB-Bereich die Besetzungswahrscheinlichkeit

Bild 4.17   Entartete Halbleiter. Die Fermi-Energien W_{FV} und W_{FL} liegen innerhalb des VB bzw. LB.

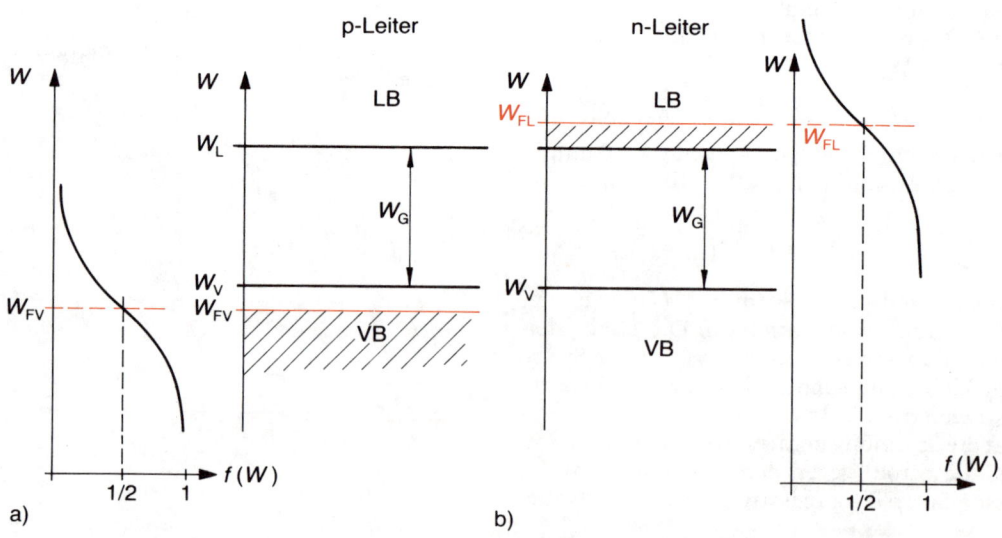

$$f(W_{FV} < W < W_V) < 1/2$$

ist. Entsprechend wird bei hoher Dotierung eines n-Leiters das Fermi-Niveau W_{FL} in das LB rücken, so daß $f(W_L < W < W_{FL}) > 1/2$ ist (Bild 4.17 b).

Zur Erzeugung der Besetzungsinversion muß also die Bedingung gelten:

$$W_{FL} - W_{FV} > W_G = W_L - W_V \approx hf \qquad \text{(Gl. 4.11)}$$

Bild 4.18 a zeigt den pn-Übergang im thermischen Gleichgewicht. Bei Polung in Flußrichtung (Bild 4.18 b) mit einer äußeren Spannung U, die etwa dem Gap W_G ($U \cong W_G/e$) entspricht, werden Elektronen und Defektelektronen in den pn-Übergang durch den fließenden Strom i_F injiziert. Da W_{FL} und W_{FV} in diesem Zustand nur noch für die Temperaturgleichgewichte innerhalb der feldfreien Bereiche des n- bzw. p-Leiters gelten, bezeichnen wir diese hier als Quasi-Fermi-Energien W_{FL} und W_{FV}.

In einem schmalen Bereich – der aktiven Zone – des pn-Übergangs haben wir durch die Polung in Flußrichtung eine Besetzungsumkehr (Inversionszustand) hergestellt. Hier besteht für stimulierte Emission eine höhere Wahrscheinlichkeit als für stimulierte Absorption.

Bild 4.19 a zeigt den prinzipiellen Aufbau einer Laserdiode, bei der beide Seiten der Diode aus demselben Halbleiter-Grundmaterial (z. B. GaAs) hergestellt sind (Homojunction-Laser-

diode). Die aktive Zone ist die Inversionszone.

Die vordere und hintere Endfläche sind planparallel. Sie bilden einen Perot-Fabry-Resonator. Der Brechungsindex von GaAs ist $n_2 = 3{,}6$. Gegenüber einem optischen Medium (Luft) mit $n_1 = 1{,}0$ ist auch ohne extra Verspiegelung eine ausreichende Rückkopplung im Resonator vorhanden. Nach den Fresnelschen Gleichungen (Abschnitt 2.4.2.2) erhält man den Reflexionsgrad

$$R = (n_1 - n_2)^2 / (n_1 + n_2)^2 = 0{,}32.$$

Die Strahlungsleistung Φ_e in Abhängigkeit von dem Injektionsstrom I_F zeigt Bild 4.19 b. Bei Überschreiten eines Schwellstromes I_{F_s} (Pumpschwelle) wird aus dem inkohärenten Strahler (entspricht Lumineszenzdiode LED) ein kohärenter Strahler (Laserdiode LD). Die Schwellstromdichten j_{FS} von «homojunctions» liegen sehr hoch (ca. 1000 A/mm^2 bei Zimmertemperatur). Daher ist ein kontinuierlicher (cw) Betrieb bei Raumtemperatur nicht

Bild 4.18 Energieband-Diagramme eines pn-Übergangs mit entarteten Halbleitern
a) im thermischen Gleichgewicht ($U = 0$),
b) bei Polung in Flußrichtung ($U > W_G/e$).
Innerhalb der aktiven Zone kommt durch Injektion von Elektronen und Defektelektronen eine Inversion zustande.

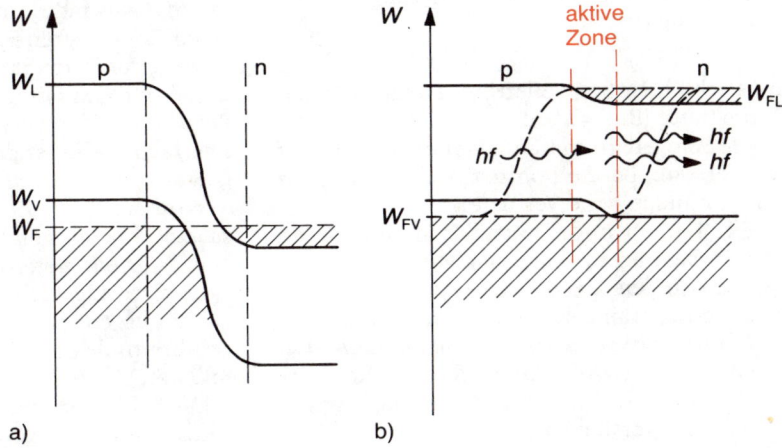

a)   b)

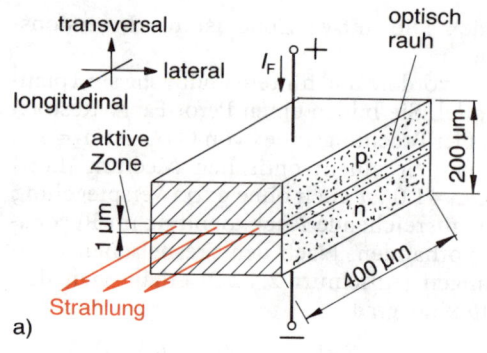

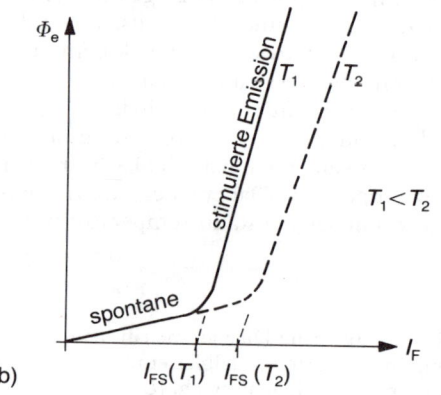

Bild 4.19

a) Prinzipieller Aufbau einer Homojunction-Laserdiode

b) Strahlungsleistung als Funktion des Stromes I_F und der Temperatur T. Oberhalb des Schwellstromes I_{FS} tritt Selbsterregung des Resonators ein.

möglich. Der Schwellstrom steigt mit der Temperatur (Bild 4.19 b).

Die Schwellstromdichte ist ein Hinweis auf die Verluste. Bei *homojunctions* hat man aus zwei Gründen hohe Verluste:

□ Ein Teil der in die aktive Zone injizierten Ladungsträger gelangt als Minoritätsträger in das andere Gebiet. (Die räumlichen Ausdehnungen sind durch die Diffusionslängen L_p und L_n gegeben (Bild 4.14). Für GaAs-Dioden ist L etwa das Dreifache der Dicke der aktiven Zone.) Diese Ladungsträger gehen für die Inversion verloren.

□ Der Resonator ist in lateraler Richtung (Definition in Bild 4.19 a) nicht begrenzt. In transversaler Richtung besteht nur eine kleine Brechungsindexstufe (Bild 4.20 a), so daß durch Totalreflexion nur eine schwache Führung des optischen Wellenfeldes besteht (Bild 4.20 a). Dies bedeutet, daß der Resonator hohe optische Verluste aufweist.

Um diese Verluste zu beseitigen, werden *(Heteroübergänge)* angewandt. Diese werden durch aneinandergrenzende Halbleiterkristalle mit unterschiedlichen Bandlücken W_G gebildet. So hat z. B. der Mischkristall $Ga_{1-x}Al_xAs$ eine größere Bandlücke als GaAs (Tabelle 4.1). Da mit wachsendem W_G der Brechungsindex abnimmt, entsteht an einem Heteroübergang ein Brechungsindexsprung.

Bild 4.20 b zeigt eine *Doppelheterostruktur* (DH). Die inversionserzeugenden Ladungen werden durch eine Potentialbarriere daran gehindert, aus der aktiven Zone als Minoritätsträger in das angrenzende Gebiet zu diffundieren. Alle in die aktive Zone injizierten Ladungsträger müssen dort rekombinieren. Die Rekombinationsstrahlung wird bei genügend hoher optischer Energiedichte durch stimulierte Emission ausgelöst.

Infolge des Brechungsindexsprungs (bei GaAlAS/GaAs bis zu $\Delta n \cong 0,3$) wird die Lichtwelle durch Totalreflexion in transversaler Richtung wie in einem Wellenleiter geführt. Die Lichtwelle dringt kaum in die angrenzenden p- und n-Gebiete ein.

In lateraler Richtung wird die Lichtwelle durch das Verstärkungsprofil innerhalb der aktiven Zone begrenzt, d. h. durch die Stromverteilung der injizierten Ladungsträger. So kann z. B. durch Oxidstreifen die Stromverteilung in der aktiven Zone gesteuert werden (Bild 4.21). Die Lichtwelle ist dann in lateraler Richtung gewinngeführt (*gain guided*).

Wird die aktive Zone ringsum, d. h. transversal und lateral, von GaAlAs-Schichten umgeben (*buried heterostructure*, BH-Struktur), dann wird die Lichtwelle in beiden Richtungen durch einen Brechungsindexsprung aktiv geführt (indexgeführter Laser, *index guided*, Bild 4.22).

Die Schwellstromdichten können damit auf Werte um $j_{FS} \cong 5$ A/mm² gesenkt werden.

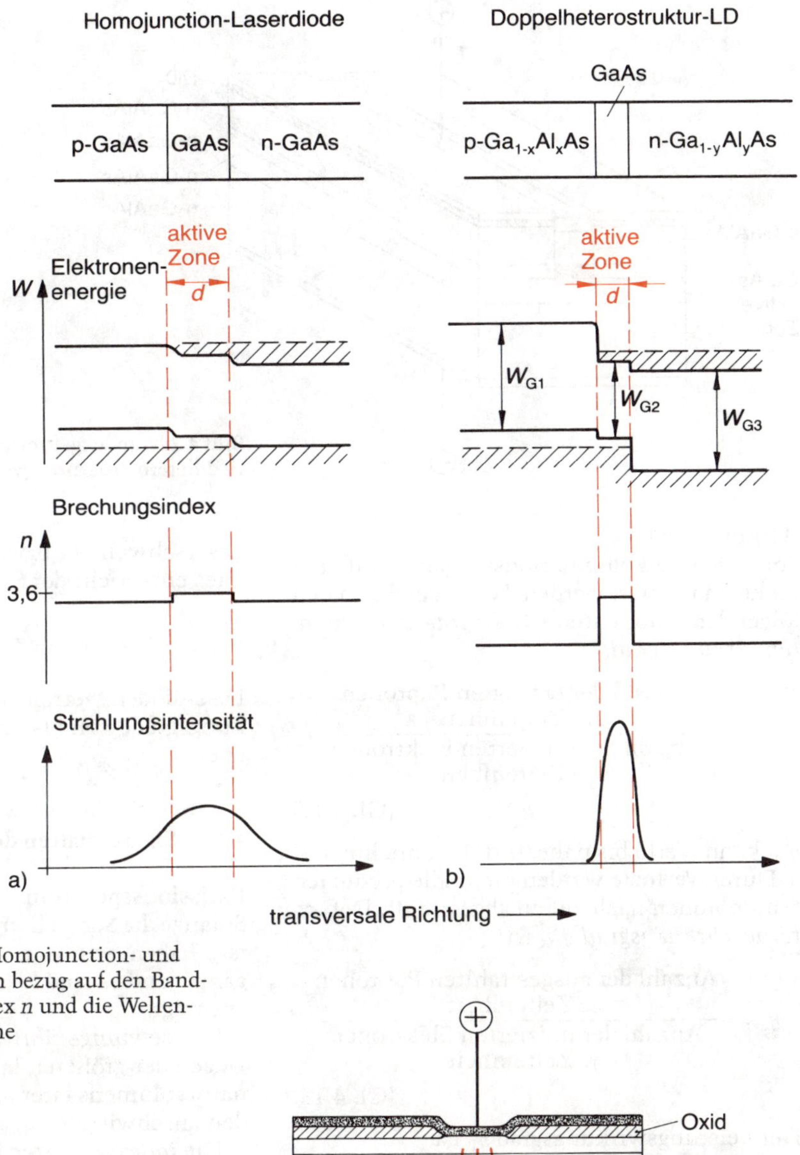

Homojunction-Laserdiode

Doppelheterostruktur-LD

GaAs

p-GaAs	GaAs	n-GaAs

p-Ga$_{1-x}$Al$_x$As		n-Ga$_{1-y}$Al$_y$As

aktive Zone

d

Elektronen-energie

W

aktive Zone

d

W_{G1}

W_{G2}

W_{G3}

Brechungsindex

n

3,6

Strahlungsintensität

a)

b)

transversale Richtung →

Bild 4.20   Vergleich von Homojunction- und Heterojunction-Struktur in bezug auf den Bandverlauf, den Brechungsindex n und die Wellenführung in der aktiven Zone

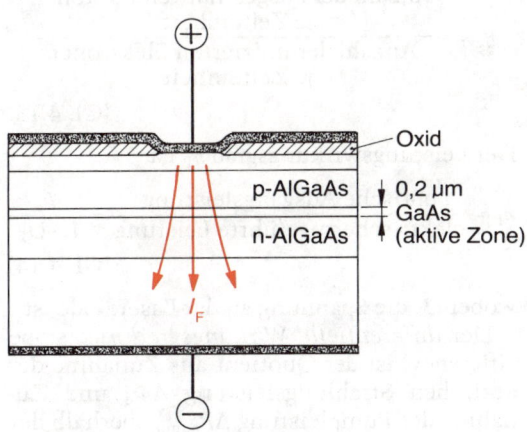

Oxid

p-AlGaAs   0,2 µm

GaAs

n-AlGaAs   (aktive Zone)

I_F

Bild 4.21   Prinzipieller Aufbau einer DH-Struktur-Oxidstreifen-Laserdiode (gewinngeführt)

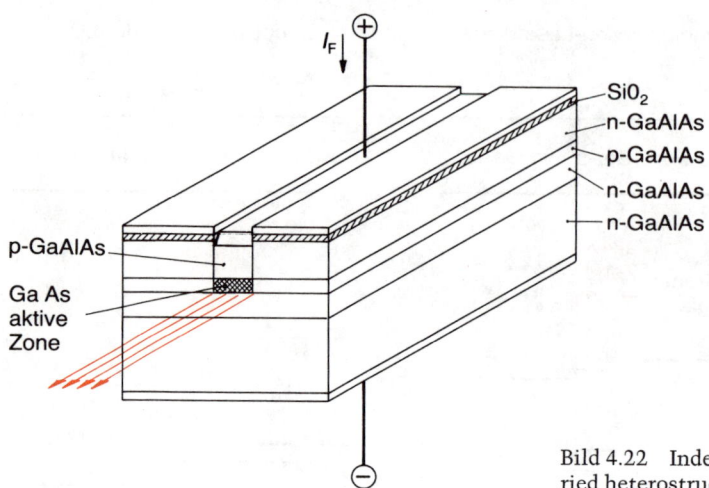

Bild 4.22 Indexgeführte Laserdiode durch «buried heterostructure» (vergrabene Struktur)

Wirkungsgrade

Für jeden Rekombinationsvorgang muß ein Elektron injiziert werden. Wir bezeichnen den folgenden Quotienten η_{int} als *internen Quantenwirkungsgrad:*

$$\eta_{int} = \frac{\text{Anzahl der erzeugten Photonen pro Zeiteinheit}}{\text{Anzahl der injizierten Elektronen pro Zeiteinheit}}$$

(Gl. 4.12)

η_{int} kann Werte bis nahezu 100% annehmen.

Durch Verluste werden nicht alle produzierten Photonen nach außen abgestrahlt. Der *externe Wirkungsgrad η_{ext}* ist:

$$\eta_{ext} = \frac{\text{Anzahl der ausgestrahlten Photonen je Zeiteinheit}}{\text{Anzahl der injizierten Elektronen je Zeiteinheit}}$$

(Gl. 4.13)

Der Leistungswirkungsgrad η_P ist:

$$\eta_P = \frac{\text{optische Ausgangsleistung}}{\text{elektrische zugeführte Leistung}} = \frac{\Phi_e}{I_F \cdot U_F}$$

(Gl. 4.14)

wobei U_F die Spannung an der Laserdiode ist.

Der *differentielle Wirkungsgrad η_{diff}* (slope efficiency) ist der Quotient aus Zunahme der optischen Strahlungsleistung $\Delta\Phi_e$ und Zunahme der Pumpleistung ΔP_{pump} oberhalb der Laserschwelle P_S bzw. Schwellstromdichte j_{FS} (dies entspricht der Steigung in Bild 4.19 b).

$$\eta_{diff} = \frac{\Delta\Phi_e}{\Delta P_{pump}}$$

(Gl. 4.15)

Laserdioden erreichen differentielle Wirkungsgrade von bis zu 45% pro Spiegelendfläche.

4.4.2 Eigenschaften der Strahlung

Emissionsspektrum

Solange die Schwellstromdichte nicht erreicht ist, haben wir nur spontane Emissionsvorgänge, und es sind keine Moden im Resonator angeregt.

Bei *gewinngeführten* Laserdioden können wegen der größeren lateralen Breite des Resonatorvolumens laterale und longitudinale Moden anschwingen.

Die *indexgeführten* Laserdioden schwingen, wenn die aktive Zone genügend schmal ist, nur in longitudinalen Moden (Abschnitt 3.7). Man findet, daß mit zunehmendem Pumpstrom (zunehmende Ausgangsleistung) immer mehr eine einzige longitudinale Mode dominiert und die Nebenmoden verschwinden. Bild 4.23 zeigt schematisch die Entwicklung des Spektrums mit steigender Ausgangsleistung ϕ_e.

Unterhalb der Schwelle wird ein breites Spektrum abgestrahlt. Diese Strahlung ist inkohärent und entspricht der einer Lumineszenzdiode (LED).

Für die longitudinalen (axialen) Moden gilt nach Gl. 3.22:

$$q \cdot \lambda_{vak} = 2 \cdot n(T) \cdot L \qquad (Gl.\ 4.16)$$

mit dem temperaturabhängigen Brechungsindex

$$n(T) = \frac{c_{vak}}{c_M(T)}$$

Die Resonatorlängen L von Laserdioden liegen im Bereich $250\ \mu m < L < 800\ \mu m$.

Der Frequenzabstand der verschiedenen longitudinalen Moden ist durch Gl. 3.21 bzw. Gl. 3.34 angegeben. Die Bandbreiten der Laserlinien liegen im Bereich 10^{-5} bis 10^{-2} nm.

Der Anstieg der Wellenlänge des dominierenden Modes wird durch die Erwärmung des aktiven Mediums bewirkt. Es gibt zwei Ursachen, die sich überlagern:

□ Der Bandabstand W_G verkleinert sich mit der Temperatur (Bild 4.10). Für GaAs ergibt dies einen mittleren Anstieg der Wellenlänge von ca. 0,24 nm/K.
□ Der Brechungsindex $n(T)$ steigt mit der Temperatur. Für GaAs ist $dn/dT = 4 \cdot 10^{-4}\ K^{-1}$. Daraus folgt für einen vorgegebenen Mode eine Zunahme von $d\lambda/dT = 0,1$ nm/K. Die Temperaturabhängigkeit der Resonatorlänge L kann vernachlässigt werden.

Bild 4.24 zeigt schematisch für GaAs die Verschiebung der Verstärkungskurve für eine Temperaturerhöhung um 4 K, also von T_0 auf $(T_0 + 4\ K)$. Das Maximum der Verstärkungs-

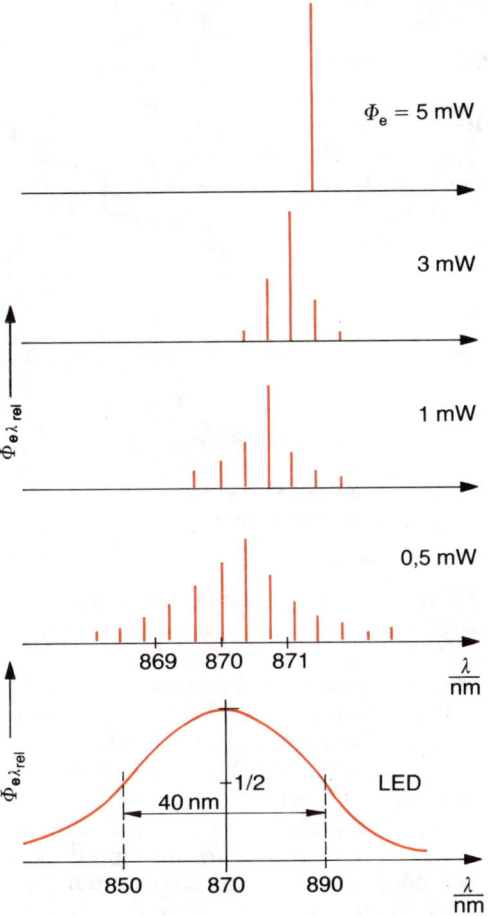

Bild 4.23 Verschiebung des Spektrums und Unterdrückung der Nebenmoden mit steigender Ausgangsleistung Φ_e.
Zum Verleich das breite Spektrum einer Lumineszenzdiode (LED)

Bild 4.24
Verschiebung der Verstärkungskurve V_1 und Verschiebung eines longitudinalen Modes bei einer Temperaturerhöhung

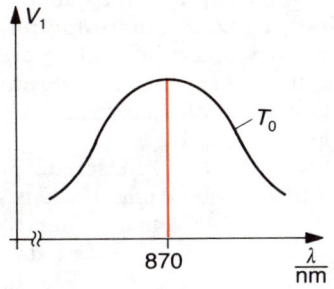

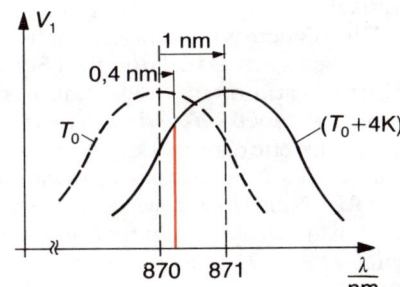

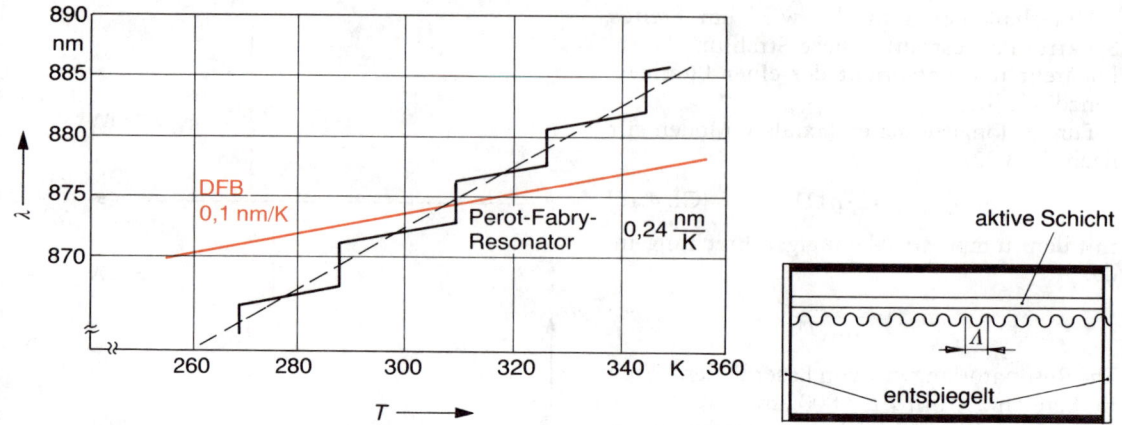

Bild 4.25   Temperaturdrift der Emissionswellenlänge und Modensprünge bei einem Perot-
Fabry-Resonator. Der DFB-Laser zeigt wesentlich geringeren Temperaturdrift.

Bild 4.26   Laserdiode mit verteilter Rückkopplung (DFB-Laser)

kurve verschiebt sich daher um 1 nm. Der
anfänglich im Maximum liegende dominie-
rende Mode mit dem Modenparameter q_0 verschiebt sich wegen der Brechungsindexänderung um 0,4 nm. Dieser liegt jetzt 0,6 nm
neben dem Maximum der Verstärkungskurve.
Da durch die immer vorhandenen spontanen
Emissionen alle longitudinalen Moden, die innerhalb der Verstärkungskurve liegen, laufend
angestoßen werden, wird irgendwann die do-
minierende Wellenlänge in den nächsten, gün-
stigeren Mode nahe des Verstärkungsmaxi-
mums mit Modenparameter $(q_0 - 1)$ springen.
Dies bedeutet einen Sprung zu einer größeren
Wellenlänge.

Bild 4.25 zeigt schematisch die mittlere
Temperaturdrift und die Modensprünge, wie
sie bei einer Diode mit Perot-Fabry-Resonator
auftreten.

Die Modensprünge lassen sich vermeiden,
wenn man den Oszillator zum Schwingen in
einem bestimmten Mode mit bestimmtem
Modenparameter q_0 zwingt. Dies ist möglich,
wenn anstelle der Rückkopplung über die End-
spiegel des Perot-Fabry-Resonators eine über
die Resonatorlänge L verteilte Rückkopplung
eingebaut wird (*distributed feed back*, DFB),
wie in Bild 4.26 gezeigt wird.

Entsprechend der Periodizität des Wellenfeldes des gewünschten longitudinalen Modes
mit q_0 wird eine Gitterstruktur (z. B. in bezug
auf den Brechungsindex oder Querschnitt des
Wellenfeldes) eingebaut. Dies hat eine Peri-
odenlänge Λ, die der halben Wellenlänge λ im
Halbleiter entspricht. Dadurch erfolgt längs
der gesamten Resonatorlänge an jedem Struk-
turelement eine phasenrichtige Rückkopplung. Die Endflächen müssen entspiegelt werden, damit eine eindeutige Resonanzfrequenz
vorliegt.

Bei einem DFB-Laser tritt dann nur noch die
durch den Brechungsindex bedingte Temperaturabhängigkeit auf (Bild 4.25).

Regelung von Ausgangsleistung und Wellenlänge bei einer Laserdiode

Zur Regelung der optischen Ausgangsleistung
wird eine Monitordiode am rückwärtigen
Spiegel der LD eingebaut. Diese gibt ein der
Ausgangsleistung proportionales Signal ab, das
zur Regelung des Injektionsstromes dient (Bild
4.27).

Für interferenzoptische Meßverfahren ist
eine Wellenlängenstabilisierung erforderlich.
Zur Vorstabilisierung muß die Temperatur so
gewählt werden, daß im Regelbereich von ca.
0,1 K keine Modensprünge auftreten.

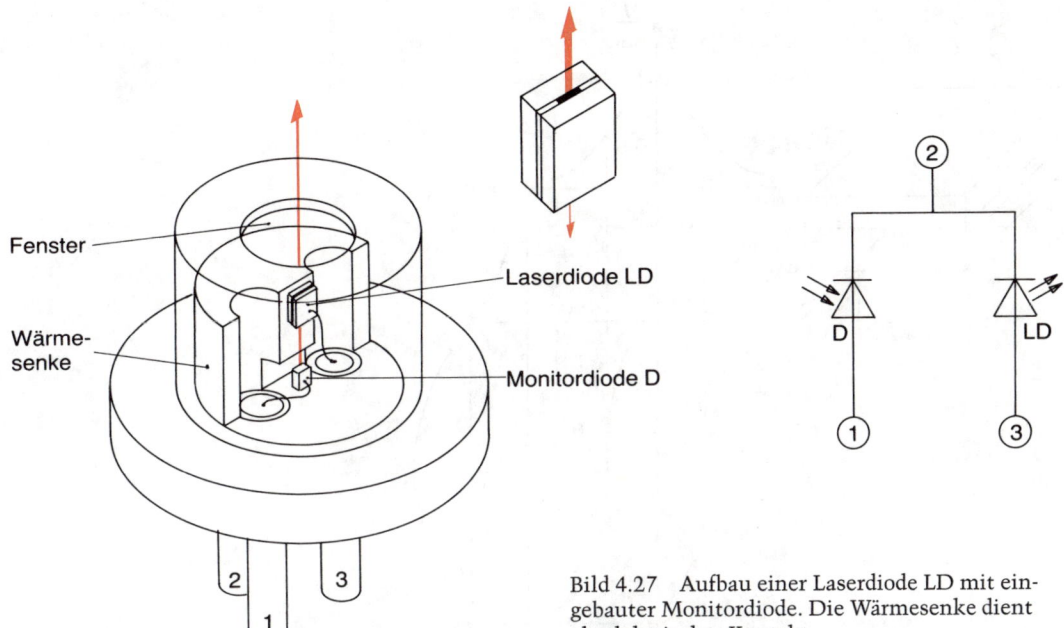

Bild 4.27   Aufbau einer Laserdiode LD mit eingebauter Monitordiode. Die Wärmesenke dient als elektrischer Kontakt.

Die eigentliche Wellenlängen- bzw. Frequenzstabilisierung muß durch Vergleich mit einer externen Referenzfrequenz erfolgen. Für die Laserinterferometrie wird eine Frequenzstabilität von mindestens $\Delta f/f = \Delta\lambda/\lambda = 10^{-7}$ gefordert. Dies bedeutet eine Auflösung der Temperaturregelung für die Laserdiodentemperatur von 1 mK. An das Stromversorgungsgerät von Laserdioden werden also hohe Anforderungen gestellt.

Polarisation der LD-Strahlung

Eine Laserdiode emittiert oberhalb der Schwelle linear polarisiertes Licht. Die Polarisationsrichtung (E-Vektor) liegt parallel zur aktiven Zone (lateral). Die neben der Laserstrahlung noch spontan emittierte Strahlung ist nicht polarisiert. Ihr Anteil nimmt mit steigender Strahlungsleistung der Laserdiode ab, so daß der Polarisationsgrad steigt (Bild 4.28).

Bild 4.28   Polarisation der Strahlung einer LD
a) Lage der Polarisationsrichtung
b) Polarisationsgrad P als Funktion der Ausgangsleistung Φ_e

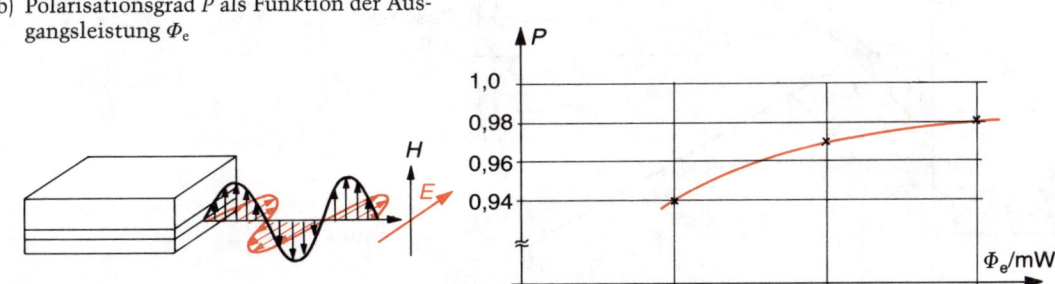

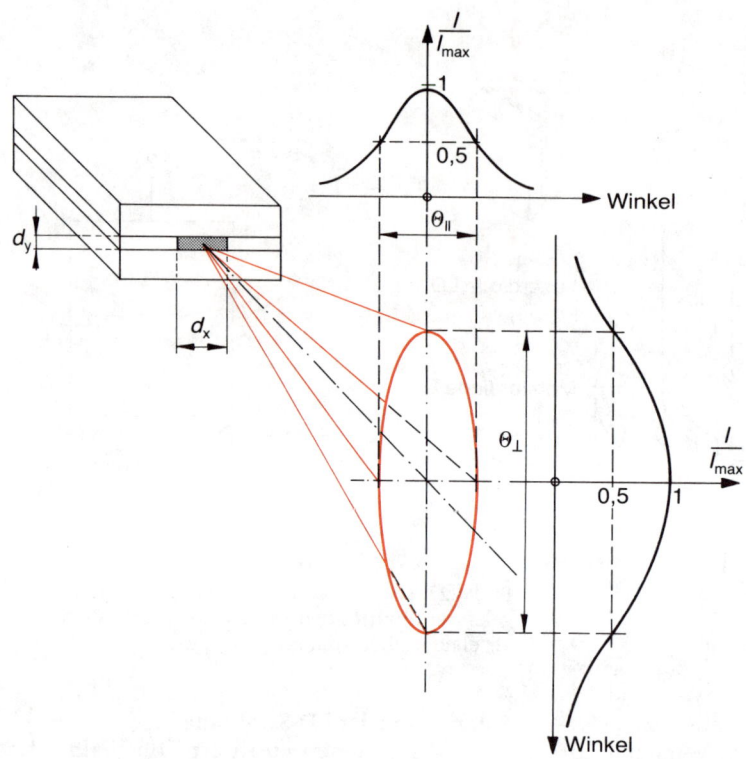

Bild 4.29 Strahldivergenz senkrecht und parallel zur Ebene der aktiven Zone

Bild 4.30 Astigmatismus; die Krümmungsradien der Wellenfront senkrecht und parallel zur aktiven Zone sind verschieden.
Indexgeführte LD: $\Delta z \cong 5\ \mu m$
Gewinngeführte LD: Δz bis zu 50 μm

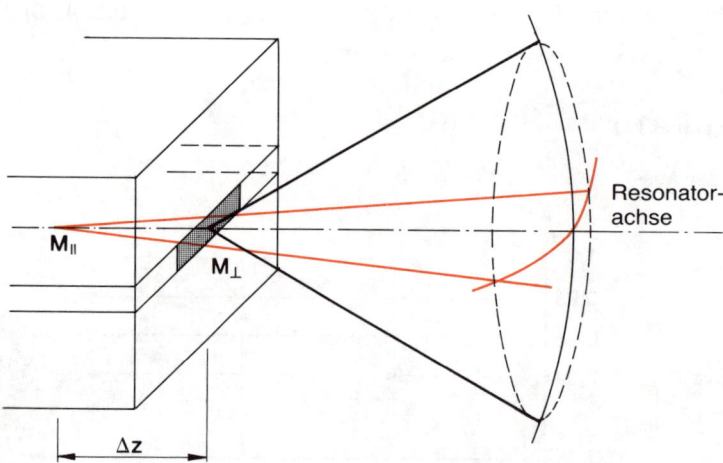

Strahlqualität

Wegen der kleinen emittierenden Fläche (lateral: 6 μm $< d_\parallel <$ 100 μm) und transversal: 0,15 μm $< d_\perp <$ 1 μm) sind infolge der Beugung große Öffnungswinkel zu erwarten. Die Halbwertsbreiten der Divergenzwinkel $\Theta_\parallel$ und $\Theta_\perp$ können – je nach Bauart der Laserdiode – Werte bis zu 20° bzw. 60° erreichen (Bild 4.29).

Die abgestrahlte Welle ist keine Kugelwelle. Die Krümmungsmittelpunkte $M_\perp$ und $M_\parallel$ der Wellenfronten senkrecht und parallel zur aktiven Zone fallen nicht zusammen. $M_\perp$ liegt in der Austrittsfläche der LD (Spiegelebene) (Bild 4.30). In der Ebene parallel zur aktiven Zone liegt der Krümmungsmittelpunkt $M_\parallel$ ca. 5 μm (für indexgeführte LD) und bis zu 50 μm (für gewinngeführte LD) hinter der Spiegelebene. Diese unterschiedlichen Krümmungen in zwei zueinander senkrechten Ebenen bezeichnen wir als Astigmatismus. Mit Hilfe einer Zylinderlinse läßt sich dieser korrigieren.

Indexgeführte LD emittieren einen Grundmode. Wegen der unterschiedlichen Divergenz ($\Theta_\parallel$ und $\Theta_\perp$) hat die Leistungsdichteverteilung in den beiden Ebenen unterschiedlich breite Gauß-Verteilungen der Leistungsdichte. Nach Abschnitt 3.7.3 können wir schreiben:

$$S_\parallel = S_p = S_0 \exp\{-2\,(r/w_p)^2\}$$

und

$$S_\perp = S_s = S_0 \exp\{-2\,(r/w_s)^2\} \quad \text{(Gl. 4.17)}$$

w_p und w_s sind die Radien im elliptischen Strahlquerschnitt, bei denen die Leistungsdichte $1/e^2$ des Maximalwertes S_0 ist.

Diese unterschiedliche Divergenz kann mit einem anamorphotischen Prismenpaar beseitigt werden. Bild 4.31 zeigt eine Anordnung der Erzeugung von ebenen bzw. Kugelwellen bei einer Laserdiode, wie sie bei meßtechnischen Anwendungen, z.B. bei der Interferometrie, meist gefordert werden.

Anwendungen der Laserdioden

Aufgrund der kleinen Abmessungen, der einfachen Ansteuerbarkeit und Modulierbarkeit und der relativ hohen Leistung (bis zu mehreren Watt) und gutem Leistungswirkungsgrad (20% bis 25%) für die Umwandlung von elektrischer in optische Leistung gibt es eine schnell steigende Anzahl von Einsatzmöglichkeiten:

☐ Optische Nachrichtentechnik, da die Strahlung sehr gut modulierbar (bis in GHz-Bereich) und leicht in Glasfasern einkoppelbar ist. Wegen der geringen Dispersion von Fasern bei der Wellenlänge 1,3 μm werden dort InGaAsP-LD angewendet.

☐ Laserdrucker

☐ Pumplichtquelle für den YAG-Laser. Man erhält bessere Wirkungsgrade als mit herkömmlichen Pumplichtquellen, da die Pumpwellenlänge besser dem YAG-Absorptionsspektrum angepaßt werden kann.

Lineare Laserdiodenarrays mit Strahlungsleistungen bis zu 50 W können realisiert werden.

☐ Interferometer-Lichtquelle. Dazu sind aber eine gute Wellenfrontqualität und eine hohe Frequenzstabilität erforderlich.

☐ Lichtquelle im CD-Player

Bild 4.31 Aufbau zur Korrektur des Astigmatismus und zur Beseitigung der unterschiedlichen Divergenz (elliptischer Querschnitt des Strahls)

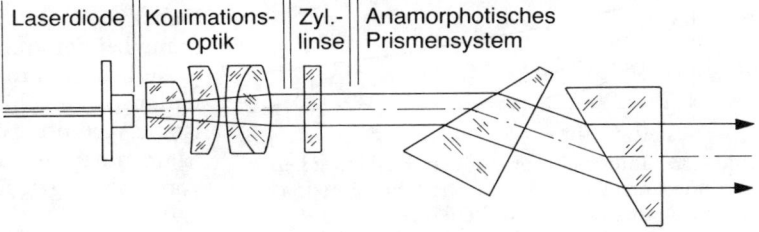

Laserdiode | Kollimationsoptik | Zyl.-linse | Anamorphotisches Prismensystem

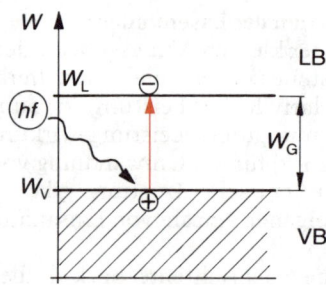

Bild 4.32 Innerer Fotoeffekt. Erzeugung eines Elektronen-Loch-Paares

4.5 Strahlungsempfänger mit Sperrschicht

4.5.1 Absorption von Lichtquanten

Beim inneren Fotoeffekt durch Absorption eines Photons wird ein Elektronen-Loch-Paar erzeugt. Dazu muß die Photonenenergie $hf \geqq W_G$ sein (Bild 4.32).

Beim Eindringen eines Lichtstrahls in einen Halbleiter nimmt die Intensität (entspricht der Photonendichte) exponentiell nach Gl. 4.18 ab (Bild 4.33). Kurzwellige Strahlung (UV-Bereich) hat eine sehr geringe Eindringtiefe d_α. Zur langwelligen Absorptionsgrenze

$$\lambda_G = h\,c_{Vak}/\,W_G$$

hin geht die Absorption gegen Null.

$$I(z) = I_0\,e^{-a(\lambda)z} \qquad \text{(Gl. 4.18)}$$

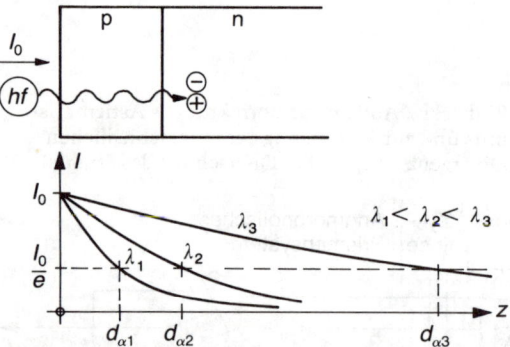

Bild 4.33 Intensitätsabnahme im Halbleiter bei verschiedenen Wellenlängen. Die Eindringtiefen wachsen mit steigender Wellenlänge

$a(z)$ ist der Absorptionskoeffizient, und dessen Kehrwert $d_a = a^{-1}$ entspricht etwa der Eindringtiefe der Photonen bei λ.

Der Absorptionskoeffizient $a(\lambda)$ ist in Bild 4.34 dargestellt.

4.5.2 pn-Fotodiode

Die pn-Fotodiode (Schaltungssymbol ⎯◁⎯) kann als Fotodiode im Diodenbetrieb durch Anlegen einer Spannung in Sperrpolung oder als Fotoelement (ohne Vorspannung) betrieben werden.

Fotodiode

Bild 4.35 a zeigt einen prinzipiellen Aufbau und den Bandverlauf im pn-Übergang bei angelegter Sperrspannung $U < 0$. Die hochdotierte p^+-Schicht ist sehr dünn (einige µm), damit die kurzwellige Strahlung noch in die RL-Zone gelangen kann. Die langwellige Strahlung erreicht eine größere Eindringtiefe bis hinter die RL-Zone. Die in der RL-Zone erzeugten Ladungsträgerpaare werden durch das innere elektrische Feld getrennt und erzeugen den Fotostrom I_{ph} (Bild 4.35 b).

Die Ladungsträgerpaare, die in den neutralen p- und n-Gebieten gebildet werden, können soweit zu I_{Ph} beitragen, wie die jeweiligen Minoritätsträger in die RL-Zone diffundieren können. Die Einzugsbereiche liegen in der Größenordnung der Diffusionslängen L_p und L_n.

Der *Quantenwirkungsgrad* $\eta_Q(\lambda)$ wird durch den Quotienten aus Anzahl der erzeugten Elektronen-Loch-Paare und der Anzahl der absorbierten Lichtquanten hf gebildet:

$$\eta_Q(\lambda) = \frac{I_{Ph}/e}{\Phi_e(\lambda)/hf} = \frac{I_{Ph}\,hf}{e\,\Phi_e(\lambda)} \qquad \text{(Gl. 4.19)}$$

Dabei ist $\Phi_e(\lambda)$ die absorbierte Strahlungsleistung bei der Wellenlänge λ.

Weil die Photonen der verschiedenen Wellenlängen verschiedene Eindringtiefen haben, ist die Verteilung der erzeugten Ladungsträgerpaare innerhalb und außerhalb der RL-Zone von λ abhängig. Deshalb ist η_Q von λ abhängig.

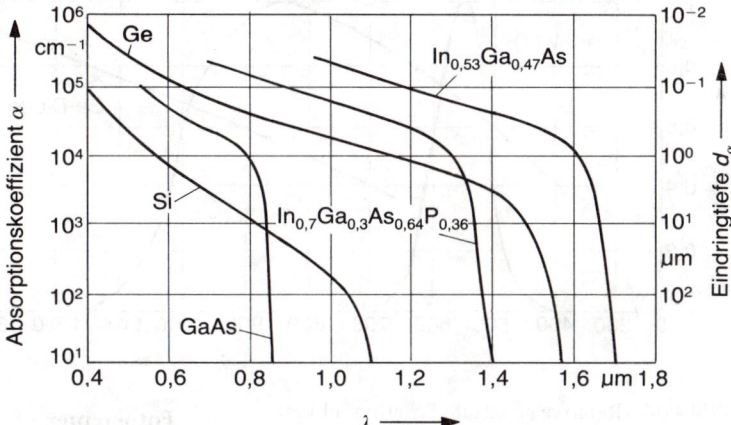

Die spektrale Empfindlichkeit $s(\lambda)$ ergibt sich aus

$$s(\lambda) = \frac{I_{Ph}}{\Phi_e(\lambda)} = \eta_Q(\lambda)\frac{e}{hf} = s_{max}\,s_{rel}(\lambda) \quad (Gl.\ 4.20)$$

Bild 4.36 zeigt die relative spektrale Empfindlichkeit für verschiedene Detektoren.

Für den Fotostrom gilt:

$$I_{Ph} = s(\lambda)\,\Phi_e(\lambda) \qquad (Gl.\ 4.21)$$

Der Gesamtstrom I_D der Fotodiode setzt sich aus dem Diodenstrom (Gl. 4.9) und dem Fotostrom zusammen:

$$I_D = I_S(e^{eU/k_BT} - 1) - I_{Ph} \qquad (Gl.\ 4.22)$$

Das Kennlinienbild für verschiedene Bestrahlungsstärken $E_e = \Phi_e(\lambda)/A$ zeigt Bild 4.37.

Die Dunkellinie ($E_e = 0$) ist die Diodenkennlinie (Bild 4.15). Der noch fließende Dunkelstrom entspricht für große Sperrspannung dem Sperrsättigungsstrom I_S. Der Kurvenverlauf im III. Quadranten gilt für den Fotodiodenbetrieb.

Bild 4.35
a) pn-Fotodiode
b) Bandverlauf bei Sperrpolung. Die Ladungsträgerpaare werden in der RL-Zone getrennt. Minoritätsträger, die innerhalb der Diffusionslängen L_n bzw. L_p erzeugt werden, können in die Raumladungszone gelangen und somit zum Fotostrom beitragen.

Bild 4.34   Absorptionskoeffizient $a(\lambda)$ und Eindringtiefe $d_a = a^{-1}$ als Funktion der Wellenlänge von verschiedenen Halbleitern [nach 4.4]

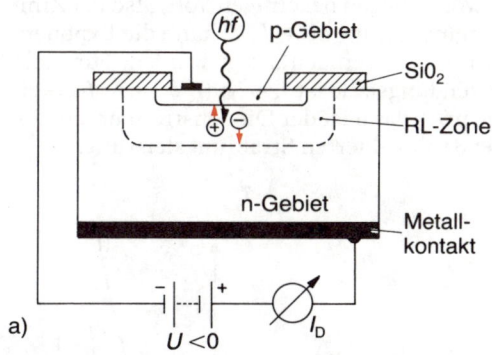

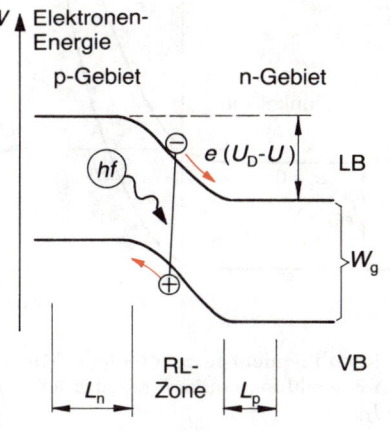

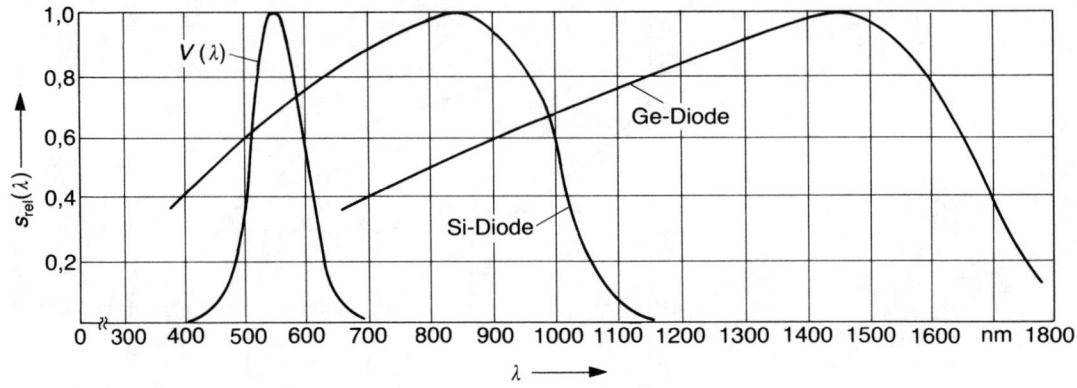

Bild 4.36   Relative spektrale Empfindlichkeit $s_{rel}(\lambda)$ einer Si-Fotodiode und einer Ge-Fotodiode im Vergleich zur Empfindlichkeit $V(\lambda)$ des menschlichen Auges

Für genügend große Sperrspannungen (übliche Werte liegen bei einigen Volt, also bei Zimmertemperatur $-eU \gg k_B T$) kann die Exponentialfunktion vernachlässigt werden. Für viele Anwendungsfälle ist $I_s \ll I_{Ph}$ ($I_s \cong 1$ nA, $I_{Ph} \cong$ einige mA), dann ist der Diodenstrom proportional zur absorbierten Strahlungsleistung.

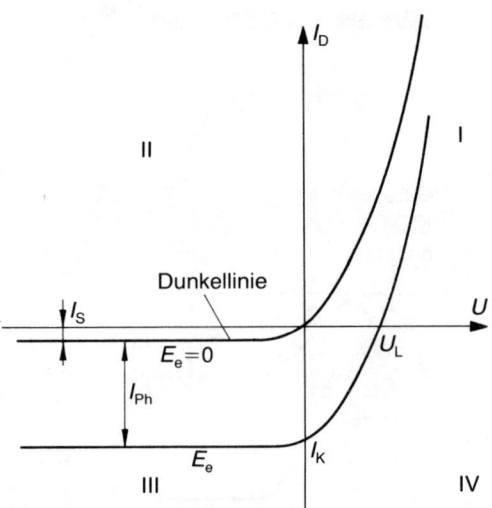

Bild 4.37   Kennlinienfeld einer Fotodiode. Mit wachsender Bestrahlungsstärke E_e wächst der Fotostrom I_{Ph}.

Fotoelement
Beim Fotoelement ist die äußere Spannung $U=0$ (Bild 4.35). Da im pn-Übergang auch beim thermischen Gleichgewicht ein elektrisches Feld aufgebaut wird (Bild 4.12), werden auch hier die Ladungsträgerpaare getrennt und damit ein Fotostrom I_{Ph} erzeugt. Der Kurzschlußstrom (nach Gl. 4.21, 4.22)

$$I_K = I_{Ph} = s(\lambda)\,\Phi_e(\lambda)$$

ist der absorbierten Strahlungsleistung proportional (Bild 4.38).

Bei unbelastetem Fotoelement ($I_D=0$) ergibt sich nach Gl. 4.22 die Leerlaufspannung U_L (Bild 4.38)

$$U_L = \frac{k_B T}{e} - \ln\left(\frac{I_{Ph}}{I_s} - 1\right) \quad \text{(Gl. 4.23)}$$

4.5.3 PIN-Fotodioden

Diese unterscheiden sich von den normalen Fotodioden dadurch, daß sie zwischen der sehr dünnen p^+-Schicht und der n-Schicht eine dickere (3 µm bis 1 000 µm) Schicht aus reinem, d. h. aus nichtdotiertem eigenleitenden (englisch: intrinsic) Halbleitermaterial enthalten (Bild 4.39).

PIN ist die Abkürzung für die Reihenfolge der Schichten = **p**ositiv-**i**ntrinsic-**n**egativ. Durch die sehr hochohmige Intrinsic-Schicht ist der Dunkelstrom (Sperrstrom) besonders gering.

Das Volumen, in dem die Ladungsträger gesammelt und getrennt werden, ist viel größer

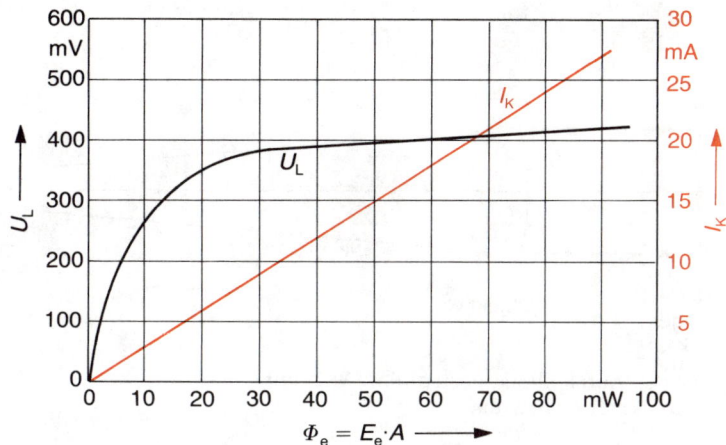

Bild 4.38
Leerlaufspannung U_L und
Kurzschlußstrom I_K eines
Si-Fotoelements

als bei der pn-Fotodiode. Dadurch wird eine höhere Quantenausbeute erreicht, insbesondere auch bei größeren Wellenlängen mit geringem Absorptionskoeffizienten.

Die angelegte Sperrspannung fällt im wesentlichen in der Intrinsic-Schicht ab. Die hauptsächlich in dieser Schicht durch den inneren Fotoeffekt erzeugten Ladungsträger fließen schnell ab. Dadurch erreicht man bei der PIN-Diode eine sehr kurze Schaltzeit (< 1 ns, d.h. Grenzfrequenzen im GHz-Bereich), die von der Dicke der i-Schicht abhängt. Außerdem lassen sich wegen des sehr geringen Dunkelstromes auch noch sehr kleine Bestrahlungsstärken nachweisen.

4.5.4 Anwendungsbeispiele

Mit Hilfe von **p**ositions-**s**ensitiven **D**etektoren (PSD) lassen sich berührungslos optische Positionsbestimmungen durchführen.

4.5.4.1 Lateraleffekt-Diode

Eine längliche einachsige planare PIN-Fotodiode der Länge L hat die Anschlüsse A, B, M (Bild 4.40). Die äußere Spannung U ist in Sperrrichtung gepolt. Die p- und n-Schichten haben einen sehr konstanten Flächenwiderstand. Zwischen der p- und n-Schicht herrscht also ein homogenes elektrisches Feld.

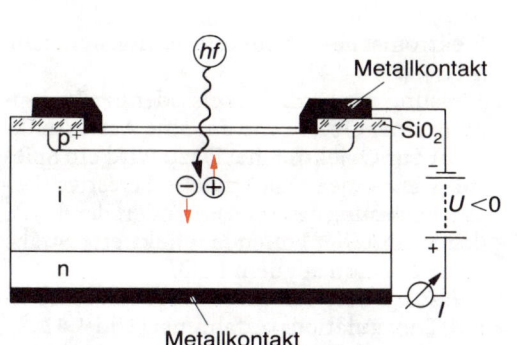

Bild 4.39 Aufbau einer PIN-Fotodiode

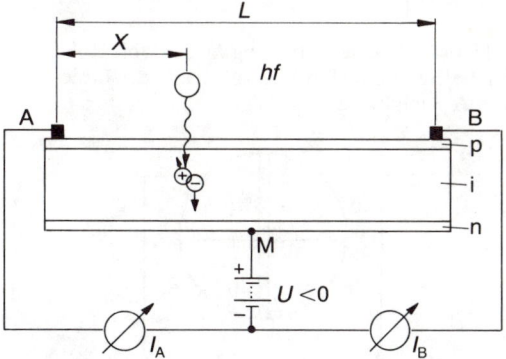

Bild 4.40 Meßanordnung mit einer Lateraleffekt-Diode

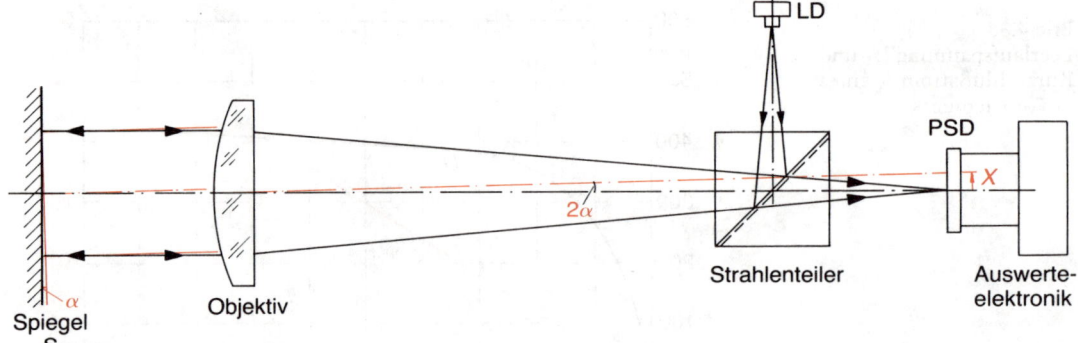

Bild 4.41   Autokollimationsfernrohr (AKF) mit elektronischer Auswertung

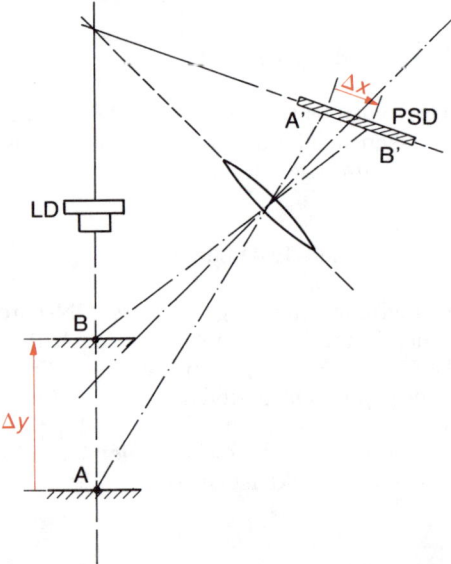

Bild 4.42   Die Verschiebung Δy der Objektoberfläche ergibt eine Positionsänderung des Bildes von A' nach B' auf dem PSD.

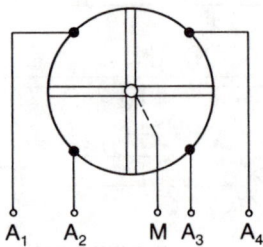

Bild 4.43   Quadranten-Fotodiode

Ein auf die Fotodiode am Ort x auftreffender Lichtstrahl erzeugt am Punkt des Lichteinfalls einen Fotostrom I_{Ph}. Dieser wird aufgeteilt auf die Elektroden A und B entsprechend Position x (analog zum Potentiometer). Die gesamte elektrische Anordnung entspricht einer Brükkenschaltung. Die Position x des auftreffenden Lichtstrahls ergibt sich aus den Strömen I_A und I_B:

$$x = \frac{I_B}{I_A + I_B} L = \frac{I_B}{I_{Ph}} L \qquad \text{(Gl. 4.24)}$$

Bei einer flächenhaften Intensitätsverteilung entspricht die gemessene Position x der Lage des «Schwerpunkts» der Intensitätsverteilung. Fremdlicht führt zu Fehlern.

Bei sehr guter Fokussierung eines Laserstrahls ohne Störlicht kann (nach Herstellerangaben) die Ortsauflösung etwa 1 µm betragen.

Anwendungsbeispiele von Lateraleffektdioden

☐ Elektronisches Autokollimationsfernrohr (AKF): (Bild 4.41)
Messung des Drehwinkels oder der Verkippung einer Oberfläche um eine Achse senkrecht zur Objektfläche. Dazu wird ein Spiegel S auf einer Objektfläche befestigt. Bei einer Drehung des Spiegels ändert der durch den Strahlteiler laufende reflektierte Strahl seine Position auf dem PSD.

☐ Messung eines Verschiebewegs mit Hilfe eines Triangulationsverfahrens: (Bild 4.42)
Eine Objektfläche wird mit einem gebündelten Lichtstrahl beleuchtet. Eine Abbildungsoptik bildet den Lichtfleck auf einem

PSD ab. Die Verschiebung Δy der Objektfläche ergibt eine entsprechend Bildverschiebung Δx auf dem PSD.

4.5.4.2 Quadranten-Fotodiode

Hier sind 4 gleiche sektorförmige Fotodioden auf einem Substrat. Die Lage eines auftreffenden Lichtstrahls kann aus den Fotoströmen I_1, I_2, I_3, I_4 ermittelt werden (Bild 4.43).

Anwendungsbeispiel:
Ermittlung des Fokusfehlers bei einer Compact-Disk (Bild 4.44).
   Die Strahlung der LD geht durch den Polarisations-Strahlenteiler T, durch eine $\lambda/4$-Platte und wird dann durch das Linsensystem L_1 (das aus sphärischen zentrierten Linsen besteht) auf der CD in A fokussiert. Das Licht wird entsprechend der digitalen Information (Pits und Pitpausen) reflektiert. Es durchläuft auf dem Rückweg die $\lambda/4$-Platte nochmals. Dadurch ist die Polarisationsrichtung um 90° gedreht gegenüber der von der LD kommenden Strahlung. Der Polarisations-Strahlenteiler reflektiert somit die gesamte rücklaufende Strahlung zur Zylinderlinse L_2 und zur Quadranten-Fotodiode D.
   Ohne Zylinderlinse würde das Bild von A auf dem Detektor in C entstehen (Bild 4.44 b). Durch die Zylinderlinse wird das von A kommende Lichtbündel astigmatisch, so daß bei B und C zueinander senkrecht stehende Brennlinien entstehen. In der Mitte zwischen B und C ist der Bündelquerschnitt kreisrund. In dieser Ebene wird eine Quadranten-Fotodiode zentrisch zur Strahlachse eingebaut. Hier ist dann nach der elektronischen Auswertung die Differenz der Signale (das Fokusfehlersignal U_F) gleich Null (Bild 4.44 c).
   Wenn sich die CD in Lichtrichtung bewegt, (Höhenschlag), dann bewegen sich die astigmatischen Bilder B und C in derselben Richtung. Das Fehlersignal der Quadrantendiode entspricht dann nach Richtung und Betrag der Verschiebung der CD, d. h. der Defokussierung. Das optische System kann mit diesem Signal neu justiert werden.

Das Signal, das der digitalisierten Information auf der CD entspricht, ist aus der Summe der Signale von allen 4 Quadranten zu entnehmen.

4.5.5 Lawinen-(Avalanche-)Fotodiode

Der Aufbau der Avalanche-Fotodioden ist ähnlich zu den PIN-Fotodioden. Die durch die Photonen freigesetzten Ladungsträger erreichen im inneren elektrischen Feld längs ihrer freien Weglänge so hohe Geschwindigkeiten, daß sie beim Stoß Valenzbrücken aufbrechen. Durch diese Stoßionisationsprozesse werden Ladungsträger freigesetzt. Es ergibt sich eine lawinenartige Vervielfachung der Ladungsträger. Der Stromverstärkungsfaktor kann Werte bis 1 000 annehmen.

4.6 CCD-Kamera

CCD bedeutet **C**harge-**C**oupled **D**evice = ladungsgekoppelte Schaltung.
   CCD-Bildsensoren gibt es als Zeilen und als Flächensensoren. Die einzelnen aktiven Elemente – Pixel – haben je nach Bauart eine Größe von etwa 10 µm · 10 µm. Die Anzahl der Pixel eines CCD-Flächensensors kann z.B. 512×512 Pixel betragen. Durch eine Abbildungsoptik wird das Meßfeld oder das Prüfobjekt auf dem CCD-Sensor abgebildet. Während der Taktzeit werden – entsprechend der Bestrahlung der einzelnen Pixel durch den inneren Fotoeffekt – Ladungen erzeugt. Durch ein Schieberegister wird die Ladungsverteilung in bestimmter Taktfolge zeilenweise ausgelesen. Die Folge der Ladungsbilder einer Zeile entspricht dann der Verteilung der Bestrahlungsstärke in dieser Zeile. Diese Daten gehen zum Rechner und werden digitalisiert (z.B. in 256 Graustufen), so daß im Rechner jedem Pixel ein bestimmter digitalisierter Graustufenwert zugeordnet ist. Die Pixelgröße legt das räumliche Auflösungsvermögen fest.
   Das Prinzip soll an dem sog. «Drei-Phasen-CCD» beschrieben werden:
   Eine CCD-Zelle besteht aus 3 MOS-Kondensatorelementen. Ein MOS-Element (Bild

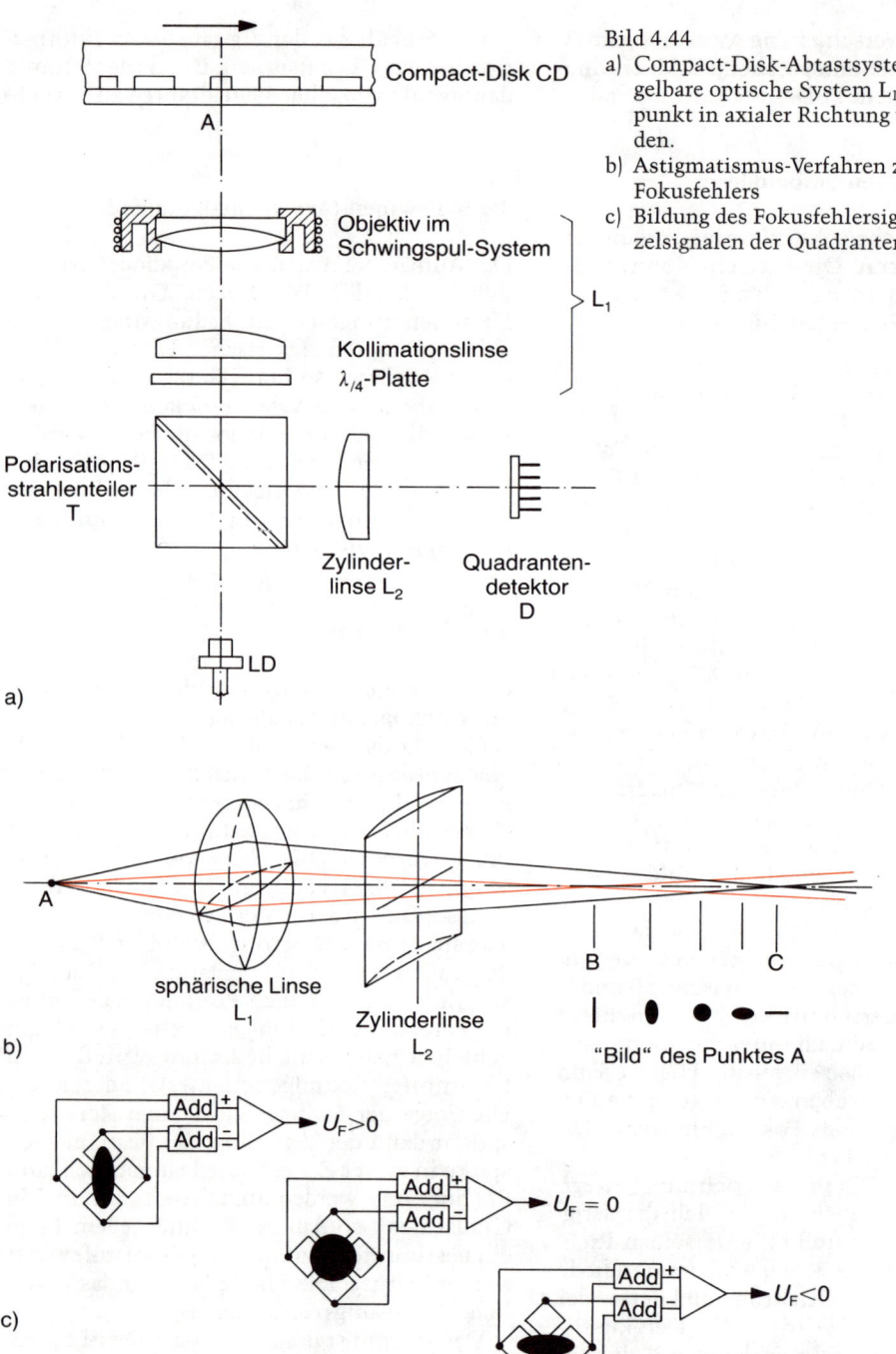

Compact-Disk CD

Objektiv im
Schwingspul-System

Kollimationslinse
$\lambda_{/4}$-Platte

Polarisations-
strahlenteiler
T

Zylinder-
linse L_2

Quadranten-
detektor
D

LD

a)

Bild 4.44
a) Compact-Disk-Abtastsystem. Durch das re-
gelbare optische System L_1 kann der Fokus-
punkt in axialer Richtung verschoben werden.
b) Astigmatismus-Verfahren zu Ermittlung des
Fokusfehlers
c) Bildung des Fokusfehlersignals aus den Ein-
zelsignalen der Quadranten-Fotodiode

A

sphärische Linse
L_1

Zylinderlinse
L_2

B   C

"Bild" des Punktes A

b)

Add +
Add =
$U_F > 0$

Add +
Add =
$U_F = 0$

Add +
Add =
$U_F < 0$

c)

4.45) ist ein Kondensator, der aus einer **M**etallelektrode, einer **O**xidschicht (SiO$_2$) als Isolator und aus (z. B. p-dotiertem) Siliziumsubstrat (**S**emiconductor) besteht.

Wird an die Metallelektrode gegenüber dem p-Si eine positive Spannung angelegt, dann werden die Majoritätsträger (in unserem Beispiel also Defektelektronen) verdrängt. In der Raumladungszone bleiben die ortsfesten negativ geladenen Akzeptoren zurück.

Je größer die Spannung U an der Metallelektrode, um so tiefer recht die negativ geladene RL-Zone. Es gilt für die Tiefe l_2:

$$l_2 = \sqrt{\frac{2\,\varepsilon_r\,U}{e\,N_A}} \qquad \text{(Gl. 4.25)}$$

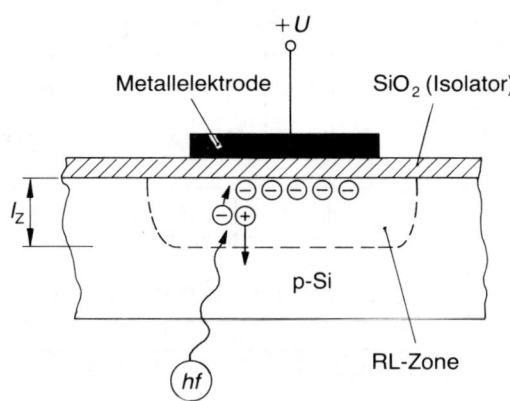

Bild 4.45   MOS-Kondensatorelement

Durch Einstrahlung von Photonen werden in der RL-Zone durch den inneren Fotoeffekt Elektronen-Loch-Paare erzeugt. Die Defektelektronen werden verdrängt. Die Elektronen können nicht rekombinieren, da die Majoritätsträger (hier Defektelektronen) in der RL-Zone fehlen. Die während der Integrationszeit (Bestrahlungsdauer mit Bestrahlungsstärke E_e) in jedem Element erzeugten Elektronen sind wegen des positiven Potentials an der Metallelektrode in einem Potentialtopf eingefangen.

Wegen der Metallelektroden erfolgt die optische Einkopplung, d. h. die Einstrahlung der Photonen, meistens von der den Metallelektroden gegenüberliegenden Seite. Damit die Photonen in die RL-Zone gelangen, muß das Substrat genügend dünn sein (typischer Wert 25 µm).

Die erzeugten Fotoladungen Q sind proportional zur Bestrahlungsstärke E_e jedes Elements. Die Ladungsverteilungen, die dem Verlauf von E_e längs einer Zeile entsprechen, werden zeilenweise mit bestimmter Taktfrequenz ausgelesen.

Die 3 Elektroden einer CCD-Zelle (z. B. Nr. 1, 2, 3) können entsprechend Bild 4.46 mit getrennten Spannungen U_A, U_B und U_C angesteuert werden. Die möglichen Spannungswerte sind $U_1 < U_2 < U_3$, womit die potentiellen Energien der Elektronen in der RL-Zone um $-|eU|$ abgesenkt werden können. Die Mindestspannung U_1 liegt immer an, damit die durch den inneren Fotoeffekt gebildeten Minoritätsträger gesammelt werden. Zur Verschiebung der Ladungspakete in den Elementen werden die Spannungswerte von U_A, U_B und U_C zeitlich versetzt an U_2 und U_3 angeschlossen.

Im folgenden wollen wir die Verschiebung des Ladungspakets Q_1 von Element 1 nach Element 2 verfolgen (Bild 4.46 b).

Im Zeitraum $t_1 < t < t_2$ befindet sich Q_1 im Potentialtopf bei Element 1. Es ist $U_A = U_2$.

Für $t_2 < t < t_3$ wird die Spannung $U_B = U_3$ gesetzt. Die Ladung Q_1 fließt in den tieferen Potentialtopf bei Element 2.

Im Zeitraum $t_3 < t < t_4$ wird $U_A = U_1$, und $U_B = U_2$ gesetzt. Damit ist die Ladung Q_1 von Element 1 nach 2 transportiert. Gleichzeitig wurde Q_4 nach Element 5 transportiert usw.

Durch entsprechende Schaltfolge für die Spannungen U_A, U_B und U_C kann die Ladungsverteilung einer Zeile ausgelesen werden.

Man benötigt die getrennte Ansteuerung des dritten Elements, um die Transportrichtung von A nach B festzulegen. Bei einer Zweiphasenansteuerung würde sonst im Zeitraum $t_2 < t < t_3$ die Ladung von Element 1 in beide Richtungen fließen.

Während der Auslesedauer einer Zeile entstehen durch die Photonen ebenfalls Ladungen. Diese können zu einem «Verschmierungseffekt» führen. Um dies zu vermeiden, muß die Auslesedauer einer Zeile kurz gegenüber der Integrationsdauer sein oder eine

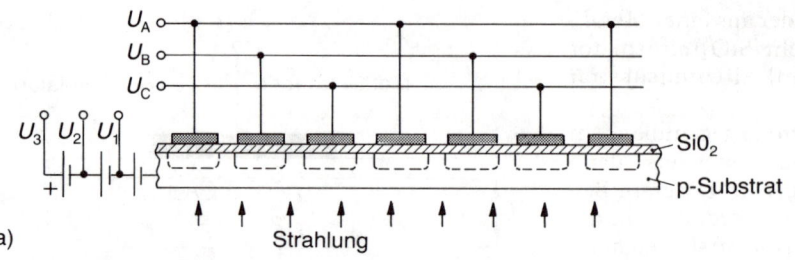

Bild 4.46
a) Schematische Darstellung einer CCD-Struktur mit p-leitendem Substrat
b) Ladungsverschiebung längs einer Zeile, indem die Potentialtöpfe für die Elektronen nacheinander abgesenkt werden

a)

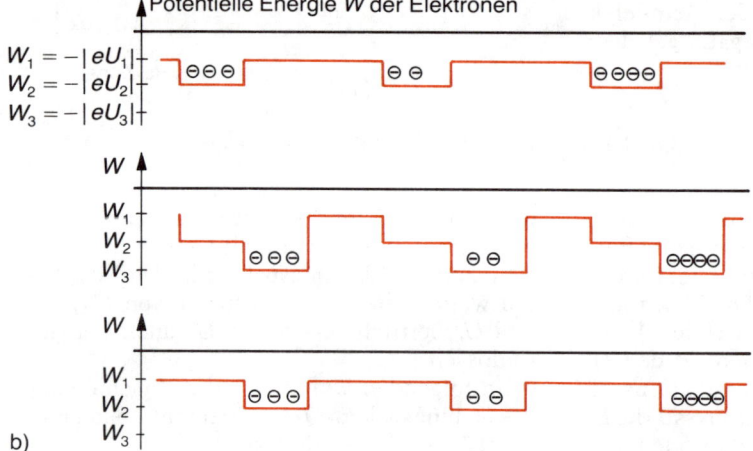

b)

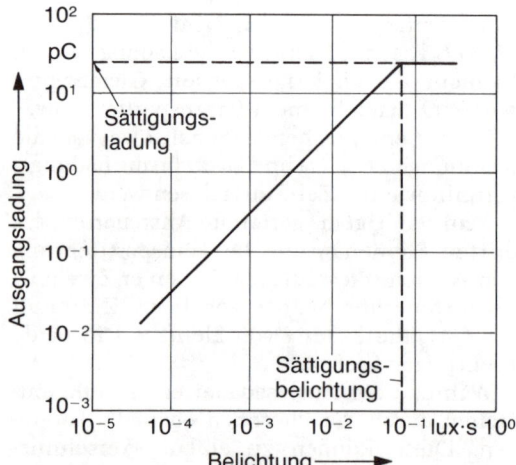

Bild 4.47   Ausgangsladung eines linearen CCDs als Funktion der Belichtung

Struktur realisiert werden, bei der Verschiebeelemente von den lichtempfindlichen Elementen getrennt sind.

Die ausgelesenen Ladungsverteilungen werden digitalisiert und vom Rechner verarbeitet.

Je nach Filterung und Verarbeitungsart kann damit Lage- und Formerkennung erfolgen, aber auch eine Verarbeitung von Interferenzlinienbildern oder Speckle-Mustern durchgeführt werden (z. B. können Doppelbelichtungs-Hologramme mit dem in Abschnitt 5.1.4.4 beschriebenen Phasenshift-Verfahren quantitativ ausgewertet werden.

CCD-Kameras sind – was den Sensor anbetrifft – verzerrungsfrei (im Gegensatz zu herkömmlichen Videokameras). Dadurch sind sie als Meßkameras gut geeignet. Sie stehen heute mit einer Gesamtpixelzahl bis zu $4 \cdot 10^6$ Pixel zur Verfügung. Sie sind unempfindlich gegen Überbelichtungen und Stöße und sind klein in den geometrischen Abmessungen.

Bild 4.47 zeigt als Beispiel eine Kennlinie (Ladungssumme als Funktion der Belichtung) eines linearen CCD-Sensors. Bei einem bestimmten Belichtungswert tritt Sättigung des Sensors ein.

In Verbindung mit der passenden Software des Rechners kann die CCD-Kamera auch zum Auge eines Roboters werden.

4.7 Übungsaufgaben

4.1: Um welchen Faktor erhöht sich der Sperrsättigungsstrom I_s bei einer Si-Diode, wenn bei $T = 300$ K die Temperatur um $\Delta T = 10$ K steigt?

4.2: Eine pn-Diode aus Si mit einem abrupten pn-Übergang hat die Dotierungen $N_A = 10^{16}\,1/cm^3$ und $N_D = 2 \cdot 10^{16}\,1/cm^3$. Die Temperatur sei $T = 300$ K.
a) Welche Majoritätsträgerdichten n_n und p_p liegen vor?
b) Wie groß sind die Minoritätsträgerdichten n_p und p_n?
c) Welche Dicke hat die Raumladungszone im thermischen Gleichgewicht?
d) Welche maximale innere Feldstärke E_m herrscht in der RL-Zone?

4.3: GaAs hat einen Bandabstand $W_G = 1{,}43$ eV für $T = 300$ K. Welche Wellenlänge λ emittiert eine GaAs-LD?

4.4: Die Bandbreite einer Multimode-Laserdiode hat die Größenordnung $\Delta\lambda_{1/2} = 4$ nm. Welcher Energiedifferenz entspricht dies bei $\lambda = 835$ nm?

4.5: Eine GaAs-Injektions-Laserdiode emittiert die Wellenlänge $\lambda = 850$ nm. Die Resonatorlänge beträgt $L = 500$ μm. Welchen Frequenz- und Wellenlängenabstand (Δf_{res} und $\Delta\lambda_{res}$) haben die longitudinalen Moden?

4.6: Welche Frequenzbandbreite $\Delta f_{1/2}$ hat eine Resonanzlinie einer LD mit $\lambda = 850$ nm, wenn die Halbwertsbreite $\Delta\lambda_{1/2} = 0{,}05$ nm ist?

4.7: Der mittlere Anstieg der Emissionswellenlänge einer InGaAsP-Laserdiode ($\lambda = 1{,}3$ μm) mit Perot-Fabry-Resonator beträgt 0,3 nm/K. Welcher Abnahme des Bandabstandes W_G pro 1 K entspricht dies?

4.8: GaAs zeigt einen temperaturabhängigen Brechungsindex mit $dn/dT = 4 \cdot 10^{-4}\,1/K$. Welche Zunahme von λ ist pro 1 K bei einem DFB-Laser zu erwarten? Es sei $\lambda = 850$ nm.

4.9: Welche Periode Λ muß die Struktur eines InGaAsP-DFB-Lasers haben, wenn der Brechungsindex $n = 3{,}3$ ist und die LD auf 1,3 μm eingestellt werden soll?

4.10: Die strahlende Fläche einer LD ($\lambda = 800$ nm) haben die Abmessungen $d_x = 10$ μm und $d_y = 1{,}5$ μm. Welche Größenordnung haben die Öffnungswinkel $\Theta_\parallel$ und $\Theta_\perp$?

4.11: Die abgestrahlte Welle einer LD zeigt eine astigmatische Differenz von $\Delta z = 40$ μm (Bild 4.30). Es soll eine Kugelwelle mit dem Zentrum $M_\parallel$ erzeugt werden.
a) Wie muß die Zylinderlinse angeordnet sein, d.h. wie liegt der wirksame Schnitt?
b) Welche Brennweite f' im wirksamen Schnitt benötigt die Zylinderlinse, wenn diese im Abstand $|a| = 3$ mm vor der Endfläche der LD angeordnet ist?

4.12: Eine Fotodiode aus Si mit abruptem pn-Übergang (Bild 4.33) und den Dotierungen $N_A = 10^{17}\,1/cm^3$ bzw. $N_D = 5 \cdot 10^{15}\,1/cm^3$ habe eine 20 μm dicke p-Schicht, durch die die Strahlung ($\lambda = 633$ nm) einfällt. Die Temperatur sei $T = 300$ K. Der Absorptionskoeffizient hat entsprechend Bild 4.34 den Wert $a(633$ nm$) = 4000\,cm^{-1}$.
Die Ladungsträgerpaare, die im Bereich der Diffusionslängen L_n und L_p erzeugt werden, tragen zum Fotostrom I_{Ph} bei. Welcher Bruchteil der einfallenden Strahlung wird in dem gesamten Einzugsgebiet absorbiert, wenn $L_n = 15$ μm und $L_p = 3$ μm ist?
Wieviel Ladungsträgerpaare werden pro Zeiteinheit erzeugt, wenn der Strahlquerschnitt $A = 1$ mm² und die Strahlungsintensität $I_0 = 1 mW/cm^2$ ist?

4.13: Eine Si-Fotodiode hat bei $\lambda = 850$ nm die maximale Empfindlichkeit $s_{max} = s(850$ nm$) = 0{,}5$ A/W und eine dem Bild 4.36 entsprechende relative spektrale Empfindlichkeit. Die bestrahlungsempfindliche Fläche ist $1{,}8 \cdot 3{,}2$ mm^2.

Welchen Kurzschlußstrom I_K liefert die als Fotoelement geschaltete Diode, wenn diese mit einer Bestrahlungsstärke $E_e = 10$ µW/cm^2 bei $\lambda = 633$ nm bestrahlt wird?

Welchen Quantenwirkungsgrad η_Q hat die Fotodiode bei $\lambda = 850$ nm?

4.14: Bei einem AKF, entsprechend Bild 4.41, soll die Verkippung a vom Spiegel S bestimmt werden. Die Brennweite des Objektivs sei $f' = 500$ mm, und die Lateraleffektdiode (PSD) hat eine Länge $L = 6$ mm. Welches Verhältnis I_B/I_{ges} ergibt sich für eine Verkippung von S um $a = 2'$ (Winkelminuten), wenn bei $a = 0$ der reflektierte Strahl auf die Mitte des PSD trifft?

5 Anwendungen in der Lasermeßtechnik

5.1 Holographie

5.1.1 Einleitung

Wir beleuchten ein Objekt, das eine rauhe Oberfläche besitzt, mit kohärentem Licht (Bild 5.1). Jeder Punkt P_i der Oberfläche wird zum Ausgangspunkt von Elementarwellen E_i (Huygens-Fresnelsches Prinzip). Durch Überlagerung der Elementarwellen aller Objektpunkte ergibt sich die Objektwelle Σ_0. Für Σ_0 schreiben wir:

$$E_0(x, y, z, t) =$$
$$\hat{E}_0(x, y, z) \exp \{j(\phi_0(x, y, z) - \omega t)\} \qquad \text{(Gl. 5.1)}$$

Dabei nennen wir $\hat{E}_0(x, y, z) \exp \{j(\Phi_0(x, y, z)\}$ die komplexe Amplitude.

Die Amplitude $\hat{E}_0(x, y, z)$ und insbesondere der Phasenanteil $\Phi_0(x, y, z)$, den wir im folgenden einfach als Phase bezeichnen, sind bei komplizierten Objektoberflächen auch komplizierte Funktionen der räumlichen Koordinaten x, y, z.

Bei der klassischen Fotografie wird ein Objekt mit einer Kamera (oder dem Auge) betrachtet. Die Objektwelle wird von einer Linse L verarbeitet (Bild 5.2). Die geometrische Optik berücksichtigt die Beugung nicht, so daß die einzelnen Objektpunkte P_i als Bildpunkte P_i' – im Rahmen der Tiefenschärfe – punktweise in der Bildebene abgebildet werden. Auf der Bildfläche entsteht eine Intensitätsverteilung I_1, I_2 usw., die den Amplitudenquadraten $|\hat{E}_1^2|$ der Elementarwellen entsprechen. Das Bild in der klassischen Fotografie enthält also keine Phaseninformation. Filmmaterial (und Netzhaut des Auges) sind jedoch auch nicht fähig, die Phasen $\Phi_0(x, y, z)$ zu registrieren.

Die klassische Fotografie registriert nur die Amplituden der Streuwellen der Objektpunkte.

Bild 5.1 Entstehung der Objektwelle Σ_0

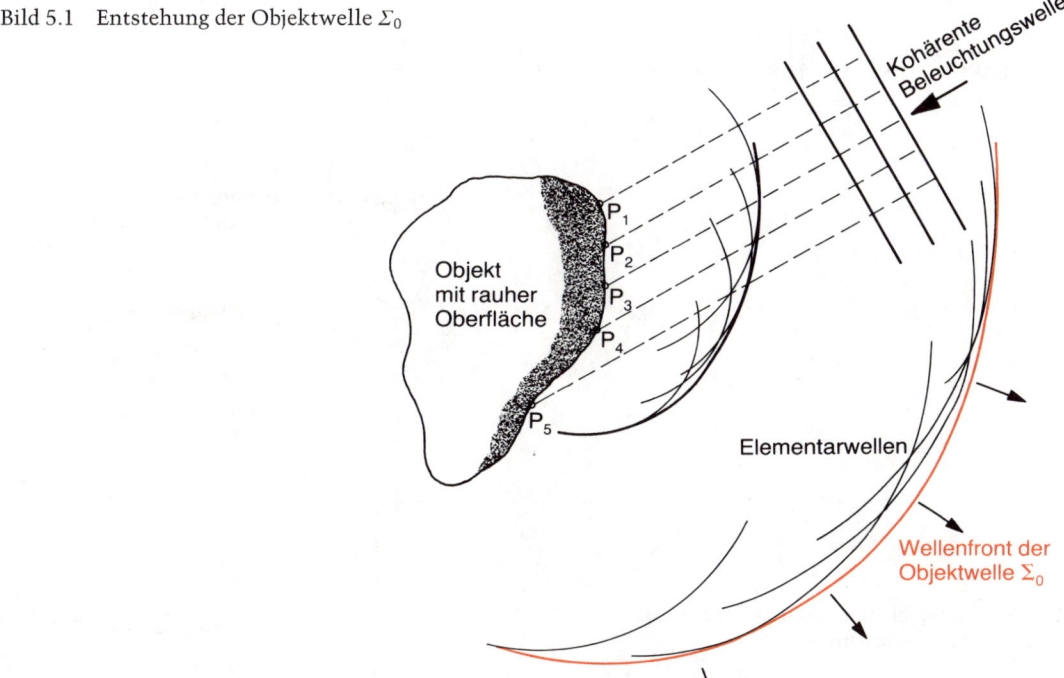

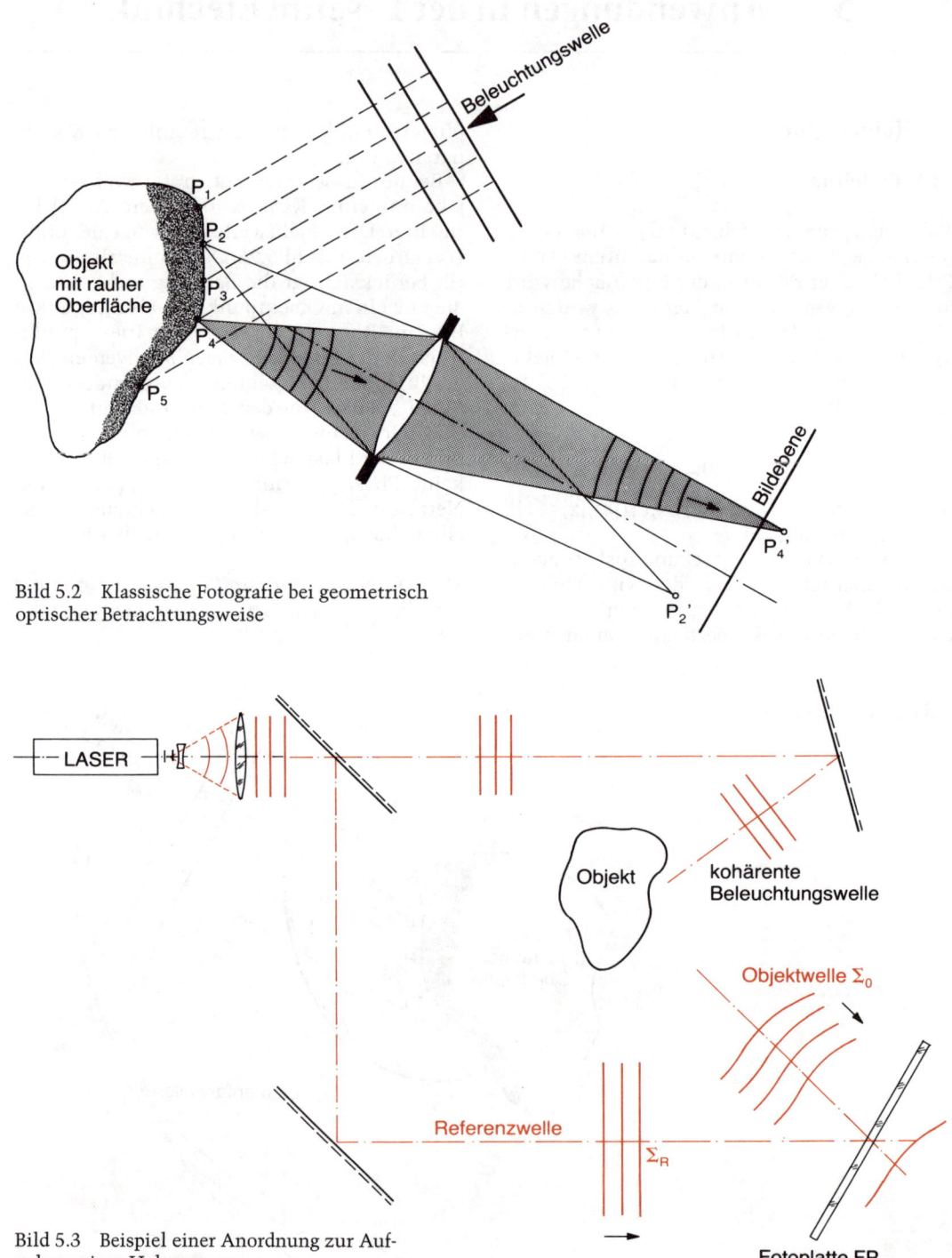

Bild 5.2   Klassische Fotografie bei geometrisch optischer Betrachtungsweise

Bild 5.3   Beispiel einer Anordnung zur Aufnahme eines Hologramms

Bei der *Holographie* wird die Objektwelle Σ_0 mit der komplexen Amplitude

$$E_0(x, y, z) = \hat{E}_0(x, y, z) \exp[j\,\Phi_0(x, y, z)]$$

(Gl. 5.2)

vollständig registriert (griechisch: holos = ganz, vollständig). Dies bedeutet, daß die Amplitudenfunktion und die Phasenfunktion im Hologramm so aufgezeichnet werden, daß man die *Objektwelle jederzeit in allen Einzelheiten rekonstruieren kann, auch ohne das Objekt.* Die Holographie wurde von D. GABOR (1948) erfunden.

5.1.2 Aufnahme eines einfachen Hologramms

Wir wählen als Aufnahmematerial eine Fotoplatte. Diese kann, wie wir wissen, nur Intensitätsverteilungen speichern (entsprechend der auftreffenden Bestrahlung = Strahlungsenergie pro Flächeneinheit = $H_e = (\Phi_e/A) \cdot \Delta t = E_e \cdot \Delta t$).

Um die Phasen $\Phi_0(x, y, z)$ der Objektwelle Σ_0 zu speichern, bringen wir diese mit einer Referenzwelle Σ_R zur Interferenz (Bild 5.3). Σ_R ist in der Regel eine Welle mit einfacher Form der Wellenfront (ebene Welle oder Kugelwelle). Da benachbarte Interferenzordnungen (z. B. konstruktive Interferenzen) eine Phasendifferenz $\Phi_0 - \Phi_R = 2\pi$ haben und die Referenzphase Φ_R als bekannt angesehen werden kann, ist durch die Interferenzen die Phase Φ_0 bis auf ein Vielfaches von 2π ebenfalls bekannt.

Die Fotoplatte FP wird mit dem Interferenzmuster belichtet. Die entwickelte Fotoplatte ist das **Hologramm,** das in codierter Form die Welle Σ_0 enthält.

Frage: Wie sieht das fotografisch fixierte Interferenzmuster (Hologramm) aus?

Für Σ_0 und Σ_R kann man schreiben:

$$E_0(x, y, z) = \hat{E}_0(x, y, z) \exp\{j\,\Phi_0(x, y, z)\}$$
$$E_R(x, y, z) = \hat{E}_R(x, y, z) \exp\{j\,\Phi_R(x, y, z)\}$$

(Gl. 5.3a)

Das Interferenzmuster kann dann formal durch folgende Beziehung beschrieben werden:

$$I \sim [\hat{E}_0\, e^{j\,\Phi_0} + \hat{E}_R\, e^{j\,\phi_R}] \cdot [E_0\, e^{-j\,\phi_0} + E_R\, e^{-j\,\phi_R}] =$$

$$I \sim (\hat{E}_0^2 + \hat{E}_R^2)\left[1 + \frac{2\,\hat{E}_0\,\hat{E}_R}{(\hat{E}_0^2 + \hat{E}_R^2)}\cos(\Phi_0 - \Phi_R)\right]$$

$$I = I_0\left[1 + K\cos(\Phi_0 - \Phi_R)\right]$$

$$= I_o\left[1 + K(x, y, z)\cos(\Phi(x, y, z)\right] \quad \text{(Gl. 5.3b)}$$

Hierbei ist I_0 die mittlere Intensität von einer räumlichen Interferenzperiode, K der Kontrast

Bild 5.4
a) Interferenzen bei einer ebenen Objektwelle mit einer ebenen Referenzwelle
b) Herleitung der Gleichung 5.4. Die Interferenzlinien liegen parallel zur Winkelhalbierenden der beiden Wellenausbreitungsrichtungen.

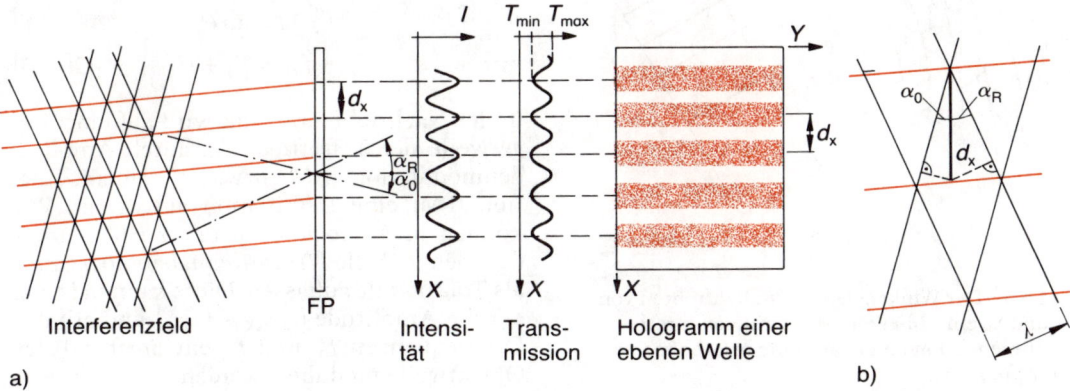

Interferenzfeld
FP
Intensität
Transmission
Hologramm einer ebenen Welle

a)

b)

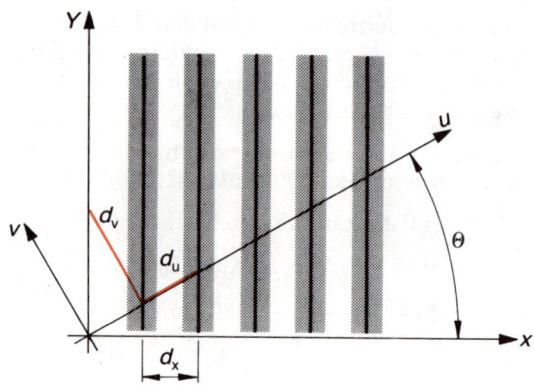

Bild 5.5 Ein ebenes Interferenzmuster ist durch zwei voneinander unabhängige Raumfrequenzen zu beschreiben.

und $\Phi(x, y, z)$ die Phasendifferenz der beiden interferierenden Wellen.

Σ_R sei eine ebene Welle. Zunächst sei auch Σ_0 eine ebene Welle. In Bild 5.4 treffen zwei ebene Wellen Σ_0 und Σ_R unter den Winkeln a_0 und a_R auf die Fotoplatte. Das Interferenzfeld ist in diesem Fall durch eine einzige Koordinate (x) zu beschreiben. Werden die Einfalls-

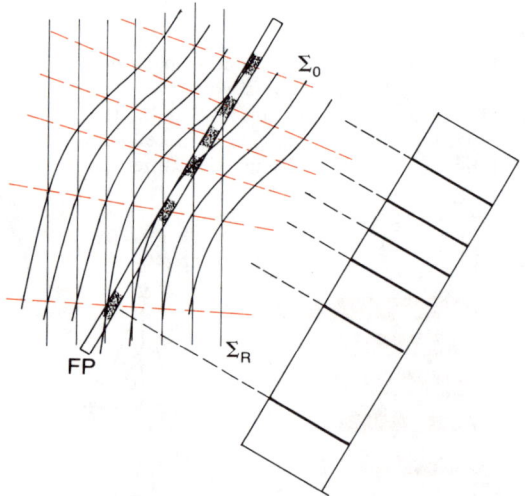

Bild 5.6 Der Winkel, den die Wellenfronten von Σ_0 und Σ_R einschließen, bestimmt den Interferenzlinienabstand und damit die ortsabhängige Raumfrequenz.

winkel bezüglich der Normalen der Fotoplatte in den eingezeichneten Richtungen positiv gezählt, dann gilt für den Interferenzlinienabstand d_x:

$$d_x = \frac{\lambda}{\sin a_0 + \sin a_R} \qquad \text{(Gl. 5.4)}$$

und für die Intensität

$$I = I_0[1 + K \cos(2\pi x/d_x)]$$

Die entwickelte FP hat entsprechend der Bestrahlung H_e ein ortsabhängiges Transmissionsvermögen. Die Transmissionsfunktion bezüglich der komplexen Amplitude sei $t(x)$. Dann ist die Intensitätstransmission $T(x) = t_a(x) \cdot t_a^*(x)$ und die optische Dichte $D(x) = \lg(1/T)$. Alle diese Funktionen sind im allgemeinen räumlich moduliert. Für eine ebene Objektwelle Σ_0 ist das Ergebnis in Bild 5.4 eingezeichnet.

Die Anzahl der Linien pro Längeneinheit nennt man in Analogie zur Hochfrequenztechnik und Nachrichtentechnik die *Raumfrequenz bzw. Ortsfrequenz* f_r. Da im allgemeinen eine Periodizität in zwei zueinander senkrechten Richtungen möglich ist, müssen wir die Raumfrequenzen f_{rx} und f_{ry} unterscheiden (Bild 5.5). Es ist in unserem Fall

$$f_{rx} = 1/d_x = (\sin a_0 + \sin a_R)/\lambda$$

und

$$f_{ry} = 1/d_y \text{ mit } d_y = \infty.$$

Für beliebige zueinander senkrecht stehende Raumrichtungen u, v findet man:

$$1/d_u = f_{ru} = f_{rx} \cos\Theta$$

und

$$f_{rv} = f_{rx} \sin\Theta$$

mit

$$f_{ru}^2 + f_{rv}^2 = f_{rx}^2 + f_{ry}^2 \qquad \text{(Gl. 5.5)}$$

In der Nachrichtentechnik wird auf eine Trägerwelle der Trägerfrequenz durch Amplitudenmodulation (AM) bzw. Frequenzmodulation (FM) eine Information aufgeprägt. Wir können in Analogie dazu unser Hologramm der ebenen Welle *(Trägerfrequenzhologramm)* als Trägerwelle auffassen. Diese kann in bezug auf die Amplitude $(t_{a\max} - t_{a\min})$ und auf die Ortsfrequenzen f_{ru} und f_{rv} entsprechend der Objektwelle moduliert werden.

  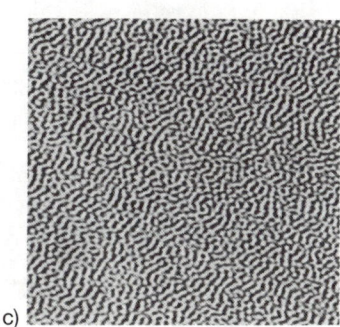

a)   b)   c)

Bei der AM bleiben die Interferenzlinienabstände konstant, und es ändert sich die Amplitude des Transmissionsgrades t_a. Bei der Frequenzmodulation ändern sich die Raumfrequenzen als Funktion des Ortes.

Durch «Verbiegungen» der Wellenfronten der Objektwelle entsteht Frequenzmodulation (Bild 5.6). Die Wellenfronten werden durch Unregelmäßigkeiten der Objektoberfläche deformiert oder verzerrt. Dadurch werden die Ortsfrequenzen des Interferenzmusters des Hologramms frequenzmoduliert.

Die AM erfolgt z.B. durch unterschiedliche Reflexionsgrade der Objektoberfläche.

Je unregelmäßiger die Objektoberfläche ist, desto stärker ist die Phase und die Amplitude von Σ_o moduliert. Daraus resultiert dann auch eine starke Modulation des Interferenzfeldes, d.h. der Trägerfrequenzen f_{ru} und f_{rv}.

Bild 5.7 zeigt links die unmodulierte Trägerwelle, in der Mitte das Interferenzbild bei einer schwachen Modulation und rechts die Vergrößerung eines Ausschnitts des Interferenzmusters eines Hologramms mit extrem starker Modulation. Form und Oberflächenstruktur der Objektoberfläche sind in codierter Form in der Modulation der Trägerwelle enthalten.

Nach Gl. 5.4 ist die Ortsfrequenz $f_r = 1/d$ von den Winkeln a_0 und a_R abhängig. Die Modulationsbandbreite (Raumfrequenzbandbreite Δf_r) ergibt sich, indem man alle möglichen Punktepaare O_i, H_j von Objektoberfläche und Hologrammfläche betrachtet (Bild 5.8).

Bild 5.7
a) Unmodulierte Trägerwelle
b) Schwach modulierte Trägerwelle
c) Fotomikrografische Vergrößerung des Interferenzmusters eines Hologramms einer komplizierten Objektwelle [nach Agfa-Gevaert «Technische Informationen»]

Die Bandbreite Δf_r ist dann durch die Ausdehnung des Objekts, der Fotoplatte FP und dem Abstand a Objekt–Fotoplatte bestimmt.

Es ist

$$\Delta f_r = (1/d_{min} - 1/d_{max}) \qquad (Gl.\ 5.6)$$

Nach Gl. 5.4 gilt allgemein für den höchstmöglichen Wert f_{rg} (Grenzfall) $f_{rg} = 2/\lambda$.

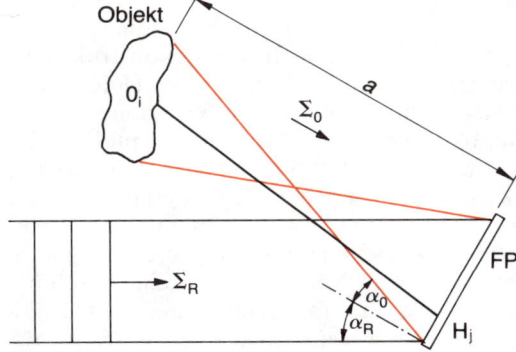

Bild 5.8   Bestimmung der Raumfrequenzbandbreite Δf_r

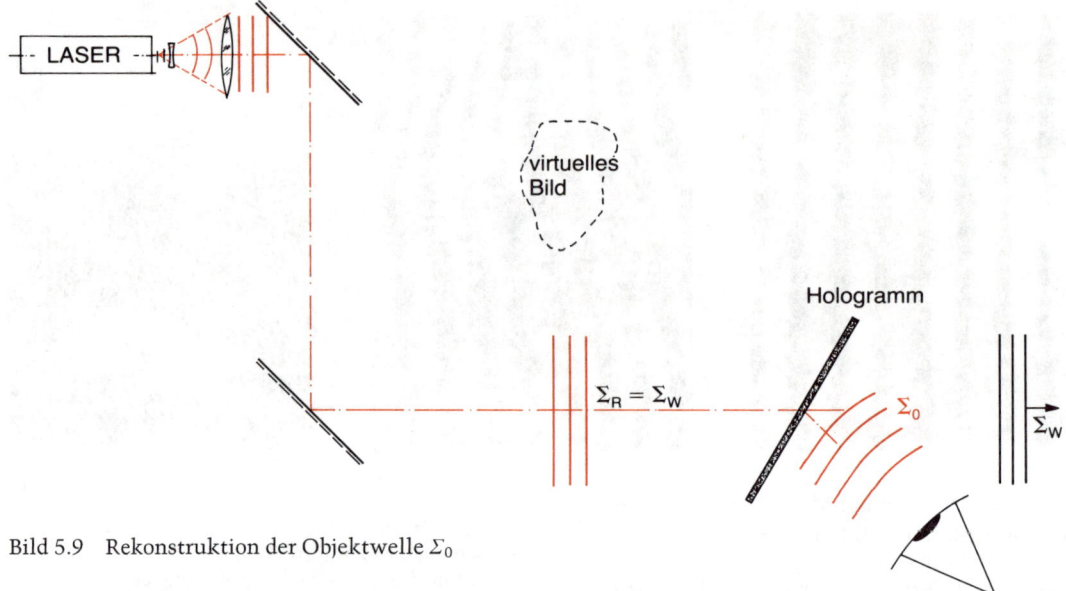

Bild 5.9   Rekonstruktion der Objektwelle Σ_0

5.1.3 Rekonstruktion der Objektwelle

Wir bringen das entwickelte Hologramm H an den Aufnahmeort (Bild 5.9) und beleuchten es mit einer Wiedergabewelle Σ_w, die der Referenzwelle Σ_R entspricht (Σ_w und Σ_R müssen nicht gleich sein, jedoch wird so die Betrachtung für uns hier einfacher). Der Beobachter, der auf das Hologramm blickt, sieht das Objekt wie in einem Fenster (Hologrammfläche), auch wenn das Objekt nicht mehr existiert.

Das Hologramm rekonstruiert exakt die Objektwelle Σ_0, also $E_0(x, y, z)$, so daß ein Beobachter die Originalwelle von der rekonstruierten Welle nicht unterscheiden kann.

Wie kann man sich den Rekonstruktionsvorgang erklären? Wir haben das Hologramm verstanden als eine zweidimensional modulierte Trägerwelle. Das Trägerfrequenz-Hologramm, also das äquidistante Liniengitter, wirkt wie ein optisches Beugungsgitter mit der Gitterkonstanten $s = d_x$. Wird dieses beleuchtet, dann erhalten wir verschiedene Beugungsordnungen ..., −1, 0, +1 ... (siehe Abschnitt 2.3.4). Da die Interferenzlinien des Hologramms im wesentlichen eine cos²-Transmissionsfunktion haben, erhalten wir nach Abschnitt 2.3.7 nur die drei Beugungsordnungen

−1, 0, +1 bei der Rekonstruktion des Hologramms.

Dort, wo bei der Hologrammaufnahme ein größerer Winkel zwischen den Wellenfronten Σ_0 und Σ_R vorlag, haben wir eine höhere Raumfrequenz (Bild 5.6) und damit bei der Rekonstruktion einen größeren Beugungswinkel. Die Wellenfront von Σ_0 wird also in der Beugungsordnung $m = +1$ wieder rekonstruiert.

Die Beugungsordnung $m = −1$ (konjugierte Welle) erzeugt ein reelles Bild. Dies ist jedoch nicht originalgetreu zum Objekt, sondern ein sogenanntes pseudoskopisches Bild, d.h., Erhöhung und Vertiefungen sind vertauscht, und die Vorzeichen der Krümmungen werden umgekehrt. Die 0te Ordnung ist einfach die durch das Hologramm hindurchgehende ungebeugte Wiedergabewelle Σ_w.

Die Anforderungen an die Kohärenz der Wiedergabewelle sind bei der Rekonstruktion nicht so hoch wie bei der Aufnahme, da hier nur Beugungseffekte und keine Interferenzeffekte ausgenutzt werden. Ist jedoch die Lichtquelle der Wiedergabewelle flächenhaft, dann wird zu jedem Lichtquellenpunkt ein holographisches Bild erzeugt. Diese Bilder sind seitlich gegeneinander versetzt. Das holographische Bild wird also um so unschärfer, je geringer die räumliche Kohärenz ist.

Mit zunehmender Wellenlänge λ_w der Wiedergabewelle Σ_w wird der Beugungswinkel größer, entsprechend wächst infolge der Beugungsgesetze die Größe des holographisch erzeugten Bildes. Ist die Lichtquelle nicht monochromatisch, dann entsteht für jede Wellenlänge ein Bild. Das Bild erhält Farbränder und wird unschärfer, je polychromatischer die Beleuchtungswelle ist.

Man kann zeigen, daß jedes Bruchstück des Hologramms das gesamte räumliche Bild des Objektes erzeugt, allerdings nimmt die Schärfe ab, je kleiner die Hologrammfläche wird.

5.1.4 Experimentelle Bedingungen

In Abschnitt 5.1.2 haben wir das Hologramm als ein fixiertes Interferenzmuster erkannt. Dies bedeutet:

☐ Σ_0 und Σ_R müssen kohärent sein:
  - Durch die Verwendung eines Lasers, der im Grundmode TEM_{00} schwingt, sind die besten Bedingungen für räumlich kohärentes Licht gegeben.
  - Die optische Weglänge von Σ_0 und $\Sigma_R - l_0$ und l_R – vom Laser bis zur Fotoplatte FP sollen gleich sein. Abweichungen sind nur im Bereich der Kohärenzlänge L_c zulässig (evtl. mit Kontrastminderung).

☐ Während der Belichtungsdauer Δt soll sich das Interferenzmuster – infolge zufälliger Erschütterungen der an der Hologrammaufnahme beteiligten Bauelemente – nicht bewegen. Als noch zulässig wird eine gegenseitige Maximalverschiebung der Bauteile von $\lambda/20$ angesehen. Man kann diese Bedingung in der Praxis auf zwei Arten erfüllen:
  - Man benutzt einen leistungsstarken Pulslaser (z.B. mit Q-switch-Betrieb), dessen Impulsdauer Δt_P so kurz ist, daß die Bewegung aller an der Aufnahme beteiligten Bauelemente während Δt_P unter $\lambda/20$ bleibt.
  Mit Impulslasern kann man je nach Bauart Mikro- oder Nanosekundenimpulse erhalten.
  - Bei längeren Belichtungszeiten benötigt man einen schwingungsisolierten optischen Tisch, der folgende Forderungen erfüllen muß:
  a) Die Tischplatte muß gegen den Boden des Aufstellungsorts schwingungsisoliert sein. Dies bedeutet, daß keine Erschütterungen und Gebäudeschwingungen auf die Tischplatte und damit auf den optisch experimentellen Aufbau übertragen werden.

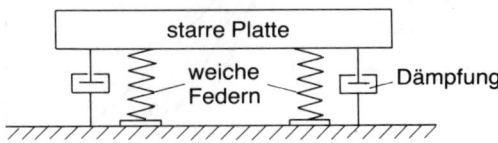

Bild 5.10 Aufbau eines schwingungsisolierten Tisches (schematisch)

Bild 5.10 zeigt den schematischen Aufbau der Schwingungsisolation. Die Feder-Masse-Kombination wird so gewählt, daß die Resonanzfrequenzen der schwingungsgedämpft gelagerten Platte unterhalb 1 Hz bleiben.

Die Gebäudeschwingungen liegen in den Bereichen

$$\begin{array}{ll} \text{vertikal} & 10\ \text{Hz} \dots 30\ \text{Hz}, \\ \text{horizontal} & 1\ \text{Hz} \dots 10\ \text{Hz}. \end{array}$$

Die Frequenzen der Gebäudeschwingungen ändern sich mit der Höhe H des Aufstellungsortes im Gebäude. Als Faustformel wird angenommen $f \cong \dfrac{46}{H}\ \text{m} \cdot \text{Hz}$.

Die Transmission T_m oder Durchlässigkeit der Schwingungsdämpfung gibt das Verhältnis von Systemamplitude A (Tisch) zu Erregeramplitude A_E (Boden an (Bild 5.11).

$$T_m = A/A_E$$

Der Kehrwert ist der Isolationsgrad. T_m ist eine Funktion des Dämpfungsgrades $D = \delta/2\ \pi\ f_0$. $t_D = 1/\delta$ ist die Zeit, in der die Amplitude der gedämpften Schwingung auf $1/e$-tel des Anfangswertes absinkt. Mit steigendem D nimmt T für Resonanzfrequenz f_0 ab, jedoch für die

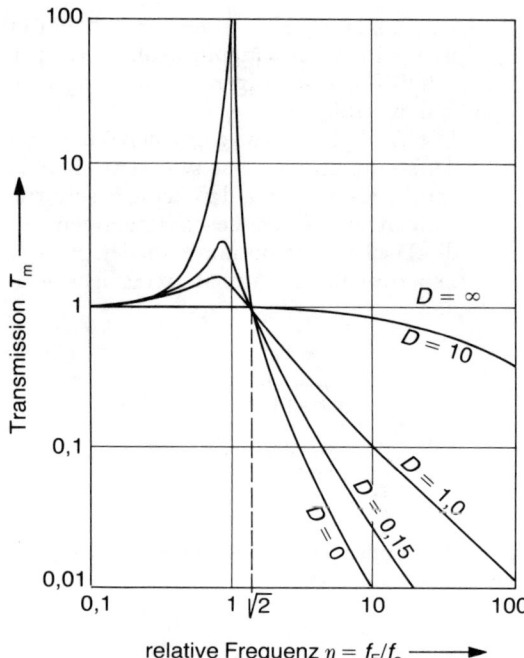

Bild 5.11   Transmissionsfunktion einer Schwingungsisolation

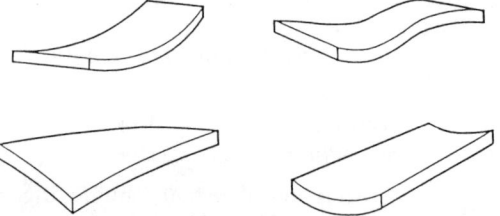

Bild 5.12   Beispiele für Biege- und Torsionseigenschwingungen von Platten

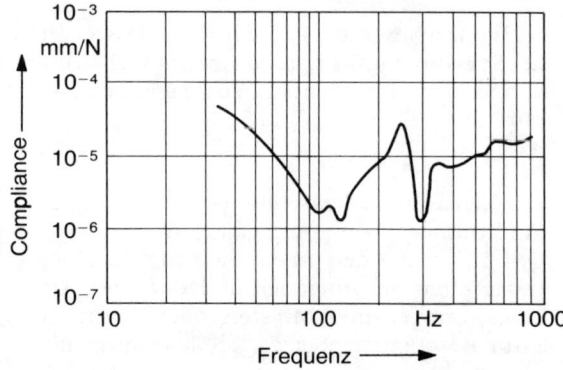

Bild 5.13   Beispiel einer Compliance-Funktion, gemessen an der Tischecke

Frequenz $f > f_0 \sqrt{2}$ zu (Bild 5.11). Der Dämpfungsgrad für die schwingungsisolierte Lagerung der Tischplatte muß also optimal gewählt werden.

b) Die Platte selbst muß möglichst starr sein, d.h., deren Verformung soll durch Einwirkung von statischen und dynamischen Kräften (Schwingungen infolge mechanischer oder akustischer Einwirkungen) gering bleiben.

Die dynamische Stabilität (Steifigkeit) wird durch die *Compliance*, d.h. die Amplitude des Meßortes auf der Tischplatte bezogen auf die Amplitude der Störkraft, angegeben.

Bei einem ideal steifen Körper ist die Compliance-Kurve proportional zu $1/f^2$. Eine reale Tischplatte besitzt jedoch Resonanzschwingungen (Bild 5.12), die Abweichungen von der idealen $1/f^2$-Kurve verursachen.

Die ungünstigsten Orte in bezug auf die Compliance sind die Plattenecken. Deshalb geben die Hersteller in der Regel die Corner-Compliance in den Katalogen an (Bild 5.13).

Sehr verbreitet sind heute Tische mit innerer Wabenstruktur und mit oberer und unterer Deckplatte. Die obere Deckplatte hat einen hohen Ebenheitsgrad und wird – je nach Anwendung – sowohl aus ferromagnetischen als auch nicht ferromagnetischem Material hergestellt.

☐ Das Registriermedium (z.B. Fotoplatte) muß die Interferenzmuster vollständig registrieren, d.h., es muß die maximale Raumfrequenz $f_{r\,max}$ noch verarbeiten können. Die Größenordnung von $f_{r\,max}$ ergibt sich aus den Winkeln a_0 und a_R entsprechend Bild 5.4 mit Hilfe der Gleichung 5.4.

Beim Durchgang der Wiedergabewelle $\hat{E}_w(x, y, z)\,e^{j\Phi_w\,(x, y, z)}$ durch das Hologramm kann die Amplitude $\hat{E}_w$ als auch die Phase Φ_w beeinflußt werden. Wir definieren den komplexen Amplitudentransmissionsgrad t_a

Bild 5.14
Aussteuerung der Kennlinie
der Amplitudentransparenz t_a
im Punkt A der größten
Steilheit

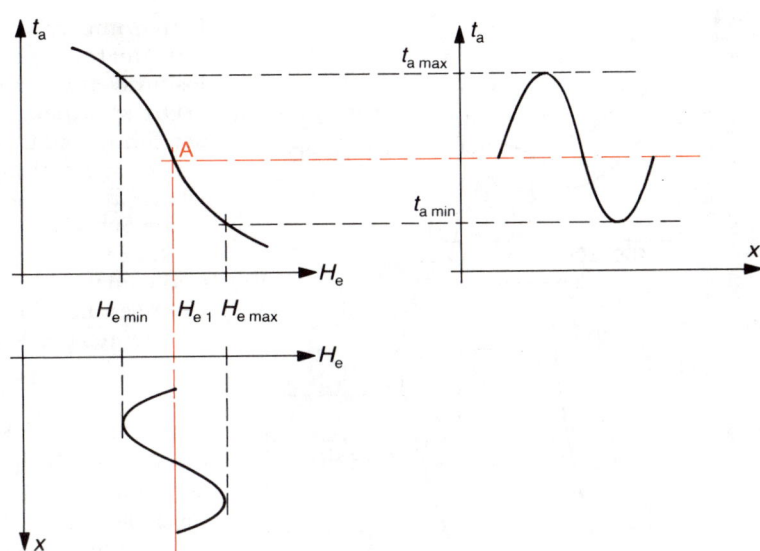

$$t_a =$$
$$\frac{\text{komplexe Amplitude nach dem Hologramm}}{\text{komplexe Amplitude vor dem Hologramm}}$$

$t_a(x,y)$ ist im allgemeinen eine komplexe Größe und bestimmt die beugungsoptischen Eigenschaften des Hologramms.

Beim *Amplitudenhologramm* wird nur die Amplitude $\hat{E}_w$ (durch die Schwärzung der Fotoplatte) beeinflußt. Hier ist t_a eine reelle Zahl $0 \leqq t_a \leqq 1$. Das *Phasenhologramm* beeinflußt im Idealfall nur die Phase $\Phi_w(x, y)$ (z.B. durch Dickenänderung oder Brechungsindexvariation) und hat im Idealfall $|t_a| = 1$. Für den energiebezogenen Transmissionsgrad gilt $T = t_a\, t_a^*$.

Bild 5.14 zeigt schematisch die Amplitudentransmission t_a als Funktion der Bestrahlung H_e. Bei geeigneter Wahl der Grundbestrahlung H_{e1} kann man die Kennlinie des Registriermediums am Ort mit größter Steilheit («Arbeitspunkt» A im Wendepunkt) aussteuern. Dadurch werden die ortsabhängigen Schwankungen von t_a maximal.

Als *Beugungswirkungsgrad* η_B bezeichnet man das Intensitätsverhältnis der Welle der 1. Beugungsordnung $I_B (\Sigma_0)$ zur Wiedergabewelle I_w (Bild 5.15).

$$\eta_B = \frac{I_B}{I_w} \qquad \text{(Gl. 5.6)}$$

η_B hängt von der Art des Aufnahmemediums, von der Intensitätsvariation des Interferenzfeldes und der Wahl des Arbeitspunktes ab.

Für Amplitudenhologramme ist der maximal mögliche Beugungswirkungsgrad $\eta_{BA} = 6{,}25\%$.

Bei Flächenphasenhologrammen können Beugungswirkungsgrade bis zu $\eta_{BP} = 33\%$ erreicht werden.

Fotoplatten (Silberhalogenidschichten)
Beispiele sind Agfa-Gevaert-Holotest-Emulsionen 10E75 bzw. 8E75HD (für 600 nm $< \lambda <$ 750 nm). Diese können bis zu 3 000

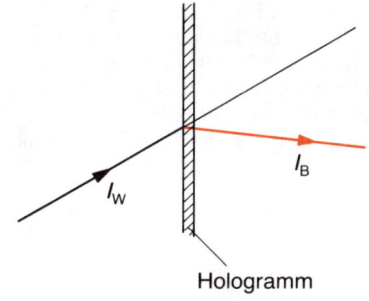

Bild 5.15 Zur Definition des Beugungswirkungsgrades

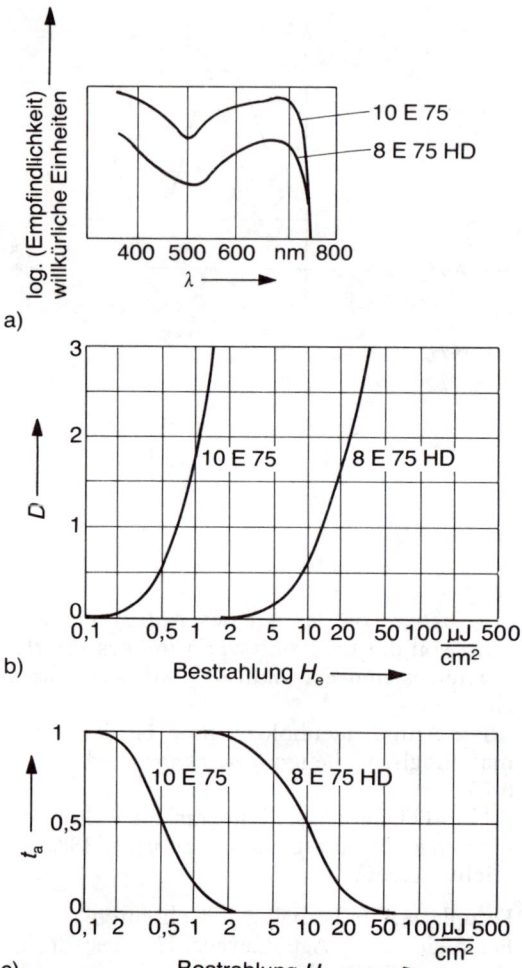

a)

b)

c)

Bild 5.16   Beispiel für fotografisches Registriermedium für die Holographie: Agfa-Gevaert Holotest-Emulsionen 10E75 und 8E75HD
a) Spektrale Empfindlichkeit
b) Optische Dichte D (Schwärzung) für $\lambda = 633$ nm bei vorgeschriebenem Entwicklungsprozeß
c) Amplitudentransparenz t_a als Funktion der Belichtung

Linien/mm bzw. 5000 Linien/mm auflösen. Ein Amateurfilm hat zum Vergleich ein Auflösungsvermögen von ca. 100 Linien/mm.

Die spektralen Empfindlichkeiten der beiden Filme sind in Bild 5.16a gezeigt.

Die Schwärzung ist durch die optische Dichte $D = \lg (2/T)$ gegeben.

Die Schwärzungskurven und die Amplitudentransparenzkurven t_a für die Wellenlänge $\lambda = 633$ nm in Abhängigkeit von der Bestrahlung H_e zeigen die Bilder 5.16 b und c. Zum Wert $t_a = 0,5$ gehören die Werte

$$H_e = 0,5 \ \mu J/cm^2 \ \text{für 10E75,}$$

$$H_e = 10 \ \mu J/cm^2 \ \text{für 8E75.}$$

Amplitudenhologramme auf fotografischem Material können durch Bleichen, d. h. durch spezielle chemische Behandlung, in Phasenhologramme umgewandelt werden (Agfa-Gevaert, Technische Informationen).

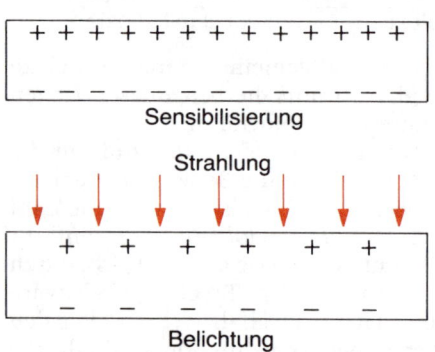

Sensibilisierung

Strahlung

Belichtung

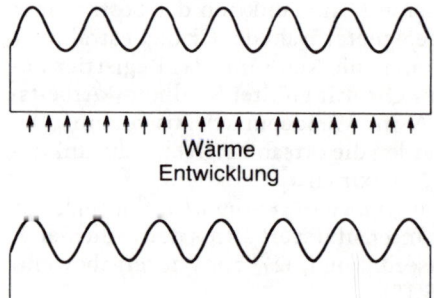

Wärme
Entwicklung

Fixierung

Bild 5.17   Prozeß für einen fotothermoplastischen Film

Fotothermischer Film
Dieses Aufnahmematerial ist eine thermo-
plastische Folie, die als Meterware zur Verfügung steht. Vor der Belichtung wird durch
Besprühen mit elektrischen Ladungen sensibi-
lisiert (Bild 5.17). Bei der Belichtung mit dem
hologramm-erzeugenden Interferenzfeld wird
das Material fotoleitend. Die Ladungen werden dabei entsprechend der Bestrahlung $H_e =
E_e \cdot \Delta t$ abgebaut. Durch die elektrostatischen
Kräfte der restlichen Ladungen verformt sich
das Material beim Erwärmen (Entwicklungs-
vorgang). Dadurch bilden sich an den unbe-
lichteten Stellen Senken, wodurch beim
Durchstrahlen des Hologramms der optische
Weg ortsabhängig moduliert wird, d. h., es handelt sich um ein Phasenhologramm.

Die Belichtungsenergie liegt bei etwa 10 µJ/
cm², und die registrierbaren Ortsfrequenzen
betragen etwa 1 000 bis 1 200 Linien/mm.

5.1.5 Holographische Interferometrie

In der **klassischen Interferometrie** wird eine
Welle mit einfacher Wellenfrontform (z. B.
ebene Welle oder Kugelwelle) mit einer durch
physikalische Einwirkungen veränderten
Welle, der Objektwelle, interferometrisch verglichen. Man kann z. B. in einem Michelson-
Interferometer in einem Kanal eine durch ein
zweidimensionales Temperaturfeld (senkrecht zur Ausbreitungsrichtung der Lichtwelle) veränderte Welle (Objektwelle) interferometrisch mit einer ebenen Welle vergleichen
(Bild 5.18). Die Interferenzlinien sind ein Maß
für die Temperaturverteilung um den beheiz-
ten Draht. Zu diesem interferometrischen Vergleich benötigen wir also zwei Kanäle eines
Interferometers.

Bei der **holographischen Interferometrie**
werden oft beide interferometrisch zu verglei-
chenden Wellen – jedoch mindestens eine der
beiden – durch ein Hologramm erzeugt. Die
Bezugswelle kann hier auch eine komplizierte
Form haben und mit Hilfe eines Hologramms
zu jedem beliebigen Zeitpunkt realisiert werden.

Bekannte holographisch interferometrische
Verfahren sind:

□ für Verformungsmessungen:
 – Doppelbelichtungs-Holographie (Ver-
 gleich von zwei holographisch erzeugten
 Wellen),
 – Echtzeit-Holographie (Vergleich einer
 holographisch erzeugten Welle mit einer
 direkt vom Objekt kommenden Welle);
□ für Schwingungsuntersuchungen:
 – Doppelpulsverfahren,
 – Zeitmittel-Holographie;
□ für Formvergleiche und Höhenschichtli-
 nien-Darstellung:
 – Zwei-Quellen-Methode,
 – Zwei-Wellenlängen-Methode.
Wir wollen exemplarisch einige Verfahren be-
sprechen.

5.1.5.1 Doppelbelichtungs- und Echtzeit-Holographie

Auf einem Hologramm können mehrere Objektwellen registriert werden. So kann zuerst
die Welle Σ_{01} eines Objekts im Ausgangszustand aufgenommen werden und danach die
Σ_{02} des verformten Zustandes (Bild 5.19 a).
Werden die beiden Wellen des Hologramms rekonstruiert, (Bild 5.19 b), dann können Σ_{01} und
Σ_{02} interferometrisch verglichen werden.
Ohne die Holographie wäre dieser Vergleich
nicht möglich, da die beiden Wellen normaler-
weise nie gleichzeitig existieren können.

Bei der Rekonstruktion des Doppelbelichtungs-Hologramms sieht man ein mit Interferenzlinien überzogenes Bild des Objekts (Bilder 5.20 a und b). Diese entstehen durch Inter-
ferenz von Σ_{01} und Σ_{02}. Von einer Interferenzlinie zur nächsten nimmt die Phasendifferenz
zwischen den beiden Wellen von der Lichtquelle L über das Objekt zum Beobachter B um
2π zu.

Bei der Echtzeit-(Realtime-)Holographie
wird im Hologramm nur die Objektwelle Σ_{01}
gespeichert. Nach der Entwicklung der Fotoplatte wird das Hologramm an seinen Aufnahmeort exakt zurückpositioniert. Die Welle Σ_{01}
wird rekonstruiert. Sie kann dann mit der zum
Beobachtungszeitpunkt direkt vom Objekt
kommenden Welle Σ_{o2} interferometrisch verglichen werden.

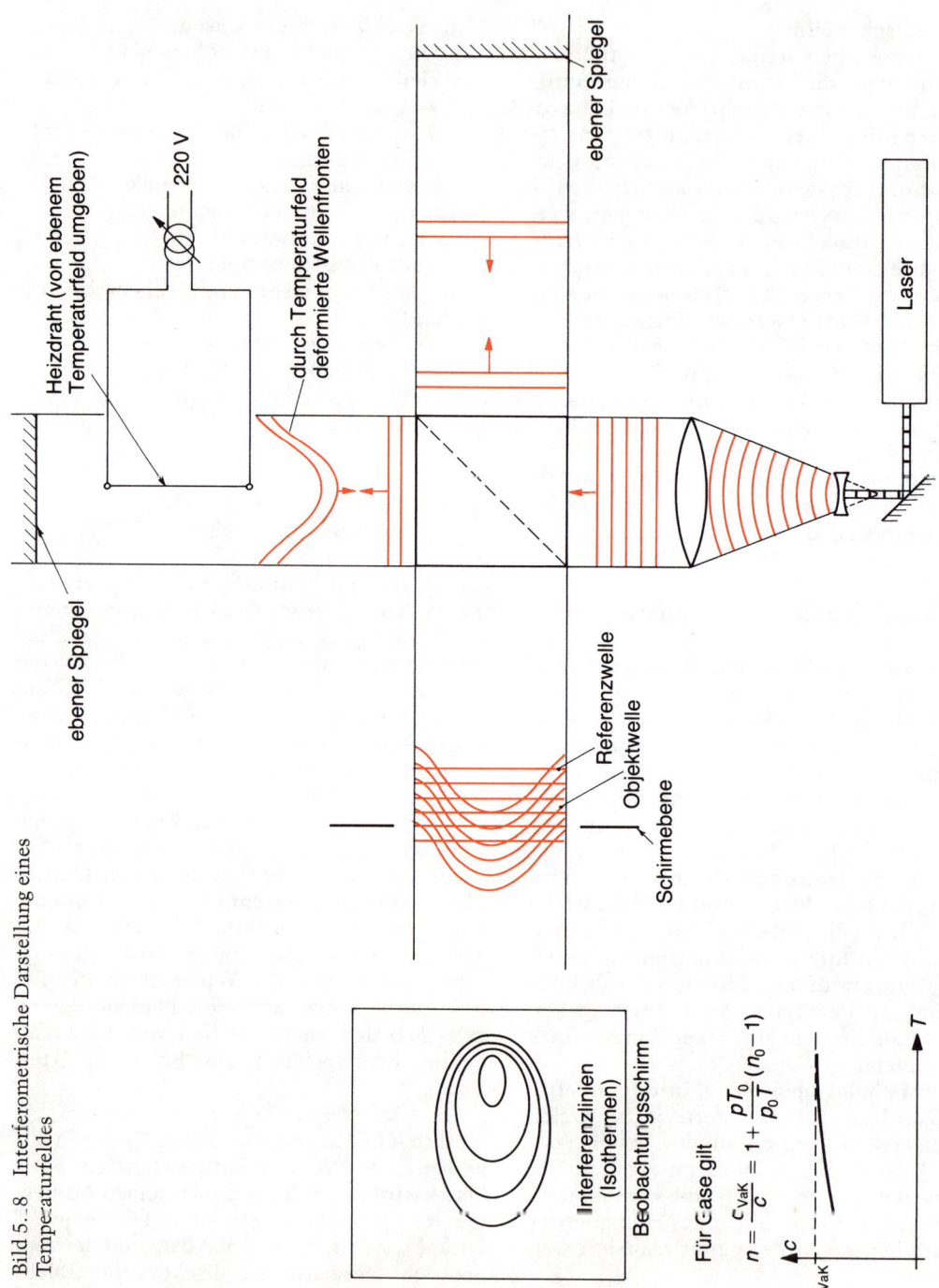

Bild 5.-8 Interferometrische Darstellung eines
Temperaturfeldes

ebener Spiegel

Heizdraht (von ebenem
Temperaturfeld umgeben)

220 V

durch Temperaturfeld
deformierte Wellenfronten

ebener Spiegel

Laser

Referenzwelle
Objektwelle
Schirmebene

Interferenzlinien
(Isothermen)

Beobachtungsschirm

Für Gase gilt

$$n = \frac{c_{VaK}}{c} = 1 + \frac{p T_0}{p_0 T}(n_0 - 1)$$

c

c_{VaK}

T

Bild 5.19
a) Registrierung der beiden
    Objektwellen Σ_{01} und Σ_{02}
    auf der Fotoplatte FP
b) Gleichzeitige Rekon-
    struktion der beiden
    Objektwellen

kohärente Welle

verformter Zustand 2

Ausgangszustand 1

Σ_{02}

Σ_{01}

Σ_R

FP

a)

$\Sigma_W = \Sigma_R$

b)

Hologramm

$\Sigma_{01} + \Sigma_{02}$

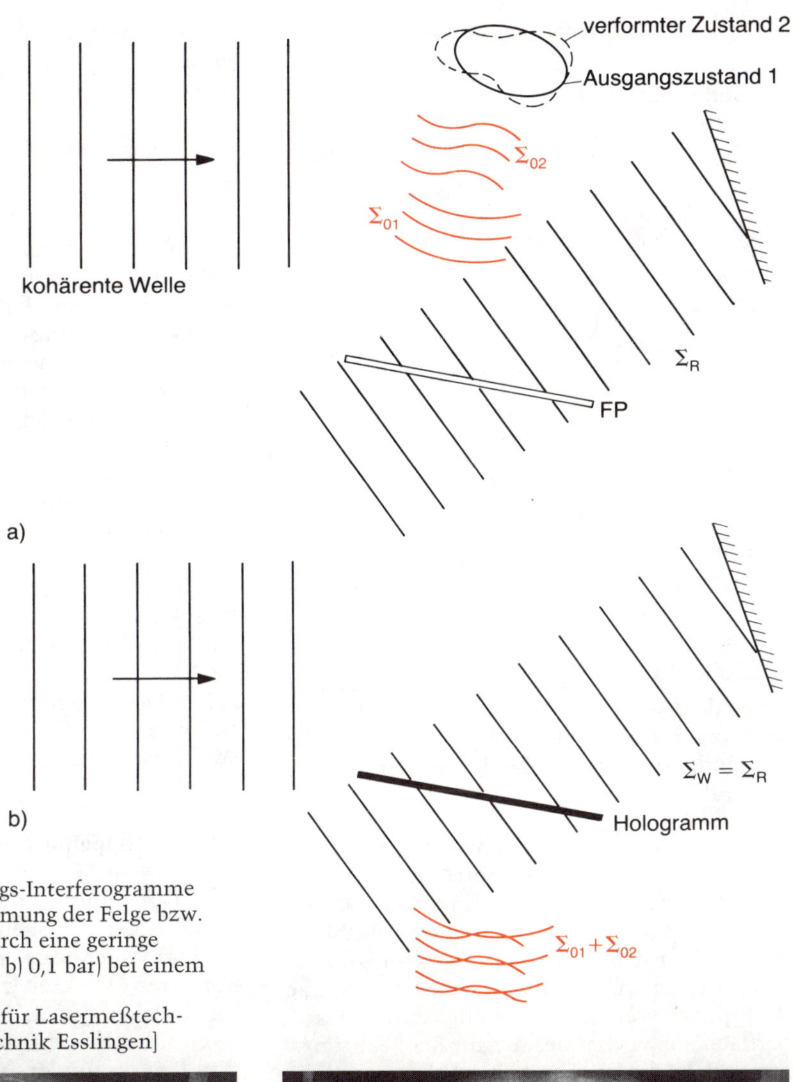

Bild 5.20   Doppelbelichtungs-Interferogramme
von Pkw-Rädern. Die Verformung der Felge bzw.
des Felgenhorns entsteht durch eine geringe
Druckerhöhung (a) 0,05 bar, b) 0,1 bar) bei einem
Gesamtdruck von 1,5 bar
[Aufnahmen: T. Vogt, Labor für Lasermeßtechnik, Fachhochschule für Technik Esslingen]

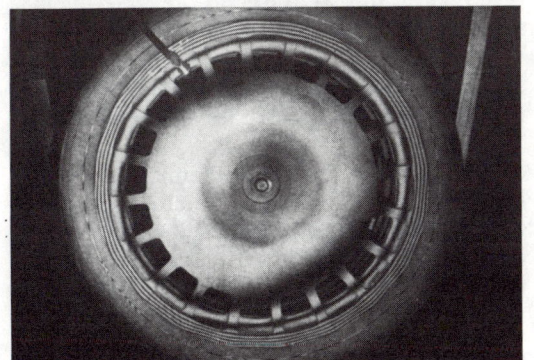
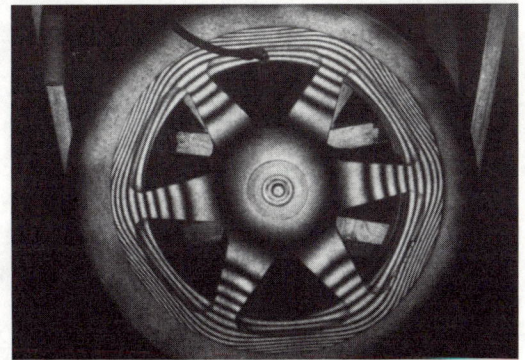

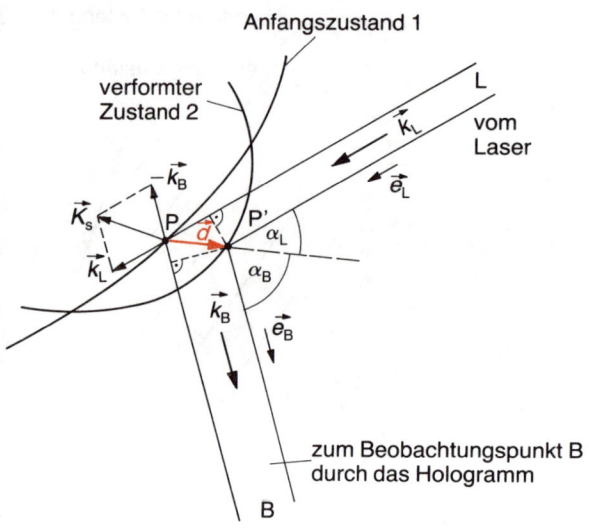

Bild 5.21   Herleitung der Grundgleichung
(Gl. 5.8) der holographischen Interferometrie

Frage: Welcher Zusammenhang besteht zwischen dem Verschiebevektor $\vec{d}$ (P → P′) der Verformung beim Oberflächenpunkt P und der Phasendifferenz $\Delta\Phi$ der beiden Wellen Σ_{01} und Σ_{02} in P (Bild 5.21)?

Die zugehörige Phasenänderung $\Delta\Phi$ beim Punkt P ergibt sich aus der optischen Wegänderung von der Lichtquelle L über die Objektoberfläche zum Beobachtungspunkt B. B liegt hinter dem Doppelbelichtungs-Hologramm. $\vec{e}_L$ und $\vec{e}_B$ seien die Einheitsvektoren für die Richtungen von der Lichtquelle L zur Objektoberfläche bzw. von dieser zum Beobachtungspunkt B. Ist die Verschiebung d klein gegen die Abstände von L und zu B, dann ergibt sich die *Grundgleichung der holographischen Interferometrie* (Gl. 5.7):

$$\Delta\phi = 2\pi\,\frac{\vec{d}\,\vec{e}_B - \vec{d}\,\vec{e}_L}{\lambda} = -\vec{d}\,(\vec{k}_L - \vec{k}_B) = -\vec{d}\,\vec{K}_s$$

$$\text{(Gl. 5.7)}$$

Dabei sind $\vec{k}_L$ und $\vec{k}_B$ die Wellenvektoren und $\vec{K}_s$ der Sensitivitätsvektor. Letzterer gibt die Richtung an, bei der ein bestimmter Betrag d der Verschiebung zur größten Phasenveränderung $\Delta\Phi$ führt.

Für konstruktive Interferenz n-ter Ordnung erhalten wir mit den Winkeln a_L und a_B entsprechend Bild 5.21:

$$\Delta\Phi = n\,2\pi,\ \text{ also }\ d = \frac{n\,\lambda}{\cos a_L + \cos a_B}$$

$$\text{(Gl. 5.8)}$$

Die Winkel a_L und a_B sind im allgemeinen unbekannt (aus der experimentellen Anordnung kennt man nur deren Summe). Aus *einem* Doppelbelichtungs-Hologramm ist deshalb im allgemeinen keine genaue Angabe der Verformungsvektoren möglich. Es läßt sich jedoch die Größenordnung der Verschiebung angeben. Ausgehend von der Einspannstelle mit dem Verschiebevektor Null kann man durch Abzählen die Interferenzordnung n der Interferenzlinie des Beobachtungspunktes P angeben. Für $a_L = 0$ und $a_B = 0$ ergibt sich $d = n \cdot \lambda/2$. Wenn $a \cong \beta \cong 60°$, dann ist $d \cong n \cdot \lambda$. Für die qualitative Auswertung ergibt sich die Regel: Dort, wo die größte Interferenzliniendichte ist, da ist auch die größte Verformung.

Die Doppelbelichtungs-Holographie ist ein wichtiges Verfahren zur zerstörungsfreien Werkstoffprüfung.

5.1.5.2 Doppelpulsverfahren

Das Doppelpulsverfahren ist eine spezielle Version der Doppelbelichtungs-Holographie zur Untersuchung von Schwingungen an komplizierten Objekten (z. B. Kfz-Motor, Bild 5.22). Ein Pulslaser (z. B. Impulslänge 25 ns) wird zweimal hintereinander im zeitlichen Abstand Δt gezündet (z. B. mit Q-switch). Dadurch werden zwei in Δt aufeinanderfolgende Schwingungszustände holographisch festgehalten. Die Rekonstruktion des Doppelbelichtungs-Hologramms läßt die Verschiebung der Teilbereiche der Objektoberfläche während Δt durch Interferenzstreifen erkennen. Will man bestimmte Phasenlagen der Schwingung des Objekts analysieren, dann läßt sich der Impulslaser auch durch die Objektschwingung triggern.

5.1.5.3 Zeitmittel-Holographie

Dies ist eine Methode zur Ermittlung der räumlichen Verteilung der Schwingungsamplituden einer Oberfläche, die harmonische Schwingungen ausführt (z.B. Platte, Membran, Violinkörper). Hier ist also das Objekt in periodischer Bewegung. Dies bedeutet, daß auf der Hologrammplatte eine Vielzahl von Einzelhologrammen gespeichert werden, die den einzelnen Schwingungszuständen entsprechen.

Die Objektwelle des nicht schwingenden Körpers (Gleichgewichtslage) sei

$$E_0\,(x,\,y)\,\exp\{\mathrm{j}\,\varPhi_0\,(x,\,y)\}.$$

Durch die Schwingung mit der ortsabhängigen Elongation senkrecht zur Membranfläche (Bild 5.23)

$$\vec{d}(x,\,y) = \vec{d}\,(x,\,y)\,\sin\omega t$$

wird die Phase der Objektwelle entsprechend Gl. 5.7 zeitlich moduliert. Für die Phasenänderung gilt:

$$\Delta\phi(x,\,y,\,t) = \frac{2\,\pi\,\hat{d}}{\lambda}\,(\cos a_{\mathrm L} + \cos a_{\mathrm B})\,\sin\omega t$$

$$= u(x,\,y)\,\sin\omega t \qquad (\text{Gl. 5.9})$$

Das resultierende Hologramm, das während

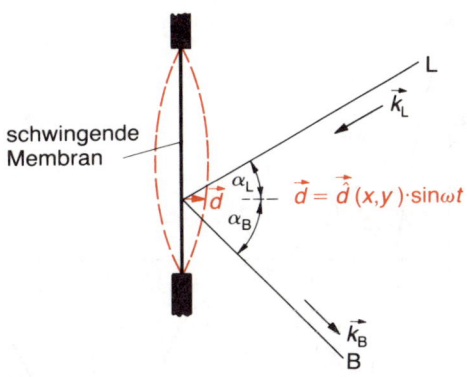

Bild 5.23 Herleitung der Phasenverschiebung bei der Zeitmittel-Holographie

der Beobachtungszeit $t_{\mathrm B}$ registriert wurde, gehört also zu einer resultierenden Objektwelle, die der Summe der Einzelobjektwellen während der Beobachtungszeit $t_{\mathrm B} \geqslant T = 2\,\pi/\omega$ entspricht. Diese resultierende Objektwelle können wir durch Integration finden:

$$E_{\mathrm{res}}(x,\,y) = 1/t_{\mathrm B} \int_0^{t_{\mathrm B}} E_0\,\mathrm{e}^{\mathrm{j}\,[\varPhi_0 + \Delta\,\varPhi]}\,\mathrm{d}t$$

$$= \frac{E_0\,\mathrm{e}^{\mathrm{j}\varPhi_0}}{t_{\mathrm B}} \int_0^{t_{\mathrm B}} \mathrm{e}^{\mathrm{j}u\cdot\mathrm{si}\,\omega t}\,\mathrm{d}t$$

$$= E_0\,\mathrm{e}^{\mathrm{j}\varPhi_0}\,\mathrm{J}\,(u(x,\,y))$$

$$(\text{Gl. 5.10})$$

Dabei ist $\mathrm{J}_0(u)$ die Besselfunktion nullter Ordnung (Bild 5.24).

Die Welle E_{res} ist die vom Hologramm rekonstruierte Welle. Beobachtbare Größe ist die Intensität I_{res}:

$$E_{\mathrm{res}}\,E_{\mathrm r\,es}^{*} \sim I_{\mathrm{res}} = I_0(x,\,y)\,\mathrm{J}_0^2(u) \qquad (\text{Gl. 5.11})$$

Die Interferenzlinien (Bild 2.25) sind Linien gleicher Schwingungsamplituden $\hat{d}$. Dies läßt sich folgendermaßen anschaulich erklären:

Die Geschwindigkeiten sind in den verschiedenen Phasenlagen einer Schwingung verschieden (Nulldurchgang entspricht Maximalgeschwindigkeit, Umkehrpunkte entsprechen der Momentangeschwindigkeit Null). Die Belichtungszeiten für die Einzelhologramme, die zu dem Bereich der Umkehrpunkte gehören, sind am größten. Wir können

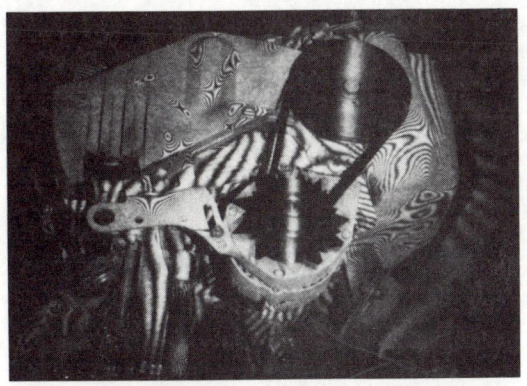

Bild 5.22 Holographisches Doppelpuls-Hologramm eines laufenden Kfz-Motors. Aufgenommen mit zwei 25 ns langen Lichtblitzen eines Rubin-Lasers im zeitlichen Abstand $\Delta t = 200\ \mu\mathrm s$ [Aufnahme: Labor Dr. Steinbichler]

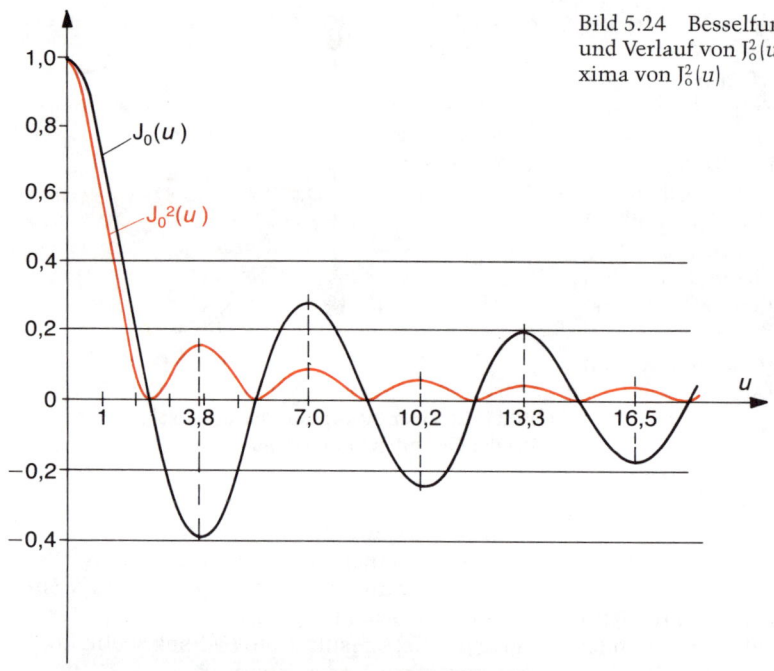

Bild 5.24   Besselfunktion nullter Ordnung $J_0(u)$ und Verlauf von $J_0^2(u)$ mit den Abszissen der Maxima von $J_0^2(u)$

Bild 5.25   Zeitmittel-Interferogramm eines mit der Resonanzfrequenz (524 Hz) schwingenden Kühlerventilators. In den Orten der Schwingungsknoten (Mitte und äußeres Drittel der Ventilatorblätter) ist der höchste Kontrast. Eine Interferenzlinie entspricht dem geometrischen Ort aller Punkte mit gleicher Schwingungsamplitude.
[Aufnahme: Labor Dr. Steinbichler]

also *vereinfacht* sagen, daß das Zeitmittel-Hologramm im wesentlichen ein Doppelbelichtungs-Hologramm für die beiden Extremlagen der Schwingung ($+ \hat{d}$ (x, y) und $- \hat{d}$ (x, y) ist.

Je nach Gangunterschied Δl zwischen den beiden holographisch rekonstruierten Wellen der beiden Extremlagen ergibt sich:

$$\Delta l \cong n \cdot \lambda \qquad \text{konstruktive Interferenz}$$

$$\Delta l \cong (2\,n + 1) \cdot \lambda/2 \quad \text{destruktive Interferenz}$$

Für die Knotenlinien der Schwingung ist $\Delta l = 0$ (konstruktive Interferenz). Daneben sieht man – mit schnell abnehmendem Kontrast – auch Interferenzen für $n \geq 1$, d.h. für bestimmte Amplitudenwerte $\hat{d}_n(x, y)$ = const. Die Interferenzlinien sind also Linien gleicher Amplitude.

5.1.5.4 Bildauswertung mit Hilfe des Phasenshift-Verfahrens

Die Interferenzlinien bei der Rekonstruktion eines Doppelbelichtungs-Hologramms sind Funktionen der Verschiebevektoren $\vec{d}(x, y, z)$,

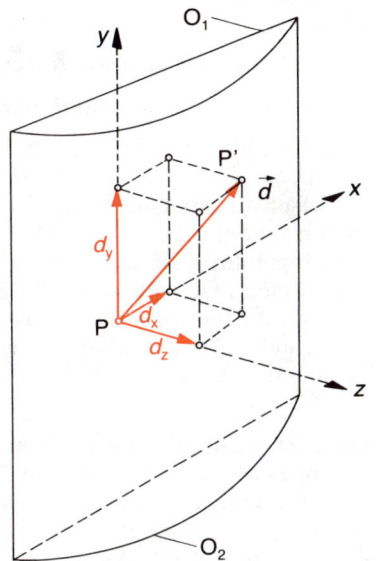

Bild 5.26   Dreidimensionaler Verschiebevektor
$\vec{d}\,(x, y, z)$

also $(P\,(x, y, z) \rightarrow P')$ von der unverformten Objektfläche O_1 zur verformten Fläche O_2 (Bild 5.26). Da ein Hologramm eine enorme Informationsfülle enthält, ist für eine quantitative Auswertung ein Rechner erforderlich.

Im Gegensatz zum menschlichen Auge ist die Erkennung von Interferenzmustern für das System Kamera–Computer sehr schwierig. Eine CCD-Kamera (Abschnitt 4.5) kann jedoch pixelweise – also ortsauflösend – sehr gut Intensitätsverteilungen messen und damit auch Interferenzmuster registrieren.

Das Phasenshift-Verfahren [5.5, 5.6, 5.12] gestattet die rechnergesteuerte Bestimmung der Phasendifferenz $\Phi\,(x, y)$ der Wellen Σ_{01} und Σ_{02} eines Doppelbelichtungs-Hologramms. Dazu werden drei Interferenzmuster registriert. Diese unterscheiden sich dadurch, daß bei einer der beiden Objektwellen (z.B. Σ_{01}) nacheinander die Phasenverschiebung $a = a_1, a_2, a_3$ eingeprägt werden.

Zur Realisierung dieses Auswerteverfahrens ist das Zwei-Referenzstrahl-Verfahren entsprechend Bild 5.27 gut geeignet.

Bild 5.27
Zwei-Referenzstrahl-Anordnung für die rechnerunterstützte Auswertung von Hologrammen mit dem Phasenshift-Verfahren

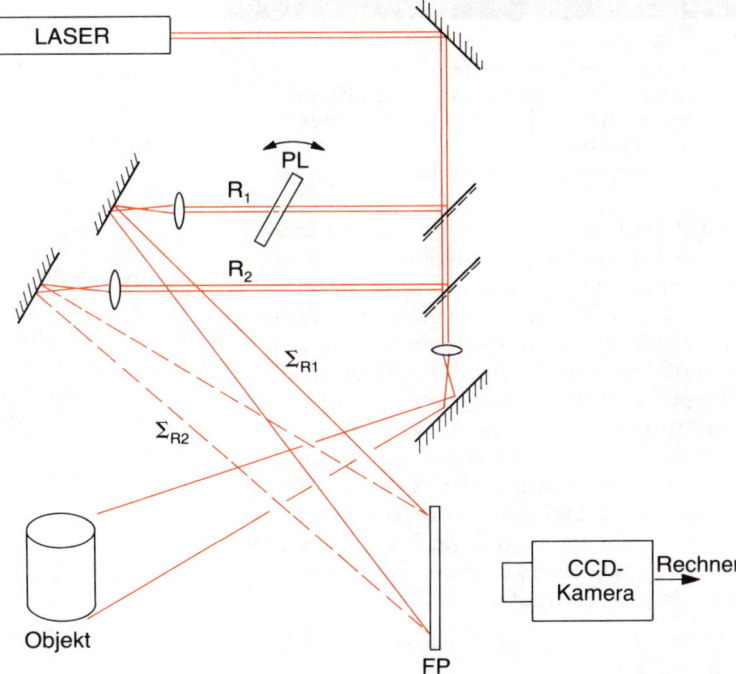

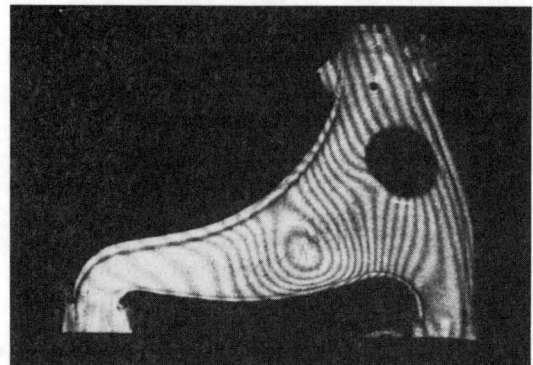

a)

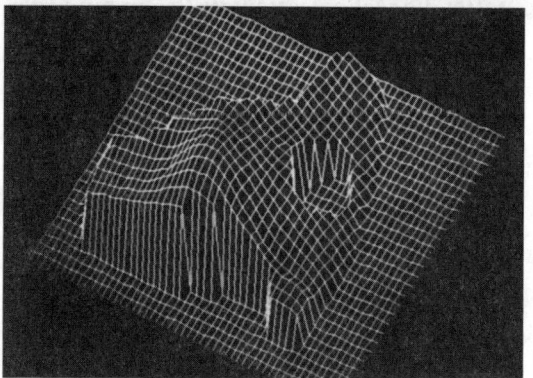

b)

Bild 5.28   Deformation einer Radaufhängung
a) Doppelbelichtungs-Interferogramm
b) Ergebnis der Computerauswertung; Phasen-
    differenzen $\Phi(x, y)$ als Funktion des Ortes in
    einem Netzlinienplot
[Aufnahmen: Labor Dr. Steinbichler]

Auf der Fotoplatte FP wird die Objektwelle Σ_{01} des unverformten Objekts mit Hilfe der Referenzwelle Σ_{R1} und dann auf dieselbe FP die Objektwelle Σ_{02} des verformten Objekts mit Hilfe der zweiten Referenzwelle Σ_{R2} registriert. Die entwickelte Fotoplatte, also das Doppelbelichtungs-Hologramm, wird nun in die Aufnahmeposition zurückgesetzt.

Verwendet man als Wiedergabewellen Σ_{R1} bzw. Σ_{R2}, dann kann man Σ_{01} bzw. Σ_{02} getrennt oder gemeinsam rekonstruieren.

Die Intensitätsverteilung $I(x, y)$ des Doppelbelichtungs-Hologramms kann nach Gl. 5.3b dargestellt werden:

$$I_a(x, y) = I_0(x, y) \cdot [1 + K(x, y) \cdot \cos[\Phi(x, y) + a]]$$

$$(Gl. 5.12)$$

Dabei ist

$I_0(x, y)$ die mittlere lokale Intensität,

$K(x, y)$ lokaler Kontrast der Interferenzen,

$\Phi(x, y)$ Phasendifferenz der beiden Wellen Σ_{01} und Σ_{02}.

a ist die Phasenverschiebung, die bei der Rekonstruktion im optischen Weg der Welle Σ_{R1} zusätzlich eingeführt wird, z. B. durch Drehen der planparallelen Platte PL (wie in Bild 5.27) oder durch einen Piezotranslator, der einen Spiegel verschiebt. Dadurch wird Σ_{01} ebenfalls in der Phase um a verschoben.

Auswertung: Es werden die drei Interferenzbilder $I_a(x, y)$ mit einer CCD-Kamera im Datenspeicher eines Rechners pixelweise registriert, und zwar für $a_1 = 0°$, $a_2 = 120°$ und $a_3 = 240°$. Damit erhält man 3 Gleichungen:

$$I_1(x, y) = I_0(x, y) [1 + K(x, y) \cdot \cos[\Phi(x, y)]]$$

$$I_2(x, y) = I_0(x, y) [1 + K(x, y) \cdot$$
$$\cos[\Phi(x, y) + 2\pi/3]]$$

$$I_3(x, y) = I_0(x, y) [1 + K(x, y) \cdot$$
$$\cos[\Phi(x, y) + 4\pi/3]]$$

daraus folgt:

$$\Phi(x, y) = \arctan\left[\frac{\sqrt{3}[I_3 - I_2]}{2 \cdot I_1 - I_2 - I_3}\right]$$

$$(Gl. 5.13)$$

Die Intensität I_1, I_2 und I_3 werden im Rechner pixelweise durch 256 Graustufen digital dargestellt und daraus die ortsabhängige Phase $\Phi(x, y)$ berechnet. Bei bekannter Verschieberichtung läßt sich der Betrag $d(x, y)$ des Verschiebevektors nach Gleichung 5.7 bestimmen. Ein Anwendungsbeispiel zeigt Bild 5.28.

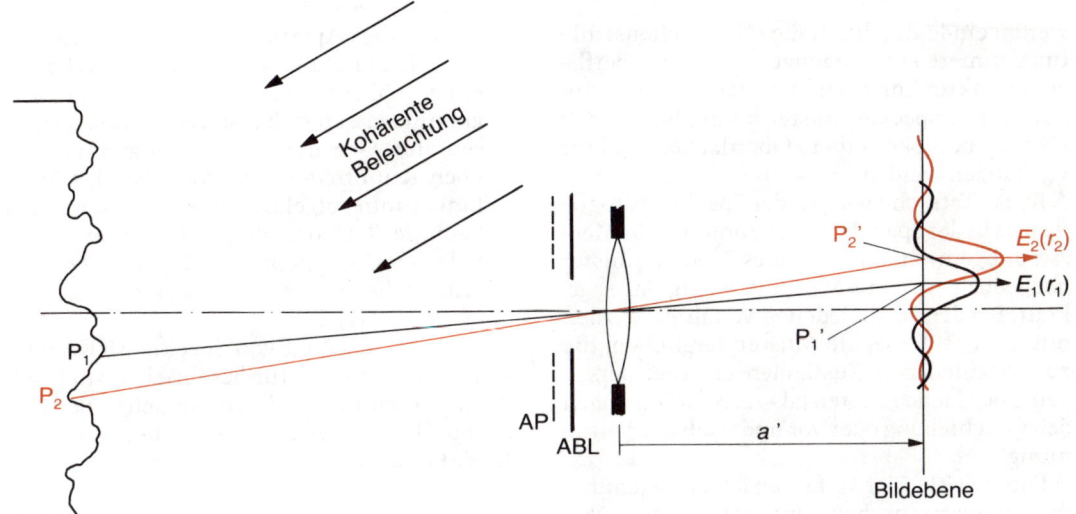

Objekt mit
rauhe Oberfläche

Bild 5.29 Entstehung der Speckles. Die Beugungswellen der einzelnen Objektpunkte interferieren in der Bildebene.

5.2 Speckle-Meßverfahren

5.2.1 Einleitung

Im Abschnitt 2.5.4 haben wir die Speckles kennengelernt. Sie entstehen bei kohärenter Beleuchtung einer rauhen Oberfläche durch Interferenz der Elementarwellen der Streuzentren.

In einem Abbildungsstrahlengang (Bild 5.29) ergibt die Überlagerung der Streuwellen aller Oberflächenpunkte in der Aperturblendenöffnung ABL eine räumliche statistische Phasenverteilung. Diese wird durch die Linse in die Austrittspupille AP abgebildet und erzeugt in der Bildebene das zugehörige Speckle-Muster.

Wir können die Speckle-Entstehung aber auch vom Standpunkt der Beugung verstehen. Die von den Oberflächenpunkten (z.B. P_1 und P_2) ausgehenden Streuwellen sind wegen der «Gebirgsstruktur» der rauhen Oberfläche (im Maßstab der Wellenlänge λ gedacht) phasenverschoben. Die konjugierten (geometrisch optischen) Bildpunkte in der Bildebene sind P_1' und P_2'. Bei beugungsbegrenzter Abbildung erhält man für jeden Bildpunkt eine Feldstärkeverteilung $E_i(r_i)$ entsprechend Bild 2.20c. Diese allein durch die Beugung bedingten Am-

plitudenverteilungen $E_i(r_i)$ (point spread function, Punktverwaschungsfunktion) sind für die Bildpunkte P_1' und P_2' in Bild 5.29 schematisch eingezeichnet. Die gegenseitige Phasenverschiebung der beiden Feldstärkeverteilungen $E_1(r_1)$ und $E_2(r_2)$ entspricht der optischen Wegdifferenz vom Laser über P_1 bzw. P_2 zu den beiden Bildpunkten. Diese ist von der Oberflächenstruktur bei P_1 und P_2 abhängig. $E_1(r_1)$, $E_2(r_2)$ und $E_i(r_i)$ der umgebenden Punkte P_i – soweit sich ihre Punktverwaschungsfunktionen überlappen – können konstruktiv oder destruktiv interferieren. Dadurch entstehen die Speckles. Der Überlappungsbereich wird infolge der Beugung durch die Aperturblende ABL (bzw. Austrittspupille mit Durchmesser D_{AP}) festgelegt. Er hat die Größenordnung des Airyschen Beugungsscheibchens und entspricht dem Speckle-Durchmesser d_s, wobei a' die Bildweite ist:

$$d_s \approx 1{,}22\,\frac{\lambda\,a'}{D_{AP}} \qquad \text{(Gl. 5.14)}$$

Da die gegenseitigen Phasenlagen der Streuwellen eindeutig durch die Oberflächenstruktur definiert sind, erzeugt also jede Oberflächenstruktur ihr eigenes Speckle-Muster im Raum. Ein Speckle-Muster kann als eine Art »Fingerabdruck« einer Oberflächenstruktur verstanden werden.

Diese Tatsache wird in der Speckle-Fotografie und in der Speckle-Interferometrie für Meßzwecke genutzt. Ein einzelnes Speckle-Muster hat jedoch für eine Messung wenig Aussagekraft. Bei den verschiedenen Verfahren werden mindestens 2 Speckle-Muster verglichen, die zu verschiedenen Zuständen ein und derselben Oberfläche gehören (also z. B. vor und nach der Verschiebung oder vor und nach der Verformung).

Die Speckle-Meßverfahren haben gegenüber der holographischen Interferometrie Vorteile:

☐ Sie können in ihrem Meßaufbau so der Meßaufgabe angepaßt werden, daß man
  – nur transversale Verschiebungen (also parallel zur Objektoberfläche, d. h. in plane) mißt,
  – nur longitudinale Verschiebungen (senkrecht zur Oberfläche, out of plane) mißt.

☐ Durch die Aperturblende läßt sich der Speckle-Durchmesser d_s der Pixelgröße einer CCD-Kamera anpassen. Specklegramme lassen sich also elektronisch erfassen (im Gegensatz zur Holographie, wo noch Raumfrequenzen von 1000 bis 2000 Linien/mm aufgelöst werden müssen). Man kann sie elektronisch speichern und sie mit Hilfe des Computers einer Bildverarbeitung unterziehen (Electronic Speckle Pattern Interferometry, ESPI).

Aus der großen Zahl von Speckle-Meßverfahren, die in der Literatur beschrieben sind, sollen in Abschnitt 5.2.2 ein einfaches Beispiel zur Speckle-Fotografie und in Abschnitt 5.2.3 die ESPI kurz beschrieben werden.

5.2.2 Messung von Oberflächenverschiebungen

Bild 5.30 zeigt eine Anordnung, bei der durch Speckle-Fotografie der transversale Verschiebeweg Δx der ganzen Oberfläche (in plane) gemessen werden kann. Das Meßobjekt wird mit ebenen Wellen kohärent beleuchtet. Es wird zunächst im Ausgangszustand (Speckle-Mu-

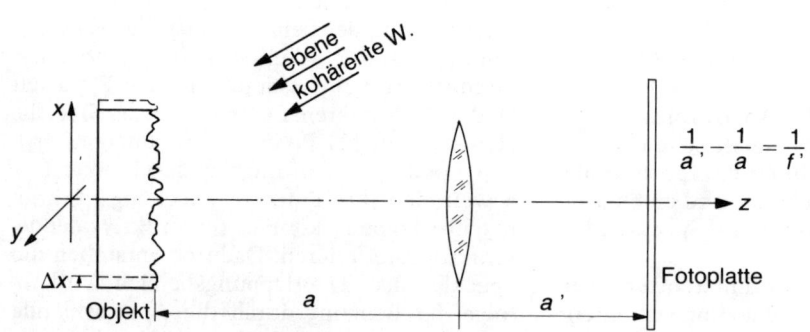

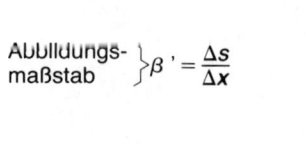

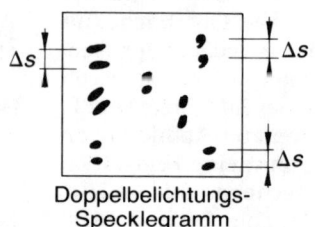

Bild 5.30
Messung der Lateralverschiebung Δx eines Objekts mit Hilfe von Speckles. Die Belichtung erfolgt vor und nach der Verschiebung.

$$\frac{1}{a'} - \frac{1}{a} = \frac{1}{f'}$$

Abbildungsmaßstab $\left.\right\} \beta' = \dfrac{\Delta s}{\Delta x}$

Doppelbelichtungs-Specklegramm

Bild 5.31
Die Beugung am Doppel-
belichtungs-Specklegramm
entspricht der des Doppelspalts
(Abschnitt 2.3.3).

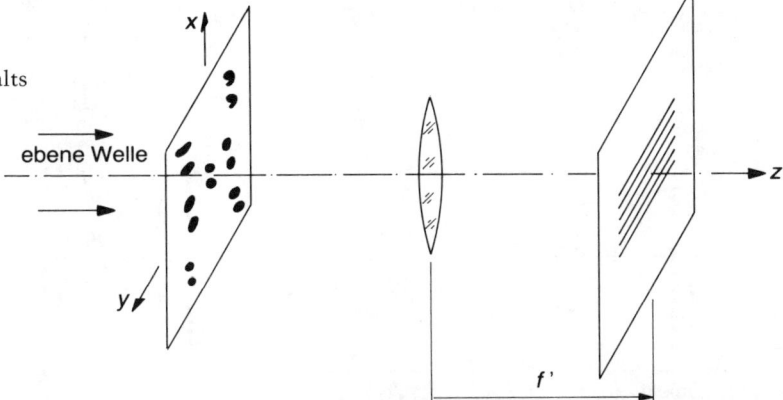

ster des Ausgangszustandes) und dann im End-
zustand nach der Verschiebung Δx fotogra-
fiert.

Die entwickelte Fotoplatte enthält dann
dieselbe Speckle-Struktur zweimal. Diese beiden Strukturen sind um einen der Verschie-
bung Δx des Objekts entsprechenden Betrag Δs
verschoben. Das Verhältnis $\beta' = \Delta s/\Delta x$ ist der
Abbildungsmaßstab.

Das Doppelbelichtungs-Specklegramm
wirkt – in bezug auf die Beugung – wie ein
Doppelspalt (Bild 5.31). Für die Beugungsmaxima bei Fraunhofer-Beugung gilt entspre-
chend Abschnitt 2.3.3: $s \cdot \sin a_\mathrm{m} = m \cdot \lambda$. Daraus
läßt sich die Verschiebung Δs, die dem Spaltab-
stand s des Doppelspalts entspricht, bestimmen. Mit Hilfe des Abbildungsmaßstabs folgt
Δx.

Die Specklegramme, deren Beugungsbilder
in Bild 5.32 gezeigt sind, entstanden durch fo-
tografische Aufnahmen eines mit einem auf-
geweiteten Laserstrahl beleuchteten weißen
matten Papiers. Die Anordnung zur Erzeugung
der Beugungsbilder entspricht Bild 5.31.
Wenn durch oberflächenparallele Kräfte ein
Verschiebungsgradient auftritt, d. h. die Verschiebung Δx nicht über die ganze Oberfläche
konstant ist, muß die Abtastung des Doppel-
Specklegramms mit einem entsprechend dünnen Laserstrahl erfolgen, um die zu jedem Ort
gehörige Verschiebung zu messen.

Die kleinste meßbare Verschiebung Δx liegt
in der Größenordnung von einigen Speckle-
Durchmessern d_s.

a)

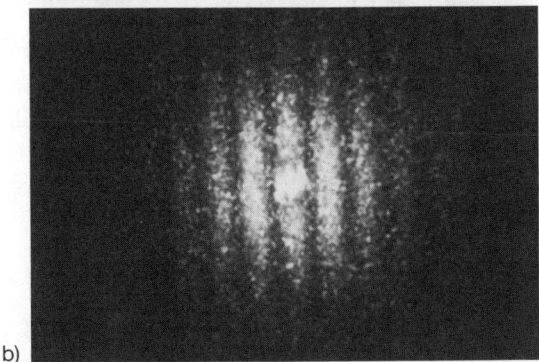

b)

Bild 5.32
a) Beugung an einem einmal belichteten Speck-
 legramm.
b) Beugung an einem doppelt belichteten Speck-
 legramm. Zwischen den beiden Belichtungen
 wurde das Objekt um $\Delta x = 200$ µm verschoben.

Die Aufnahmen erfolgten mit einem normalen
Amateurfilm bei der Blendenzahl 16.

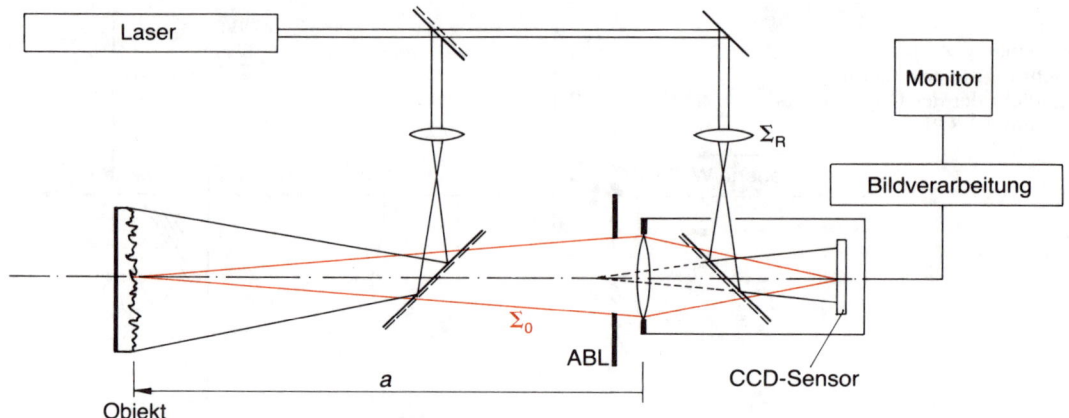

Bild 5.33   Anordnung bei der ESPI-Methode
[nach 5.15 und 5.1]

5.2.3 Elektronische Speckle-Pattern-Interferometrie (ESPI)

Bei der ESPI-Methode wird die Objektoberfläche auf den CCD-Sensor abgebildet (Bild 5.33). Die Objektwelle Σ_0 sei

$$A_0(x, y, z) \cdot e^{j \Phi_0(x,y,z)} \qquad \text{(Gl. 5.15)}$$

Die Aperturblende ABL bestimmt die Speckle-Größe d_s auf dem CCD-Sensor. Gleichzeitig wird die CCD-Sensorfläche koaxial zur Abbildungsoptik mit einer Referenzwelle (Kugelwelle) Σ_R beleuchtet. Es ist

$$A_R(x, y, z) \cdot e^{j \Phi_R(x, y, z)} \qquad \text{(Gl. 5.16)}$$

Durch die Referenzwelle ändert sich die Intensitätsverteilung der Speckles, da Objektwelle und Referenzwelle interferenzfähig sind.

In der Speckle-Interferometrie lassen sich ähnliche Verfahren wie in der holographischen Interferometrie realisieren.

Doppelbelichtungs- und Echtzeitverfahren

Der CCD-Sensor registriert zunächst die durch Überlagerung von Σ_0 und Σ_R erzeugte Intensitätsverteilung des Anfangszustandes der Objektoberfläche:

$$\begin{aligned} I_1(x, y) &= |A_0\, e^{j \Phi_0(x, y)} + A_R\, e^{j \Phi_R(x, y)}|^2 \\ &= A_0^2 + A_R^2 + 2\,A_0\,A_R \cos(\Phi_0 - \Phi_R) \end{aligned}$$

$$\text{(Gl. 5.17)}$$

Der Term $A_0^2(x, y)$ entspricht dem Speckle-

Muster auf dem CCD-Sensor, wenn die Referenzwelle fehlt.

Eine Bewegung der Objektfläche bei P um Δz in axialer Richtung (out of plane) bewirkt eine Phasenverschiebung $\Delta\Phi$ der resultierenden Streuwelle am zugehörigen Bildort P′$(x′, y′)$ des CCD-Sensors. Für genügend große Objektweiten a gilt:

$$\Delta\Phi = \frac{2\,\Delta z}{\lambda}\, 2\,\pi$$

$$\text{(Gl. 5.18)}$$

Dadurch ergibt sich durch Interferenz mit der Referenzwelle eine Veränderung der Intensitätsverteilung der Speckles auf der CCD-Sensorfläche. Ein Speckle, das z. B. bei der 1. Aufnahme mit der Referenzwelle ein Interferenzmaximum erzeugte, wird bei $\Delta z = \lambda/4$ ein Interferenzminimum bilden. Für das neue Speckle-Muster $I_2(x, y)$ des verformten Zustandes gilt

$$I_2(x, y) = A_0^2 + A_R^2 + 2\,A_0\,A_R \cos(\Phi_0 - \Phi_R + \Delta\Phi)$$

$$\text{(Gl. 5.19)}$$

$I_1(x, y)$ und $I_2(x, y)$ werden von der Kamera aufgenommen.

Durch elektronische Subtraktion der beiden Bilder I_1 und I_2 erhält man

$$\begin{aligned} \Delta I = |I_1 - I_2| = |2\,A_0\,A_R\,[&\cos(\Phi_0 - \Phi_R) \\ -&\cos(\Phi_0 - \Phi_R + \Delta\Phi)]| \end{aligned}$$

$$\text{(Gl. 5.20)}$$

Daraus folgt, daß für alle Orte, die das Signal $\Delta I = 0$ ergeben, gilt:

$$\Delta\Phi = m\, 2\pi \quad (\text{wobei } m = 0, 1, 2, 3 \ldots),$$
also $\Delta z = m\, \lambda/2$

Für die Orte mit $\Delta z = (2m+1)\lambda/4$, d. h. $\Delta\Phi = (2m+1)\pi$, erhalten wir das Signal $\Delta I = |4\, A_0\, A_R \cos(\Phi_0 - \Phi_R)| > 0$.

Das Monitorbild zeigt $\Delta I\,(x, y)$. Die Streifen sind also die geometrischen Orte aller Oberflächenbereiche mit gleicher Verschiebung Δz. Bild 5.34 zeigt als Beispiel das Meß- und Auswertungsergebnis bei der Verformung einer Membran durch eine geringe Druckerhöhung. Durch die elektronische Bildverarbeitung können ein guter Streifenkontrast erreicht und die Phase $\Delta\phi\,(x, y)$ und die Verformung Δz berechnet werden.

Bild 5.34   Verformungsmessung mit der ESPI-Methode an einer kreisförmigen am Rand eingespannten Gummimembran. Zwischen den beiden registrierten Speckle-Mustern $I_1\,(x, y)$ und $I_2\,(x, y)$ wurde der Druck auf einer Seite der Membran um 0,2 mbar erhöht.
a) Monitorbild, entstanden durch Subtraktion der beiden Speckle-Muster.
b) Das Phasenbild, das durch Filterung und Bildverarbeitung aus der Differenz der Speckle-Muster errechnet wurde. Der Betrag der Phasendifferenz $\Delta\Phi\,(x, y)$ erhöht sich von weiß nach schwarz jeweils um π.
c) Das Ergebnis-Bild zeigt die Verformung durch die verschiedenen Graustufen (im Rechner digitalisiert in 256 Stufen)
d) Pseudo-dreidimensionale Darstellung der Verformung
[Aufnahmen: S. Dengler, Labor Dr. Steinbichler]

a)

b)

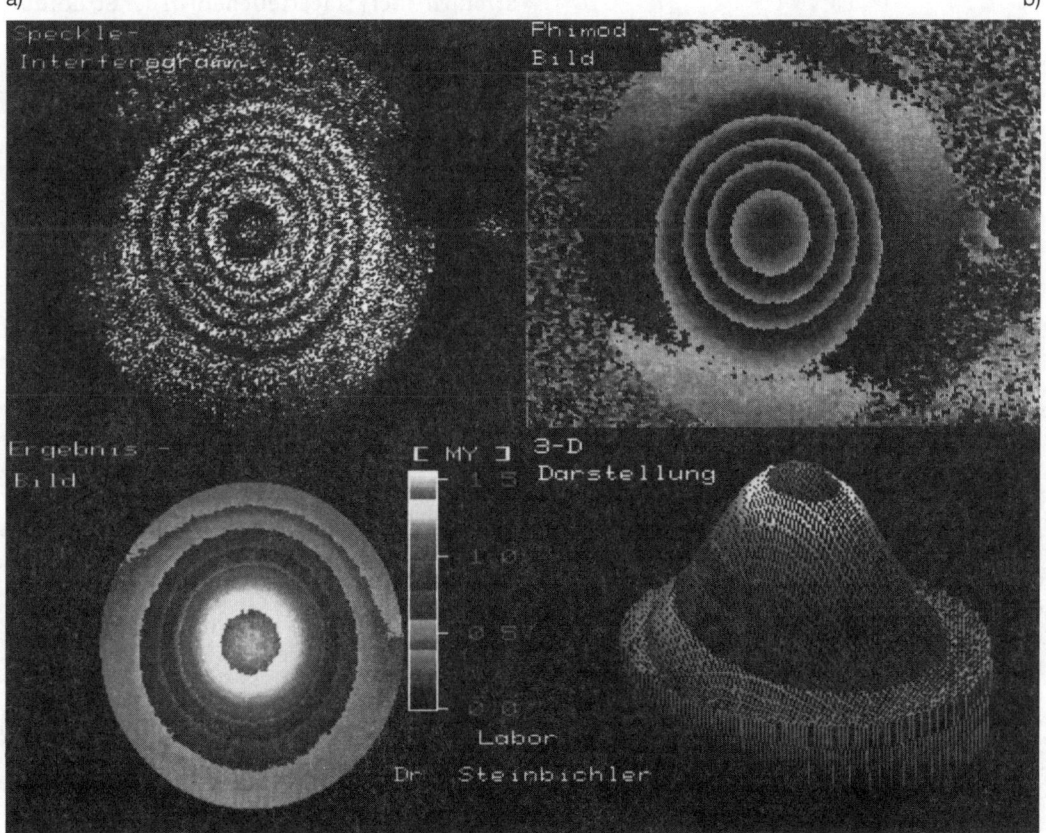

c)

d)

Schwingungsanalyse mit Hilfe des Zeitmittelverfahrens

Als Objekt betrachten wir eine senkrecht zur Oberfläche schwingende Membran. Die vom Objektort abhängige Elongation sei $\Delta z = \hat{d}\,(x, y)\,\sin\omega\,t$, wobei $\hat{d}\,(x, y)$ die Schwingungsamplitude im Punkt $P\,(x, y)$ ist. Dies führt nach Gl. 5.18 zu einer Phasenmodulation $\Delta\Phi(x, y) = (4\pi/\lambda)\Delta z$. Jeder Objektort $P\,(x, y)$ ist durch die optische Abbildung einem bestimmten Pixel $P'\,(x', y')$ des CCD-Sensors zugeordnet. Die pro Pixel erzeugten Ladungen sind der zeitliche Mittelwert über die Beobachtungsdauer t_B. Es sei $t_B \gg T = 2\pi/\omega$. Die Ladung eines Pixels entspricht (analog Gl. 5.17) dem zeitlichen Mittelwert der Intensität. Diesen erhalten wir durch folgendes Integral:

$$\bar{I}\,(x', y') = 1/t_B \int_0^{t_B} \left| A_0 \exp\left\{ j\left(\Phi_0 + \frac{4\pi\hat{d}\,\sin\omega\,t}{\lambda} \right) \right\} \right.$$

$$\left. + A_R\, exp\,\{j\,\Phi_R\} \right|^2 dt$$

$$= A_0^2 + A_R^2 + 2\,A_o\,A_R\,cos\,(\Phi_0 - \Phi_R)\,J_0\,(u)$$

mit

$$u = (4\pi\hat{d}\,)/\lambda \qquad \text{(Gl. 5.21)}$$

Definition:

$$J_0\,(u) = (1/2\,\pi) \int_0^{2\pi} e^{j\,u\,\sin x}\,dx$$

$$= (1/T)\int_0^T e^{j\,u\,\sin\omega\,t}\,dt \Bigg|_{t_B \gg T} \approx (1/t_B)\int_0^{t_B} e^{j\,u\,\sin\omega\,t}\,dt$$

Der Verlauf der Besselfunktion nullter Ordnung $J_0\,(u)$ ist in Bild 5.24 gezeigt. $\bar{I}$ wird über die CCD-Kamera von einem Bildverarbeitungssystem verarbeitet. Durch elektronische Filterung lassen sich die Terme A_0^2 und A_R^2 unterdrücken. Das Monitorbild zeigt dann den Betrag des dritten Gliedes der Gleichung 5.21. Die Nullstellen des Monitorsignals (Orte mit gleicher Amplitude $\hat{d}$) sind durch die Nullstellen der Besselfunktion $J_0\,(u)$ definiert.

5.3 Laserdoppler-Anemometrie (LDA)

5.3.1 Einleitung

Die optische Bestimmung der Geschwindigkeiten in Strömungen (Flüssigkeiten und Gasen) hat den Vorteil, daß durch den *berührungslosen Meßvorgang* die Strömung nicht gestört wird (im Gegensatz zu den herkömmlichen Verfahren wie Hitzdrahtsonden, Prandtlsches Staurohr). Das Verfahren eignet sich für laminare und turbulente Strömungen in optisch transparenten Medien. Der Meßbereich reicht von sehr kleinen Geschwindigkeiten (μm/s) bis zur Überschallgeschwindigkeiten (1 000 m/s). Auch die Geschwindigkeiten von festen Körpern, wie z. B. vom Walzgut in Walzstraßen, können gemessen werden.

Das Meßverfahren setzt voraus, daß kleine Streupartikel (Tracerteilchen) in der Strömung mitschwimmen, so daß die Partikelgeschwindigkeit gleich der Strömungsgeschwindigkeit ist. Der Teilchendurchmesser liegt im Bereich $0,1\ \mu$m $< D_P < 100\ \mu$m. Die untere Grenze der Partikelgröße ist dadurch bestimmt, daß die Streuteilchen noch eine störende Brownsche Molukularbewegung ausführen. Die obere Grenze des Durchmessers wird (je nach der Massendichte) durch die Massenträgheit der Teilchen begrenzt, weil die Teilchen in Bereichen mit großen Beschleunigungen im Strömungsfeld auch wirklich der Strömung folgen müssen. Der Einfluß der Teilchengröße auf die Fehler bei der LDA-Messung wird in [5.22] für Teilchendurchmesser von 1 μm bis 70 μm untersucht.

Das Lichtstreuvermögen der Teilchen wird durch Beugung, Reflexion und Brechung bewirkt. Es ist stark richtungsabhängig.

Für kugelförmige Teilchen wurde das beugungsbedingte Streuverhalten von MIE berechnet (Bild 5.35). Die räumliche Verteilung wird dabei durch den MIE-Parameter a bestimmt:

$$a = \pi \cdot D_P/\lambda \qquad \text{(Gl. 5.22)}$$

Dabei ist D_P der Durchmesser der Teilchen.

Die Vorwärtsstreuung ist immer wesentlich stärker als die Rückwärtsstreuung. Das Intensitätsverhältnis von Vorwärts- zu Rückwärts-

Bild 5.35 Streulichtverteilung in Polarkoordinaten bei verschiedenen MIE-Parametern a [nach J. Olaf, K. Robock: Staub, 21, 1961]

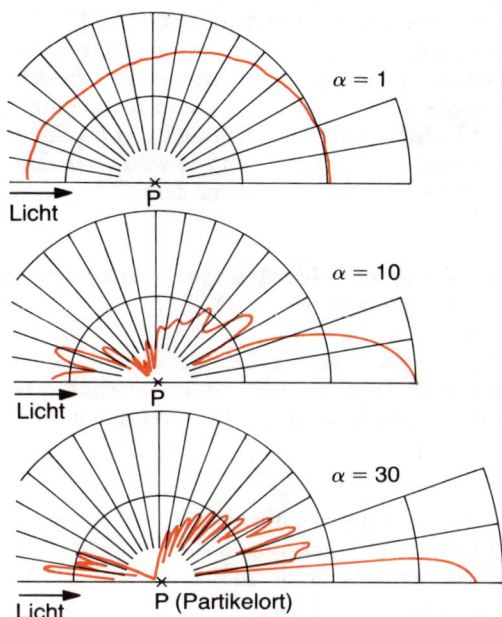

Bild 5.36 Experimentelle Anordnung beim Differenz-Doppler-Verfahren

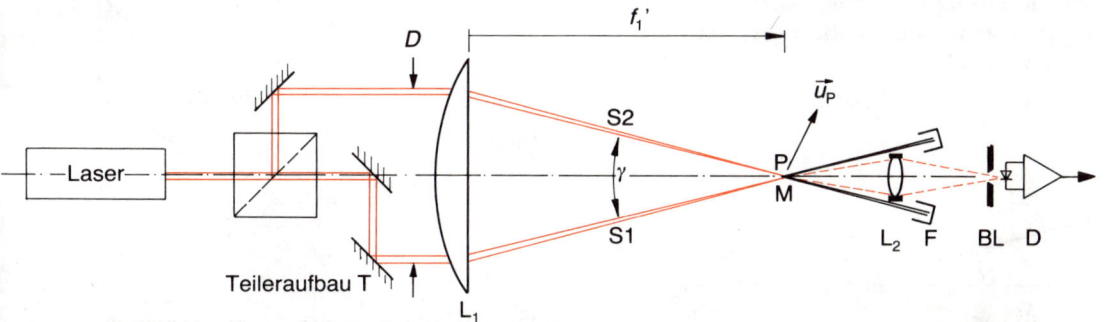

streuung steigt mit zunehmendem Partikeldurchmesser D_P.

5.3.2 Beispiel für einen experimentellen Aufbau

Es gibt verschiedene experimentelle Anordnungen. Wir wollen das Prinzip anhand des *Differenz-Doppler-Verfahrens* erläutern (Bild 5.36).

Der Laser muß – wegen der notwendigen räumlichen und zeitlichen Kohärenz – Im Grundmode TEM_{00} schwingen. Der Strahl wird über einen Teileraufbau T in die Teilstrahlen S1 und S2 geteilt. Durch die Linse L_1 werden die beiden Strahlen im Meßvolumen M fokussiert, so daß sich die beiden Strahltaillen dort gegenseitig durchdringen. Die beiden Strahlachsen schließen den Winkel γ ein. Ein Partikel P, das M entsprechend der Strömungsgeschwindigkeit $\vec{u}_{ström} = \vec{u}_P$ durchläuft, streut die Wellen von S1 und S2. $\vec{u}_P$ hat unterschiedliche Geschwindigkeitskomponenten bezüglich S1 und S2. Deshalb sieht P – infolge des Dopplereffekts – in seinem Bezugssystem bei S1 eine niedrige und bei S2 eine höhere Lichtfrequenz. Das Streulicht wird von der Linse L_2

gesammelt und im Detektor D erfaßt. Dieser wandelt die optische Information in ein elektrisches Signal um. Damit nur Streulicht des Meßvolumens M auf den Detektor gelangt, wird M auf der Blendenöffnung BL abgebildet. Die direkten Strahlen S1 und S2 werden in den Lichtfallen F (Absorber) absorbiert.

5.3.3 Entstehung des Meßsignals durch den Dopplereffekt

Für die Entstehung des Meßsignals ist der relativistische Dopplereffekt verantwortlich. Da aber $u_P \ll c$ ist, kann Gl. 2.9 vereinfacht werden:

$$f_e = f_s \cdot [1 \pm v/c] \qquad \text{(Gl. 5.23)}$$

In Bild 5.37 sind die Einheitsvektoren $\vec{e}_1$ und $\vec{e}_2$ der Lichteinfallsrichtungen von S1 und S2 und der Einheitsvektor $\vec{e}_B$ in Beobachtungsrichtung definiert.

Die Geschwindigkeitskomponente v_{P1} von P in Richtung von S1 ist $v_{P1} = \vec{u}_P \cdot \vec{e}_1$. P empfängt also in seinem Bezugssystem die Frequenz

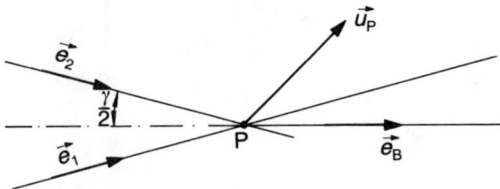

Bild 5.37   Definition der Richtungen

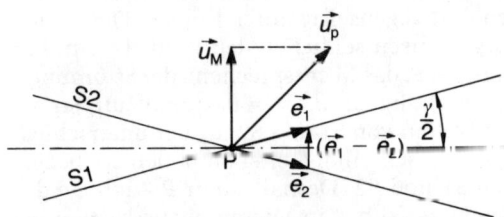

Bild 5.38   Herleitung des Zusammenhangs von f_D und u_M

$$f_{P1} = f_o \cdot \left[1 - \frac{\vec{u}_P \cdot \vec{e}_1}{c} \right] \qquad \text{(Gl. 5.24)}$$

Diese Frequenz wird von P entsprechend der Streucharakteristik gestreut. Der Beobachter B in Richtung $\vec{e}_B$ (Detektor D) empfängt die Frequenz

$$f_{B1} = f_{P1} \cdot \left[1 + \frac{\vec{u}_P \cdot \vec{e}_B}{c} \right] \qquad \text{(Gl. 5.25)}$$

Da wir nun zwei Lichtstrahlen S1 und S2 mit den Richtungen $\vec{e}_1$ und $\vec{e}_2$ haben, erhalten wir von jedem Lichtstrahl eine Streuwelle zum Detektor (Frequenz f_{B1} und f_{B2}). Dieser kann wegen der hohen Frequenz des Lichts nur das Signal der Frequenzdifferenz, d.h. der Lichtschwebung, registrieren. Die Frequenz dieser Lichtschwebungen bezeichnen wir bei der LDA als Dopplerfrequenz f_D. Es gilt entsprechend Bild 5.38:

$$f_D = f_{B2} - f_{B1} = f_0 \left[1 + \frac{\vec{u}_P \cdot \vec{e}_B}{c} \right] \cdot \frac{\vec{u}_P \cdot (\vec{e}_1 - \vec{e}_2)}{c}$$
$$\text{(Gl. 5.26)}$$

mit $\vec{u}_P \cdot \vec{e}_B \ll c$ und

$$\vec{u}_P \cdot (\vec{e}_1 - \vec{e}_2) = 2\, u_M \sin(\gamma/2)$$

folgt

$$f_D = 2\, \frac{f_0 \cdot u_M}{c} \sin(\gamma/2), \quad \text{wobei} \quad c = \frac{c_{vak}}{n}$$
$$\text{(Gl. 5.27)}$$

Die Dopplerfrequenz f_D ist proportional zur Geschwindigkeitskomponente u_M, die senkrecht zur Winkelhalbierenden des Winkels γ steht, den die beiden Strahlen S1 und S2 einschließen.

5.3.4 Deutung mit dem Interferenzstreifen-Modell

Dieses Modell ist sehr anschaulich, jedoch lassen sich damit nicht alle physikalischen Vorgänge erklären. So kann z.B. die Richtungsabhängigkeit des Streuvorgangs in diesem Modell nicht berücksichtigt werden.

Im Schnittvolumen (Meßvolumen M), wo

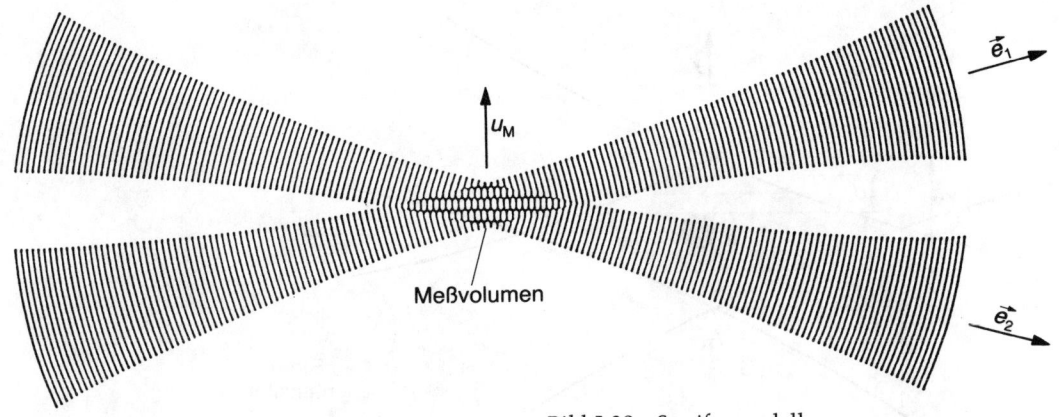

Bild 5.39   Streifenmodell

sich die beiden Teilstrahlen schneiden, erhalten wir nahezu parallele Interferenzstreifen (Bild 5.39). Ein Teilchen, das sich mit der Geschwindigkeitskomponente u_M durch die Interferenzstreifen bewegt, erzeugt ein mit der Dopplerfrequenz f_D moduliertes Streulicht.

Der Interferenzlinienabstand ist entsprechend Gl. 5.4

$$d_s = \lambda_{vak}/2 \cdot n \cdot \sin{(\gamma/2)} \quad \text{(Gl. 5.28)}$$

wobei n der Brechungsindex des strömenden Mediums ist. Die Dopplerfrequenz ist dann

$$f_D = u_M/d_s \quad \text{(Gl. 5.29)}$$

Das Meßvolumen ist das Durchdringungsvolumen der beiden Gaußschen Strahlen. Mit dem Taillenradius $w_1 = w_2 = w_T$ ($1/e^2$ Intensitätsgrenze, Abschnitt 3.7.2) erhält man die Ausdehnung des Meßvolumens Δx_M, Δy_M, Δz_M (Bild 5.40a).

Es sind:

$$\Delta x_M = 2 \cdot w_T$$

$$\Delta y_M = 2 \cdot w_T/\cos{(\gamma/2)}$$

$$\Delta z_M = 2 \cdot w_T/\sin{(\gamma/2)}$$

Die Anzahl der Interferenzstreifen ist

$$N_S = \Delta y_M/d_S = \frac{4 \cdot n \cdot w_T}{\lambda_{vak}} \tan{(\gamma/2)} \quad \text{(Gl. 5.30)}$$

Nach Bild 5.36 ist

$$\tan{(\gamma/2)} = D/2 \cdot f_1' \quad \text{(Gl. 5.31)}$$

Die Signalform (Bild 5.40b und c) hängt vom Partikelweg und der Partikelgröße ab.

Sind die Intensitäten von S1 und S2 gleich, dann ist in der Mitte des Meßvolumens längs der y-Achse (Weg A_1–B_1) der Kontrast der Interferenzen $K \cong 1$.

Für den Weg A_2–B_2 sind die Kontraste der Interferenzen bei A_2 und B_2 wegen des Intensitätsabfalls der Gaußschen Strahlen gering.

Ein kleines Teilchen mit dem Partikeldurchmesser $D_P < d_S/2$ erzeugt eine Streulichtintensität, die nahezu dem Kontrast der Interferenzstreifen proportional ist. Es entsteht ein gut moduliertes Dopplersignal (Bild 5.40b). Ein Teilchen mit $D_P = d_S$ hat an jedem Ort eine der mittleren Intensität proportionale Streulichtintensität, d.h., es erzeugt kein Dopplersignal. Bild 5.40c zeigt schematisch das Signal eines kleinen Teilchens für den Weg A_2–B_2.

In Bild 5.41 sind zwei Beispiele von Dopplersignalen gezeigt, aus denen durch elektronische Verarbeitung der Betrag von u_M ermittelt werden muß.

5.3.5 Auswertung des Dopplersignals

Wenn ein Streuteilchen das Meßvolumen gerade dann verläßt, wenn das folgende in das Meßvolumen einströmt, erhält man ein kontinuierliches Detektorsignal. Dieser Fall ist unwahrscheinlich. In der Praxis kommt es zur

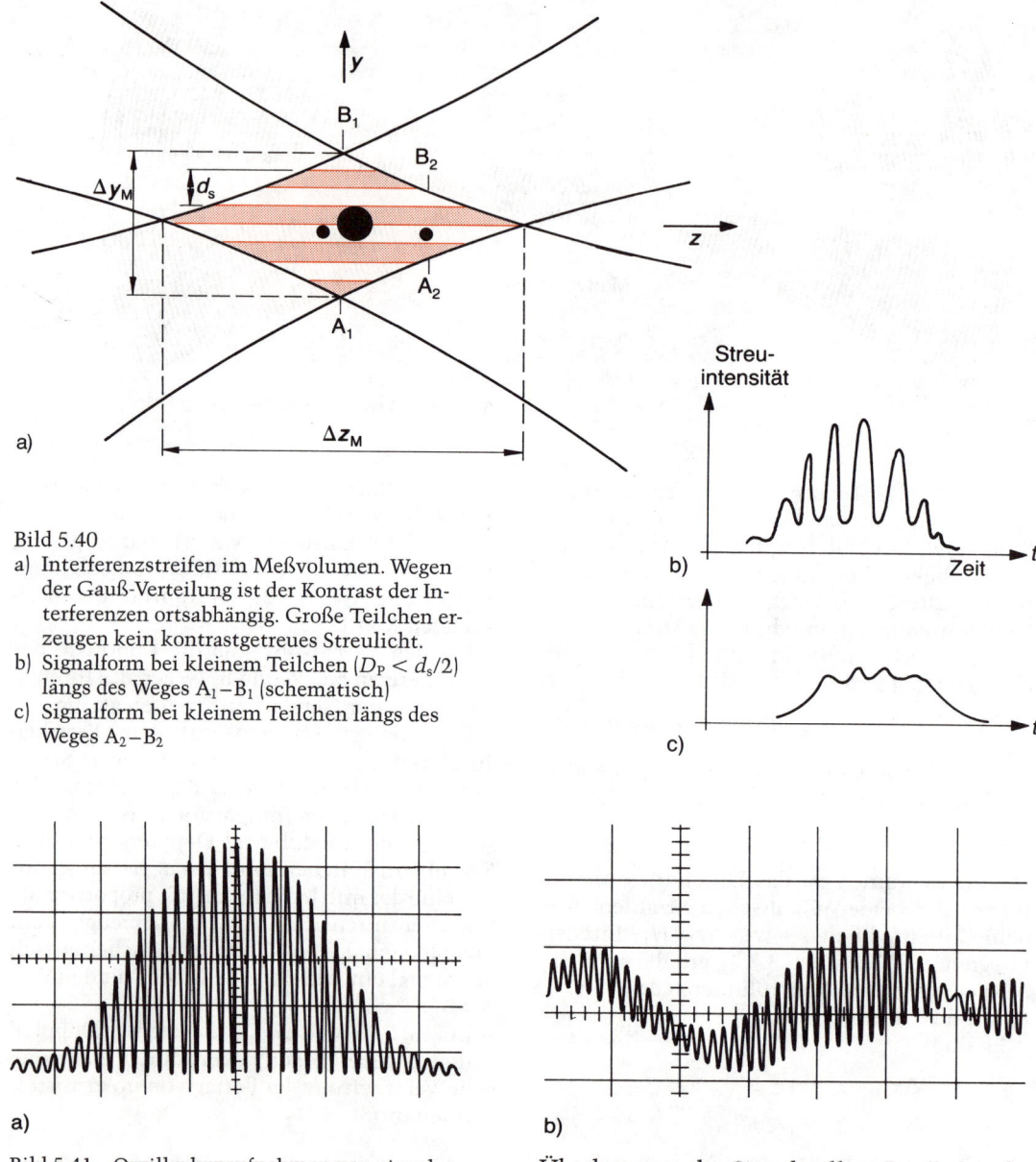

Bild 5.40
a) Interferenzstreifen im Meßvolumen. Wegen der Gauß-Verteilung ist der Kontrast der Interferenzen ortsabhängig. Große Teilchen erzeugen kein kontrastgetreues Streulicht.
b) Signalform bei kleinem Teilchen ($D_P < d_s/2$) längs des Weges $A_1 - B_1$ (schematisch)
c) Signalform bei kleinem Teilchen längs des Weges $A_2 - B_2$

Bild 5.41   Oszilloskopaufnahmen von einzelnen Dopplersignalen
a) Ideales Signal, das durch ein Teilchen mit $D_P < d_s/2$ erzeugt wird, wenn sich dieses durch die Mitte des Meßvolumens bewegt
b) Typisches Dopplersignal

Überlagerung der Signalwellenzüge (bei mehr als einem Teilchen im Meßvolumen) und zu Signalausfällen («drop out»), wenn sich gerade kein Teilchen im Meßvolumen befindet. Dies muß bei der Signalverarbeitung berücksichtigt werden.

Im folgenden sollen drei Verfahren zur Signalauswertung erwähnt werden:

☐ Auswertung des Oszilloskopbildes.
Ein Signalwellenzug (LDA-Burst) läßt sich mit einem Speicheroszilloskop registrieren (Bild 5.41). Durch die bekannte Zeitablenkungsgeschwindigkeit des Oszilloskops loskops läßt sich die Dopplerfrequenz f_D bestimmen. Dies Methode ist mühsam und nicht sehr genau.

☐ Frequenz-Tracker
(Frequenznachlauf-Demodulation)
Diese Geräte enthalten einen spannungskontrollierten Oszillator (Voltage-Controlled Oscillator, VCO). Dessen Frequenz kann über eine Spannungsveränderung ΔU (an einer Kapazitätsdiode) geregelt werden. Die Frequenz f_0 des VCO wird mit dem bandpaßgefilterten Dopplersignal f_D verglichen

und so nachgeregelt, daß die Differenz der beiden Frequenzen Null ist. Die Spannung ΔU ist ein Maß für die f_D.

☐ Zählverfahren (LDA-Counter)
Das Zählverfahren (Bild 5.42) ermöglicht die Ermittlung von u_M aus einzelnen Streuereignissen. Das vom Detektor kommende Signal geht durch einen Hochpaß und wird dann mit einem Schmitt-Trigger in ein Rechtecksignal umgewandelt. Da auch falsche Signale vom Detektor aufgenommen werden, müssen diese eliminiert werden.
Mit einer 500-MHz-Zeitbasisfrequenz (als Uhr) werden die Zeiten t_1 und t_2 für $N_1 = 5$ Streifen und $N_2 = 8$ Streifen (Rechteckimpulse) gemessen. Ein Komparator vergleicht die Zeiten. Wenn das Verhältnis $t_1/t_2 = 5/8$

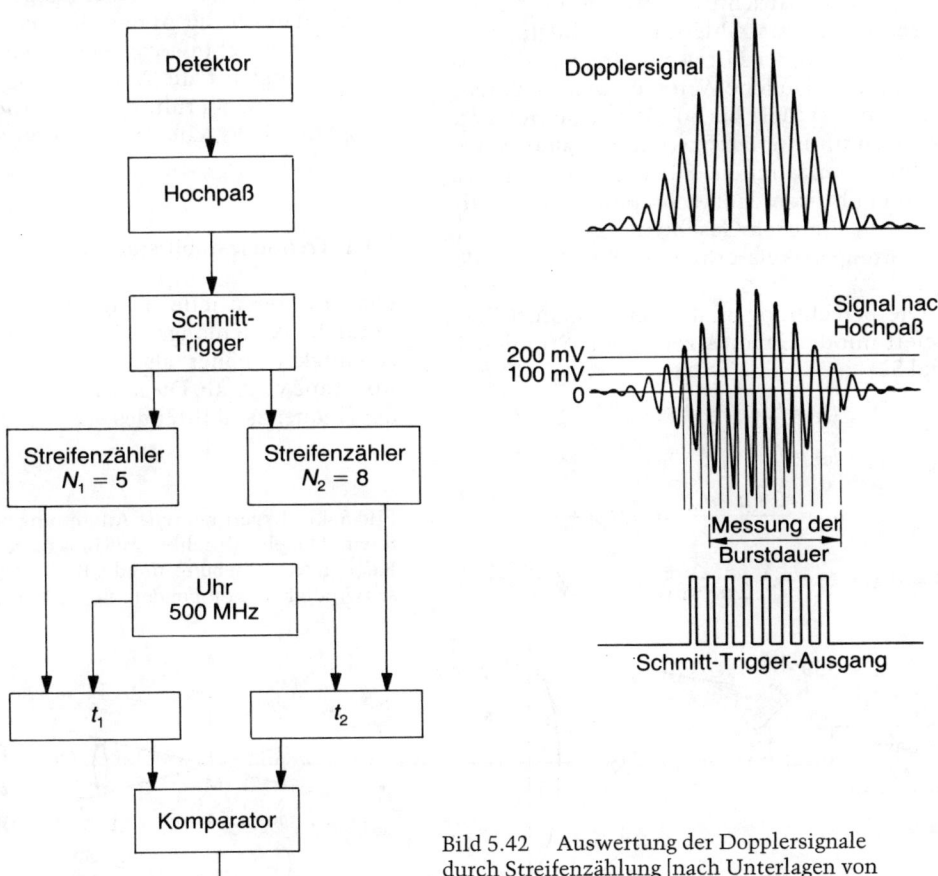

Bild 5.42 Auswertung der Dopplersignale durch Streifenzählung [nach Unterlagen von Disa-Elektronik]

ist, dann wird das Meßresultat in eine Strömungsgeschwindigkeit umgerechnet und angezeigt, andernfalls wird es verworfen.

5.3.6 Messung der Geschwindigkeitsrichtung

Im Interferenzmodell ist besonders deutlich zu erkennen, daß bei einer Umkehr von u_M das Detektorsignal dasselbe bleibt. Die Geschwindigkeitsrichtung ist aber nur dann zu ermitteln, wenn zu $+|u_M|$ und zu $-|u_M|$ verschiedene Dopplerfrequenzen f_D gehören. Dies erreicht man durch eine Frequenzverschiebung bei einem der beiden Strahlen S1 bzw. S2 (Bild 5.4.3).

Mit Hilfe eines akustooptischen Modulators (Bragg-Zelle, Abschnitt 3.9.6) wird die Frequenz des Lichtstrahls um die Shiftfrequenz f_A, die gleich der Ultraschallfrequenz f_{Hf} ist, verschoben. Übliche Werte für f_{Hf} liegen im Bereich von 30 MHz bis 80 MHz. Dadurch ergeben sich im Interferenzstreifenmodell bewegte Interferenzstreifen. Für ein ruhendes Teilchen ergibt sich dann schon eine Dopplerfrequenz f_{Do}. Je nach Geschwindigkeitsrichtung des Streupartikels erhält man $f_D < f_{Do}$ oder $f_D > f_{Do}$.

Die Berechnung analog zu Abschnitt 5.3.3 liefert mit den Frequenzen für die Strahlen S1 und S2:

$$f_{01} = f_0$$

$$f_{02} = f_0 + f_A$$

$$f_D = \frac{2 \cdot n \cdot u_M}{\lambda_{vak}} \sin(\lambda/2) + f_A,$$

also $u_M = (f_D - f_A) \dfrac{\lambda_{vak}}{2\,n \cdot \sin(\gamma/2)}$ (Gl. 5.32)

Für den Grenzfall, bei dem die Teilchengeschwindigkeit u_M gleich der Streifengeschwindigkeit ist, erhält man $f_D = 0$.

5.4 Laserinterferometrie

Mit einem Laserinterferometer-Meßsystem können – durch Verwendung unterschiedlicher optischer Komponenten – Längen (Verfahrensweg), Geschwindigkeit, Kippwinkel, Geradheit von Führungsbahnen und Rauheitsprofile von Oberflächen (Mikroprofilometrie) gemessen werden. Die Auflösung der Längenmessung liegt in der Größenordnung von 10 nm, die der Mikroprofilometrie für die inkremetale Höhendifferenz bei 0,5 nm.

Interferometrische Laser-Längenmeßsysteme werden für die Abnahme und für die laufende Überwachung von Koordinatenmeßmaschinen und für die Vermessung von Werkzeugmaschinen (Prüfung von Positionen, Messung von Nick-, Gier- und Rollwinkel) eingesetzt.

5.4.1 Frequenzstabilisierte Laser

Die interferentielle Längenmeßtechnik benutzt die Wellenlänge λ als Maßstab. Die Meßgenauigkeit hängt also wesentlich von der Konstanz von λ ab. Diese wird bestimmt durch die Frequenzstabilität des verwendeten Lasers

Bild 5.43   Experimentelle Anordnung beim Differenz-Doppler-Verfahren mit Bragg-Zelle zur Frequenzverschiebung, um die Richtung der Geschwindigkeitskomponente u_M zu messen

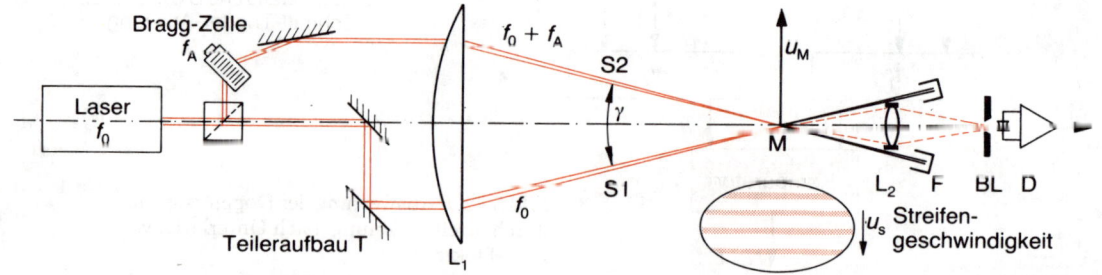

und durch die Umgebungsbedingungen, in denen der Meßaufbau steht ($\lambda = \lambda_{\mathrm{vak}}/n_{\mathrm{L}}$, wobei der Brechungsindex n_{L} der Luft vom Druck, der Temperatur, der Luftfeuchte und der Zusammensetzung der Luft abhängt).

Frage: Wie stabil ist die Frequenz und damit die Vakuumwellenlänge λ_{vak} eines Einfrequenz-He-Ne-Laser bei 632,8 nm?

Wie wir wissen, muß die selbsterregte Resonanzlinie des Resonators etwa innerhalb der Dopplerbreite Δf_{D} liegen (Abschnitt 3.6.1). Dies bedeutet, daß die Frequenzbreite etwa Δf_{D} ist. Für eine Temperatur $T \cong 350$ K ist dies etwa $\Delta f_{\mathrm{D}} \cong 1500$ MHz. Also hat ein einfacher nichtstabilisierter He-Ne-Laser eine Frequenzstabilität von etwa $\Delta f/f \cong 3 \cdot 10^{-6}$.

Durch elektronisch geregelte Frequenzstabilisierungs-Maßnahmen kann dieser Wert wesentlich verbessert werden. Eine sehr verbreitete Methode ist die Stabilisierung durch Nutzung des Zeeman-Effekts.

Als Zeeman-Effekt bezeichnet man die Aufspaltung der Energieterme des Energieniveauschemas im äußeren Magnetfeld $\vec{B}_0$ (Bild 5.44). Die Ursache dafür sind das magnetische Moment und der Drehimpuls, den ein um den Kern kreisendes Elektron darstellt. Durch $\vec{B}_0$ wird eine Präzessionsbewegung erzeugt. Mit Hilfe der Quantenmechanik (Aufhebung der Entartung) läßt sich daraus erklären, daß anstelle *einer* nun *mehrere* Spektrallinien zu beobachten sind. Beim normalen Zeeman-Effekt sind es 3 bzw. 2 Linien – je nach Beobachtungsrichtung.

In longitudinaler Richtung (Richtung der magnetischen Induktion $\vec{B}_0$, die mit der Laserachse zusammenfällt) werden zwei Linien ausgesandt, eine ist links- und die andere rechtszirkular polarisiert. Die Frequenzen liegen bei

$$f_{1,2} = f_0 \pm \Delta f \quad \text{mit} \quad \Delta f = \frac{e \cdot B_0}{4 \cdot \pi \cdot m_e} \quad \text{(Gl. 5.33)}$$

wobei e und m_e die Ladung und die Masse des Elektrons sind.

In transversaler Beobachtungsrichtung (senkrecht zu $\vec{B}_0$) sind die Wellen linear polarisiert mit den Polarisationsrichtungen:

f_0 mit $\vec{E} \parallel \vec{B}_0$ bzw. f_1 und f_2 mit $\vec{E} \perp \vec{B}_0$

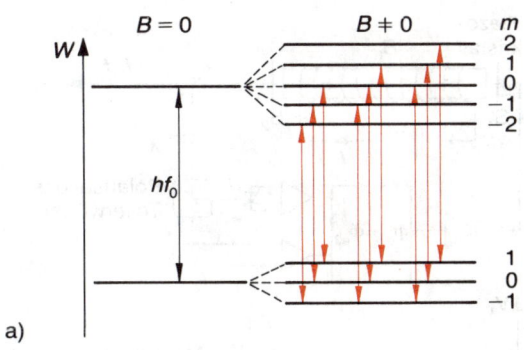

a)

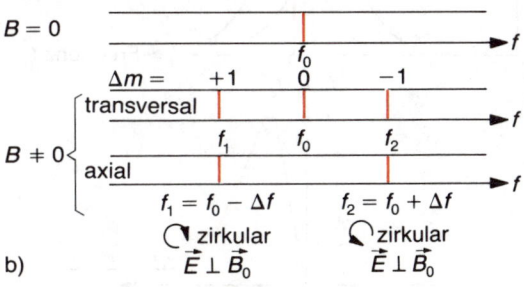

b)

Bild 5.44 Normaler Zeeman-Effekt
a) Aufspaltung der Energieniveaus und erlaubte Übergänge
b) Spektrum bei transversaler und bei axialer Beobachtungsrichtung

Prinzip der Frequenzstabilisierung mit dem Zeeman-Effekt

Das aktive Medium eines Einfrequenz-He-Ne-Lasers mit der Frequenz f_0 des Laserübergangs wird in ein axiales Magnetfeld B_0 gebracht (Bild 5.45 a). Infolge des Zeeman-Effekts entsteht eine Aufspaltung der Laserlinie in die beiden Frequenzen f_1 und f_2 entsprechend Gl. 5.33. Das Verhältnis der Ausgangsleistungen Φ_{e1}/Φ_{e2} der beiden Linien ist von der Resonatorlänge L abhängig. Fällt f_0 auf eine Resonanzfrequenz (Mode) des Resonators

$$f_q = q \cdot c/2 L$$

dann ist $\Phi_{e1} = \Phi_{e2}$ (Bild 5.45 b). Mit Hilfe des Fehlersignals $u_f = \Phi_{e1} - \Phi_{e2}$ (Bild 5.45 c) kann

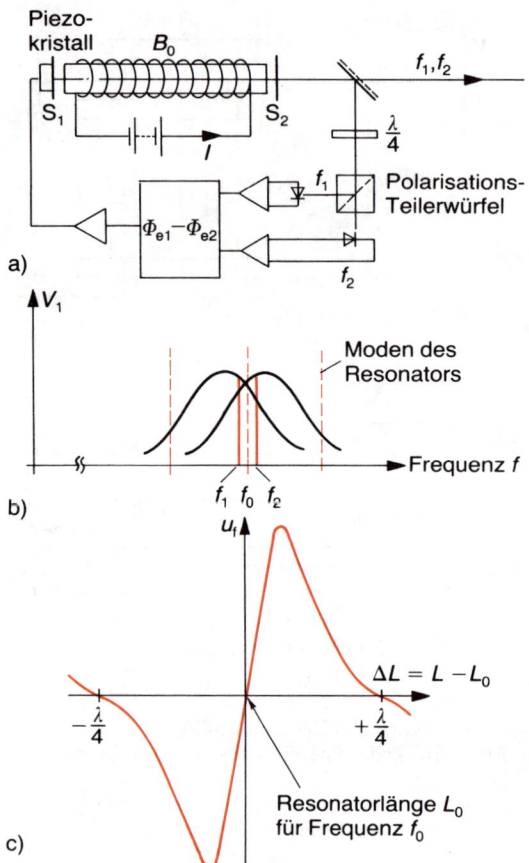

a)

b)

c)

Bild 5.45   Frequenzstabilisierung mit Hilfe des Zeeman-Moden-Vergleichsverfahrens
a) Experimentelle Anordnung
b) Verstärkungsprofile
c) Fehlersignal u_f als Funktion der Resonator-Längenänderung ΔL [nach Hewlett-Packard Journal, April 1983]

über den piezoelektrisch verschiebbaren Spiegel S_1 die Resonatorlänge L so geregelt werden, daß $u_f = 0$ ist. Die hiermit erreichbare Langzeitstabilität beträgt $\Delta f/f = \Delta\lambda/\lambda \cong 10^{-8}$.

5.4.2 Wellenlänge in Luft

Der Mittelwert $\overline{\lambda}_0$ der Vakuumwellenlänge der roten He-Ne-Laserlinie, ermittelt aus den Messungen verschiedener Institute, ist

$$\overline{\lambda}_{\text{vak}} = 632{,}991399 \text{ nm}.$$

Im optischen Medium mit Brechungsindex n ist die Wellenlänge $\lambda = \lambda_{\text{vak}}/n$.

Für Gase gilt allgemein

$$n = c_{\text{vak}}/c = 1 + \frac{p \cdot T_0}{p_0 \cdot T}\,(n_0 - 1)$$

(Gl. 5.34)

Dabei sind n_0, p_0, T_0 die Werte bei Normbedingungen ($p_0 = 1013$ mbar, $T_0 = 273$ K).

Der Brechungsindex n_L von Luft hängt vom Luftdruck, Temperatur und Luftfeuchte ab.

Für Luft mit normaler Zusammensetzung gilt die Edlén-Formel:

$$n_L = 1 + 2{,}8793 \cdot 10^{-7} \cdot$$

$$\frac{p/\text{hPa}}{1 + 3{,}671 \cdot 10^{-3} \cdot t/°C} - 4{,}2 \cdot 10^{-8} \cdot p_w/\text{hPa}$$

(Gl. 5.35)

Dabei sind p der Luftdruck in hPa, p_w der Partialdruck des Wasserdampfs in hPa und t die Temperatur in °C.

Wenn die Zusammensetzung der Luft durch einen erhöhten CO_2-Anteil (z. B. durch Anwesenheit mehrerer Personen im Meßraum) oder durch Fremdgase (z. B. Lösungsmitteldämpfe) verändert ist, ergibt die Edlén-Formel einen zu niederen Brechungsindex der Luft im Interferometer. Spezifische Brechzahlen $(n - 1)$ und die Konzentrationen für eine Brechungsindexänderung von $\Delta n = 10^{-7}$ für einige Gase sind in Tabelle 5.1 angegeben.

Die hierdurch entstehenden Fehler der Längenmessung kann man nur beseitigen, indem der jeweilige aktuelle Brechungsindex mit einem Refraktometer gemessen wird. Absolut messende Refraktometer [5.27] vergleichen den Brechungsindex der Luft mit der des Vakuums. Kommerziell erhältliche Geräte erreichen Meßgenauigkeiten für n_L von $5 \cdot 10^{-7}$. Dies entspricht einer Längenmeßgenauigkeit von $\pm 0{,}25$ μm/m.

5.4.3 Interferometrische Längenmessung

Hier werden heute meist Michelson-Interferometer benutzt. Anstelle der ebenen Spiegel
verwendet man oft Tripelreflektoren (Tripelspiegel oder Tripelprismen). Diese bestehen
aus 3 zueinander senkrechten Spiegelebenen
(Oberflächenspiegel oder Prismenflächen mit
Totalreflexion). Die einfallende Strahlung
wird – unabhängig von der Kippung bzw. Lage
des Tripelreflektors – in die Richtung zurück-
reflektiert, aus der sie kam. Bei nicht verspiegelten Tripelprismen muß man berücksichtigen, daß die reflektierte Strahlung in ihren
Polarisationseigenschaften erheblich verändert wird.

5.4.3.1 Messung mit einer Wellenlänge

Wird bei einem einfachen Michelson-Interferometer (Abschnitt 2.2.1, Bild 2.5) der Spiegel
S_2 bewegt, dann beobachtet man auf dem
Schirm nacheinander konstruktive und destruktive Interferenzen. Ist N die Anzahl der
gezählten Interferenzen, dann gilt für die Spie-
gelverschiebung

$$s = N \, \lambda/2 \qquad \text{(Gl. 5.36)}$$

Ein Detektor, der die Interferenzen zählt, kann
jedoch die Richtung der Verschiebung s nicht
registrieren.

Tabelle 5.1   Spezifische Brechzahlen $(n-1)$ und
Konzentrationszuwachs für eine Brechungsindexer-
höhung $\Delta n = +10^{-7}$ in Luft (20 °C, 1013 hPa) [aus Mei-
ser/Luhse/Frerking, VDI-Berichte 749, 5.27]

	$(n-1) \cdot 10^4$	(dc/dn) 10^{-7} in ppm
Kohlendioxid	4,2	680
Ammoniak	3,5	1300
Propan	10,3	130
Butan	12,9	98
Oktan	23,0	50
Ethanol	8,1	190
Aceton	10,2	130
Perchlorethylen	18,7	63

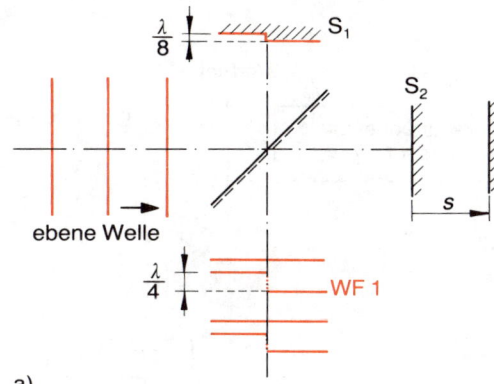

a)

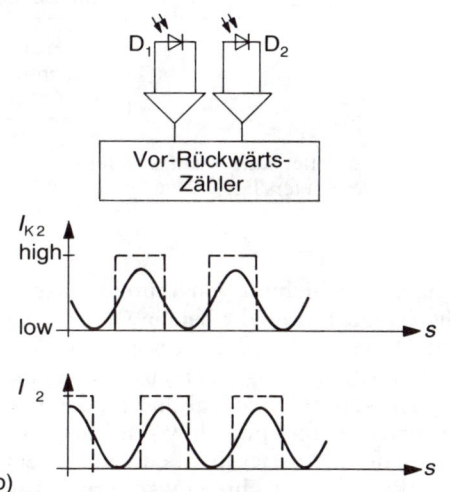

b)

Bild 5.46   Längenmessung mit Hilfe eines Qua-
dratursignals
a) Michelson-Interferometer mit aufgedampfter
   Stufe auf S_1
b) Phasenverschobene Detektorsignale

Für einen Vorwärts-Rückwärts-Zähler (VR)
benötigt man zusätzlich zum Meßsignal ein
sogenanntes Quadratursignal. Dieses ist gegen
das Meßsignal um $\pi/2$ phasenverschoben. Es
kann z. B. mit einer auf Spiegel S_1 (Bild 5.46a)
aufgedampften Stufe der Höhe $\lambda/8$ erzeugt werden. Die Wellenfront WF1 der über S_1 gelaufenen ebenen Welle hat dadurch im Interferome-
terausgang eine $\lambda/4$-Stufe.

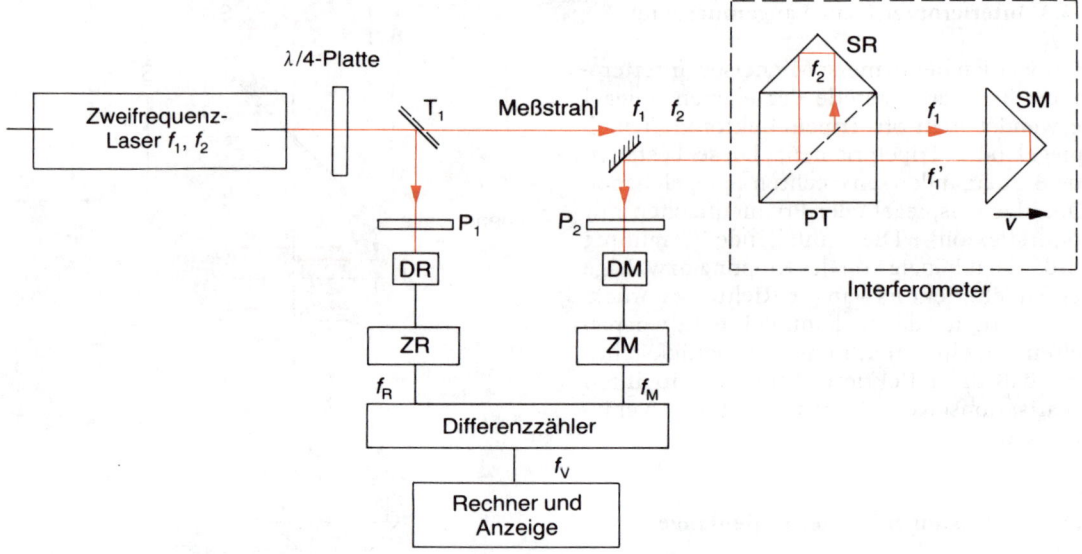

Bild 5.47   Prinzipieller Aufbau eines Hetero-
dyn-Laserinterferometers [5.1]

Bei einer Verschiebung von S_2 um den Weg s sind die Signale I_{K1}, I_{K2} der beiden Detektoren D_1 und D_2 um $\pi/2$ phasenverschoben (Bild 5.46 b). Ein Schmitt-Trigger erzeugt Rechtecksignale. I_{K1} ist das Zählsignal und I_{K2} das Vorzeichensignal (high $\hat{=}$ plus, low $\hat{=}$ minus). Gezählt werden die Anstiegsflanken von I_{K1}. Bei einer Umkehr der Verschiebungsrichtung von s werden die Anstiegs- und Abstiegsflanken von I_{K1} vertauscht. Dadurch ist die VR-Zählung gewährleistet.

5.4.3.2 Heterodyn-Verfahren

Die Heterodyn-Interferometrie benutzt zwei Wellenlängen bzw. Frequenzen, die so eng benachbart sind, daß deren Differenzfrequenz (Schwebungsfrequenz) elektronisch aufgelöst werden kann. Ein mit dem Zeeman Effekt stabilisiert Laser emittiert diese zwei Frequenzen f_1 und f_2 mit entgegengesetzt zirkularer Polarisation (Bild 5.47).

Durch die $\lambda/4$-Platte werden die beiden Wellen senkrecht zueinander linear polarisiert.

Der erste Teilerspiegel T_1 koppelt beide Frequenzen aus. Nach dem Polarisationsfilter P_1 (Lage: 45° zu jeder der beiden Schwingungsrichtungen) können beide Wellen (f_1 und f_2) interferieren. Der Detektor DR und der Zähler ZR messen als Referenzsignal die Schwebungsfrequenz

$$f_R = f_2 - f_1 \qquad \text{(Gl. 5.37)}$$

Der Meßstrahl läuft in das Michelson-Interferometer, das aus dem Polarisations-Strahlenteiler PT, dem damit starr verbundenen Tripelspiegel SR des Referenzarms und dem verschiebbaren Tripelspiegel SM des Meßarms besteht.

Die Frequenz f_2 dient im Interferometer als Referenzfrequenz, und die Welle mit f_1 läuft in den Meßkanal des Michelson-Interferometers über den Tripelspiegel SM. Wird SM mit der Geschwindigkeit v bewegt (die positive Richtung von v ist in Bild 5.47 eingezeichnet), dann verschiebt sich wegen des Dopplereffekts die Frequenz der reflektierten Welle um

$$\Delta f_D = -2 f_1 v/c \qquad \text{(Gl. 5.38)}$$

Die reflektierte Welle hat also die Frequenz

$$f_1' = f_1 + \Delta f_D \qquad \text{(Gl. 5.39)}$$

Die Meßinformation v ist somit über die Frequenzänderung in der reflektierten Welle enthalten. Eine gleichförmige Verschiebung v erzeugt eine konstante Frequenzverschiebung Δf_D und eine ungleichförmige Bewegung vom SM (z. B. Schwingungsvorgang) eine Frequenzmodulation.

Die Referenzwelle mit f_2 und das Meßsignal mit f_1' gelangen auf den Detektor DM. Der Zähler mißt die Schwebungsfrequenz f_M:

$$f_M = f_2 - f_1' = (f_2 - f_1) + 2f_1 v/c - f_R = 2f_1 v/c$$
$$\text{(Gl. 5.40)}$$

Der Differenzzähler ZM mißt dann eine dem Meßsignal proportionale Frequenzverschiebung f_v:

$$f_v = f_M - f_R = 2f_1 v/c \qquad \text{(Gl. 5.41)}$$

Die Geschwindigkeit von SM ist

$$v(t) = (c/2f_1) f_v \qquad \text{(Gl. 5.42)}$$

Die Verschiebung s des Spiegels SM ist somit

$$s = \int_{t_1}^{t_2} v(t) \cdot dt = \frac{c}{2 \cdot f_1} \int_{t_1}^{t_2} f_v \cdot dt = \frac{\lambda_1}{2} \int_{t_1}^{t_2} f_v \cdot dt$$
$$\text{(Gl. 5.43)}$$

Bei der elektronischen Auswertung kann das Auflösungsvermögen durch Interpolation gesteigert werden (Auflösung ca. 10 nm).

Durch die Frequenzdifferenz $(f_2 - f_1)$ ist die theoretische Obergrenze der maximal zulässigen Verschiebungsgeschwindigkeit $v(t)$ des Meßspiegels SM festgelegt. Zu einer Frequenzdifferenz $(f_2 - f_1) = 2$ MHz ist in der Praxis v_{max} auf ca. 0,3 m/s begrenzt.

Lasermeßsysteme, die die zweite Frequenz für das Heterodyn-Verfahren mit Hilfe eines akustooptischen Modulators (Bragg-Zelle) erzeugen, können mit höheren Frequenzdifferenzen (Größenordnung 50 MHz) arbeiten. Entsprechend erhöhen sich dann die maximal zulässigen Verschiebegeschwindigkeiten.

5.4.4 Interferometrische Geradheitsmessung

Zur Geradheitsmessung von Führungsbahnen und Schlittenführungen kann ein Aufbau entsprechend Bild 5.48 benutzt werden. Dieser wird anstelle des Interferometers in Bild 5.47 eingebaut.

Die Winkelhalbierende des fest montierten Winkelspiegels legt die Referenzgerade fest. Ein Wollaston-Prisma (Abschnitt 2.4.2.3) mit einer zum Winkelspiegel passenden Richtungsdifferenz Θ von o- und ao-Strahl wird auf der zu vermessenden Führungsbahn verschoben. Bei exakter Bewegung längs der Referenzgeraden sind die optischen Wege der beiden Strahlen mit den Frequenzen f_1 und f_2 gleich. Damit sind die Frequenzverschiebungen infolge des Dopplereffekts in beiden zurückreflektierten Strahlen (f_1' und f_2') gleich.

Zeigt nun das Wollaston-Prisma bei der Bewegung längs der Führungsbahn eine Abweichung Δx senkrecht zur Referenzgeraden, dann entsteht ein optischer Wegunterschied in den beiden Strahlen. Dieser kann dann wie beim Laserinterferometer gemessen werden und ist ein Maß für die Abweichung Δx.

Bild 5.48
Interferometeraufbau zur
Geradlinigkeitsmessung
[5.26]

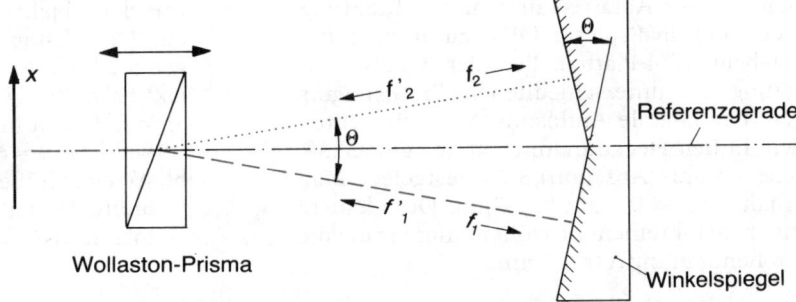

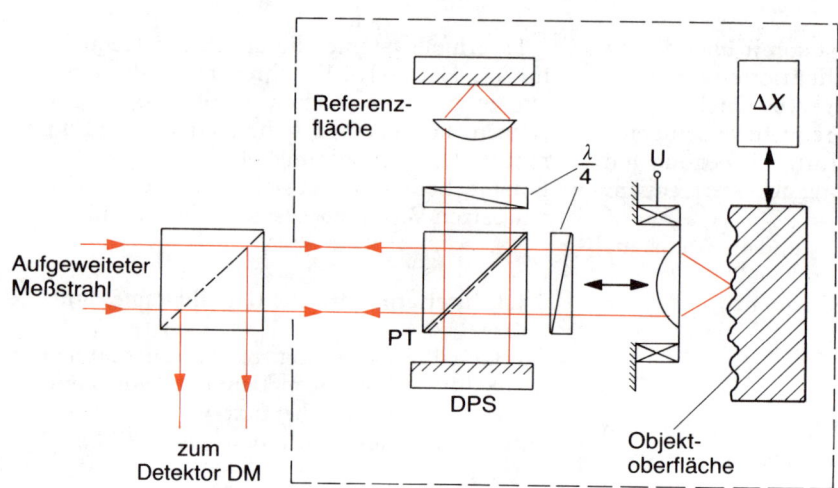

Bild 5.49
Interferometeraufbau
eines Heterodyn-Mikro-
profilometers [5.24]

5.4.5 Optische Mikroprofilometrie und Rauheitsmessung

Zur Bestimmung des Rauheitsprofils einer Oberfläche kann die mechanische Abtastnadel durch einen fokussierten Laserstrahl (Strahltaille eines Gaußschen Strahls, Abschnitt 3.7.2) ersetzt werden. Dieses berührungslose Abtastverfahren wird bei der optischen Mikroprofilometrie angewandt.

Bei der Heterodyn-Mikroprofilometrie [5.24] wird das Interferometer in Bild 5.47 durch eine Anordnung gemäß Bild 5.49 ersetzt und ein aufgeweiteter Meßstrahl benutzt.

Im Testarm befindet sich ein Objektiv, das den Laserstrahl auf die abzutastende Oberfläche fokussiert. Das von der Oberfläche reflektierte Licht ergibt zusammen mit der Referenzwelle (Frequenz f_2) ein Schwebungssignal, dessen Phasenlage ein Maß für die Profilhöhe h ist. Das Oberflächenprofil erhält man durch punktweises Abtasten in x- und y-Richtung. Der Doppelpaßspiegel DPS, zusammen mit den beiden $\lambda/4$-Platten, dient der Signalverbesserung bei unterschiedlichen Profilsteigungen. Die laterale Auflösung Δx_{lat} wird durch den Taillen-Fleckdurchmesser w_T des Gaußschen Strahls (Abschnitt 3.7.2) festgelegt. Man erhält $\Delta x_{lat} \cong 0,5\ \mu m$ bis $2\ \mu m$. Die kleinste meßbare inkrementale Höhendifferenz hat die Größenordnung $\Delta \cong 0,5$ nm.

5.5 Übungsaufgaben

5.1: Zeigen Sie, daß bei einem Hologramm einer ebenen Welle Σ_0 (Trägerfrequenz-Hologramm) durch Beugung genau die ebene Objektwelle Σ_0 rekonstruiert wird, wenn die Wiedergabewelle gleich der Referenzwelle ist.

5.2: Zwei ebene Wellen Σ_0 und Σ_R treffen auf eine Fotoplatte. Ihre Einfallsrichtungen schließen mit der Plattennormalen die Winkel $a_0 = 20°$ und $a_R = 30°$ ein. Es sei $\lambda = 514,5$ nm.
   a) Welche Raumfrequenz f_{rx} hat das Interferenzmuster?
   b) Welchen Kontrast haben die Interferenzen, wenn das Intensitätsverhältnis $I_0/I_R = 1/4$ ist?

5.3: Ein Objekt erscheint von der Fotoplatte FP aus unter dem Winkel $\beta = 15°$ (Bild 5.50). Die ebene Referenzwelle schließt mit der Objektwelle den Winkel $a = 50°$ ein. Der Abstand Objekt–FP sei groß gegen die linearen Ausdehnungen von Objekt bzw. FP.
   a) Welche Raumfrequenz hat die Trägerwelle bei $\lambda = 694,3$ nm?
   b) Welche Größenordnung hat die Bandbreite Δf_r der Raumfrequenz des Hologramms?

Bild 5.50   Zu Aufgabe 5.3

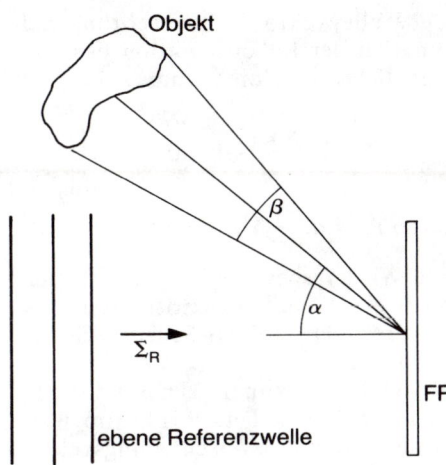

Bild 5.51   Zu Aufgabe 5.5

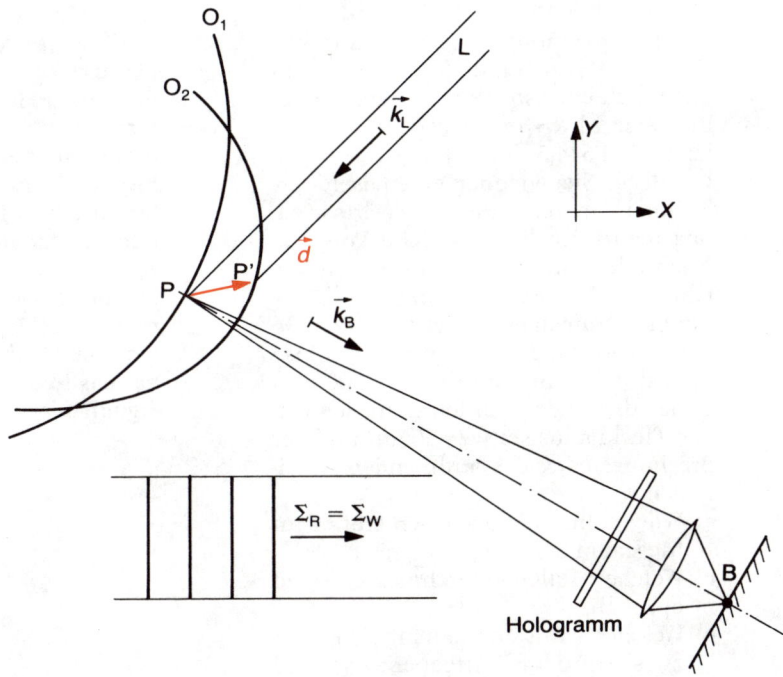

5.4: Welchen Winkel a dürfen die beiden Wellen Σ_0 und Σ_R höchstens einschließen, wenn auf einen Amateurfilm mit einem Auflösungsvermögen von 100 Linien/mm ein Hologramm mit einer Bandbreite von $\Delta f_r = 30$ Linien/mm gespeichert werden soll? Es sei $\lambda = 632{,}8$ nm.

5.5: Bei der Aufnahme eines Doppelbelichtungs-Hologramms einer Objektoberfläche in den Zuständen O_1 und O_2 hat die Beleuchtungswelle den Wellenvektor

$$\vec{k}_L = \begin{pmatrix} k_{Lx} \\ k_{Ly} \end{pmatrix} = \begin{pmatrix} -\cos 30° \\ -\sin 30° \end{pmatrix} (2\,\pi/\lambda)$$

(Bild 5.51)

Der Wellenvektor in Beobachtungsrichtung bei der Rekonstruktion des Doppelbelichtungs-Hologramms sei

$$\vec{k}_\mathrm{B} = \begin{pmatrix} k_\mathrm{Bx} \\ k_\mathrm{By} \end{pmatrix} = \begin{pmatrix} -\cos 30° \\ -\sin 30° \end{pmatrix} (2\,\pi/\lambda)$$

(Bild 5.51)

Es sei $\overline{PB} \gg d$.

Die Wiedergabewelle Σ_w und die Referenzwelle Σ_R sollen identisch sein.

a) Berechnen Sie den Sensitivitätsvektor $\vec{K}_\mathrm{s}$.

b) Welche maximale Phasendifferenz $\Delta\Phi$ erhält man bei $\lambda = 514{,}5$ nm, wenn der Betrag des Verschiebungsvektors $d = 2$ μm ist?

c) Bei welcher Verschieberichtung ergibt sich $\Delta\Phi = 0$?

5.6: Welche Größenordnung hat der Speckle-Durchmesser d_s auf dem Film einer auf unendlich eingestellten Kamera bei der Blendenzahl $k = (f'/D) = 11$? Die Wellenlänge λ sei $514{,}5$ nm.

5.7: Überlegen Sie, wie man eine Laserdoppler-Anemometer mit Rückwärtsstreuung realisieren kann. Welche Vor- und Nachteile bestehen gegenüber dem Verfahren der Vorwärtsstreuung?

5.8: Ein LDA-Aufbau entsprechend Bild 5.36 hat den Abstand $D = 40$ mm. Die Linse L_1 mit der Brennweite $f_1 = 200$ mm bringt die beiden Taillen zum Schnitt. Der Fleckradius sei $w_\mathrm{T} = 50$ μm und der Brechungsindex des strömenden Mediums $n = 1$.

a) Wieviel Interferenzebenen gibt es im Meßraum bei $\lambda = 632{,}8$ nm?

b) Welche Teilchendurchmesser sind optimal?

c) Welcher Zusammenhang besteht zwischen Dopplerfrequenz f_D und Geschwindigkeit u_M?

5.9.: Das Geschwindigkeitsprofil einer laminaren Gasströmung soll mit der LDA ermittelt werden. Der He-Ne-Laser hat die Wellenlänge $\lambda = 633$ nm und die Kohärenzlänge $L_\mathrm{c} = 0{,}3$ m. Die beiden Meßstrahlen schließen den Winkel $\gamma = 20°$ ein.

a) Welche Bedeutung hat die Kohärenzlänge für den experimentellen Aufbau?

b) Welche Geschwindigkeitskomponente u_M ist im Meßpunkt vorhanden, wenn die Dopplerfrequenz $f_\mathrm{D} = 50$ kHz gemessen wird?

5.10: Wie groß ist die Aufspaltung $f_2 - f_1$ durch den normalen Zeeman-Effekt bei der roten Cadmium-Linie ($\lambda = 634{,}8$ nm) bei $B_0 = 0{,}02$ T?

5.11: Welche magnetische Induktion B_0 ist anzuwenden, wenn $(f_2 - f_1) = 2$ MHz sein soll? Wie groß ist dann der Wellenlängenunterschied $\Delta\lambda$ der beiden Zeeman-Moden des He-Ne-Lasers ($\lambda = 632{,}8$ nm)?

5.12: Bestimmen Sie die Wellenlänge $\lambda_\mathrm{L}(\mathrm{Ne})$ der roten Linie des He-Ne-Lasers in trockener Luft bei $p = 1000$ mbar und bei $p = 1013$ mbar, wenn die Temperatur 20 °C beträgt.

5.13: Bei einem Heterodyn-Laserinterferometer-Aufbau mit einem He-Ne-Laser ($\lambda = 632{,}8$ nm) führt der Reflektor SM harmonische Schwingungen $z(t)$ aus. Die Strahlrichtung und die Schwingungsrichtung fallen zusammen. Es gilt: $z(t) = A_z \sin \omega t$ mit $A_z = 30$ μm und der Frequenz $f = v/2\pi = 1000$ Hz. Welche maximale Dopplerverschiebung Δf_D erfährt der Strahl 1 und welche Bandbreite hat das frequenzmodulierte reflektierte Signal?

6 Laserstrahlenschutz

6.1 Gefahren durch Laserstrahlung

Laserstrahlung hat eine hohe Kohärenz und eine hohe Leistungsdichte S. Insbesondere dort, wo durch optische Systeme (z.B. Fokussierung durch Augenlinse, Verminderung des Strahlquerschnitts durch Fernrohre u.a.) eine wesentliche Steigerung der Leistungsdichte erfolgt, gehen auch von scheinbar kleinen Laserleistungen erhebliche Gefahren aus.

Laserspezifische Gefahren
Die Laserstrahlung kann unmittelbar ein menschliches Organ (Netzhaut bzw. Hornhaut des Auges, Haut) schädigen. Je nach Wellenlänge der absorbierten Strahlung und der Zeitdauer der Einwirkung können folgende schädigende Wirkungen unterschieden werden:
a) thermische Schädigung
   Überschreitet die Erwärmung des biologischen Gewebes bestimmte Grenzwerte, dann tritt ein irreversibler Schaden auf. Bei einer Temperatur von 56 °C koaguliert das Zelleiweiß. Die geschädigten Zellen sterben ab. Da die Koagulation mit einem Verschließen der Blutgefäße verbunden ist, kommt es dabei zu keiner Blutung;
b) thermoakustische Schädigung
   Insbesondere bei Pulslasern hoher Leistung kann durch Strahlungsabsorption ein extrem rascher Temperaturanstieg erfolgen. Ein explosionsartiges Verdampfen von Flüssigkeit führt dann – insbesondere im Auge – zu Gewebszerreißung durch Schockwellen. Da hier die Koagulationswirkung fehlt, kommt es zu Blutungen;
c) fotochemische Schädigung
   Diese Schädigung tritt als Langzeiteffekt bei kleineren Leistungen auf und kann als eine Veränderung des Zellstoffwechsels durch die Laserstrahlung erklärt werden. Dieser Effekt ist noch nicht ausreichend erforscht.

Laserunspezifische Gefahren
Hierunter verstehen wir die Gefahren, die aus der Wechselwirkung der Laserstrahlung mit Stoffen aus unserer Umwelt entstehen. Beispiele sind:
☐ Auslösung von Bränden und Explosionen durch den unkontrollierten Laserstrahl,
☐ Entstehung von giftigen Dämpfen und Aerosolen bei der Materialbearbeitung mittels Laserstrahl,
☐ Bildung von Ozon durch Laserstrahlung.

6.2 Gefährdung des Auges

Das durch Laserstrahlung gefährdetste Organ ist das Auge. Bild 6.1a zeigt den Aufbau des Auges. Die Pupillenöffnung (Irisblende) mit dem Durchmesser D_{EP} paßt sich der Helligkeit an (Adaption). Es ist

$$2\ \mathrm{mm} < D_{EP} < 7\ \mathrm{mm}$$

Die bildseitige Brennweite bei Akkommodation auf ∞ ist $f'_\infty = 22{,}8$ mm und der Brechungsindex im Augapfel $n = 1{,}34$.

Die Gefahr für die Netzhaut (Retina) ist deshalb so groß, weil durch das optische System des Auges bei richtiger Akkommodation die Laserstrahlung auf der Retina fokussiert wird.

In Bild 6.1b sind der Transmissionsgrad T_A (für den Weg Hornhaut $\to$ Netzhaut) und der von der Netzhaut relative absorbierte Strahlungsanteil $T_A \cdot a_N$ dargestellt. Daraus sieht man, daß die UV-Strahlung im vorderen Bereich des Auges (Hornhaut und Augenlinse) absorbiert wird. Die IR-Strahlung dringt bis zur Netzhaut vor, obwohl diese nicht mehr von den Zapfen und Stäbchen registriert wird.

Die Leistungsdichte S_N auf der Netzhaut hängt von der Leistungsdichte auf der Hornhaut S_H und dem Brennfleckdurchmesser d_B auf der Netzhaut ab.

Der kleinste Wert von d_B ist bei beugungsbegrenzter Abbildung vorhanden. d_B läßt sich

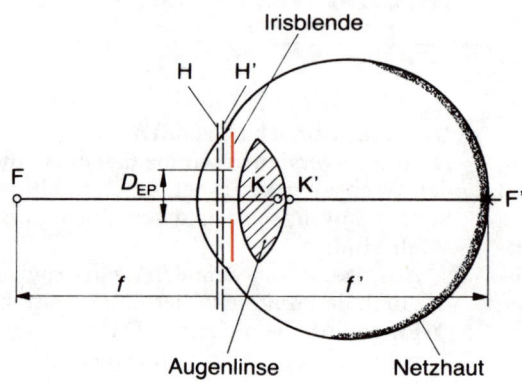

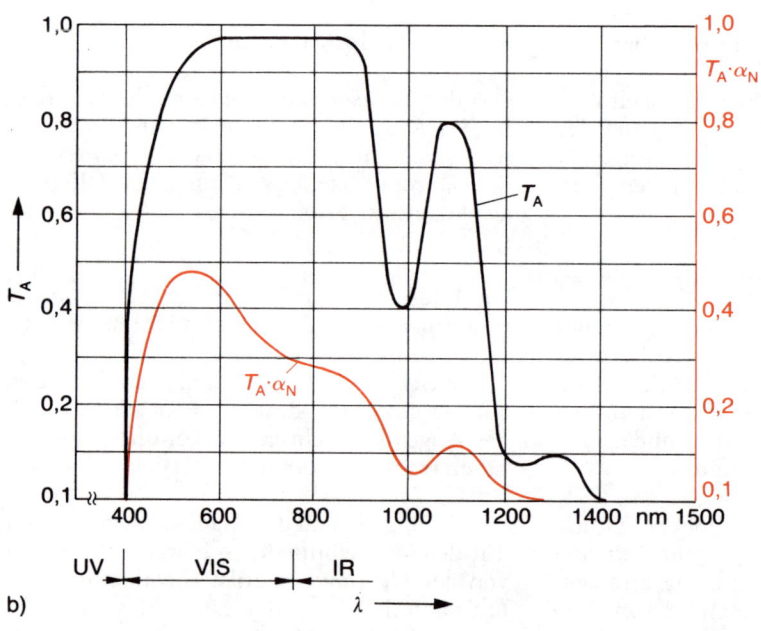

Bild 6.1
a) Aufbau des Auges (schematisch)
b) Transmissionsgrad T_A (Hornhaut → Netzhaut) und der von der Netzhaut absorbierte Strahlungsanteil ($T_A \cdot a_N$) [6.1]

a)

b)

mit den optischen Daten des Auges abschätzen. Es gilt nach Gleichung 2.22:

$$d_B = 2,44 \, \lambda f'/D_{EP} \quad \text{mit} \quad \lambda = \lambda_{vak}/n$$

Für λ_{vak} = 633 nm und D_{EP} = 7 mm erhält man d_B = 3,8 μm (etwa gleich dem Zapfendurchmesser).

Die Leistungsdichte steigert sich also von der Hornhaut (HH) zur Netzhaut (NH) um den Faktor

$$S_{NII}/S_{IIII} = [D_{EP}/d_B]^2 = 3,6 \cdot 10^6,$$

also um die Größenordnung 10^6.

Daraus erkennt man sofort die Gefahr der Laserstrahlung für das Auge.

Bei einer Hornhaut-Leistungsdichte S_{HH} = 2,5 mW/cm² ergibt sich ein Wert von S_{NH} = 2,5 kW/cm². Die sich einstellende Temperatur hängt von der Zeitdauer, der Wärmekapazität des Gewebes, der Wärmeleistung und der Kühlung durch den Blutkreislauf ab.

6.3 Klassifikation der Lasereinrichtungen und Sicherheitsmaßnahmen

Die Laser werden nach ihren Gefahren, die von ihnen ausgehen – bei Dauerstrich-Laser (cw) entsprechend ihrer Wellenlänge, Strahlungsleistung, und bei Pulslasern entsprechend der Wellenlänge, Pulsenergie und Pulsdauer – in Klassen eingeteilt.

Diese Klassifikation hat vom Hersteller des Lasergeräts zu erfolgen nach:

DIN VDE 0837
«Strahlungssicherheit von Lasereinrichtungen; Klassifizierung von Anlagen, Anforderungen, Benutzer-Richtlinien»

Die folgenden Gefährdungsklassen werden festgelegt:

Klasse 1:
Die zugängliche Laserstrahlung ist ungefährlich.
Hier handelt es sich in der Regel um Geräte, in denen Laser höherer Klasse so eingebaut und gekapselt sind, daß keine Laserstrahlung nach außen dringt.

Klasse 2:
Dies sind Laser, die nur im sichtbaren Spektralbereich (400 nm < λ < 700 nm) strahlen mit einer maximalen Strahlungsleistung von 1 mW.
Als Schutz vor der Schädigung des Auges gilt der Lidschlußreflex (τ < 0,25 s) durch den sich bei Blendung das Augenlid reflektorisch schließt.

Klasser 3A:
In dieser Klasse sind ebenfalls nur Laser, die im sichtbaren Bereich (400 nm < λ < 700 nm) strahlen. Die Strahlungsleistung darf maximal 5 mW betragen, wenn der Strahlquerschnitt so aufgeweitet ist, daß die Leistungsdichte im Strahl den Wert S_{max} = 25 W/m² = 2,5 mW/cm² nicht überschreitet.
Bei einer Pupillenöffnung D_{EP} = 7 mm wird in diesem Fall ebenfalls nur die Leistung

$$S_{max} \cdot (\pi D_{EP}^2/4) = 1 \text{ mW}$$

in das Auge gelangen. Wie bei Klasse 2 reicht in diesem Fall der Lidschlußreflex als Schutz aus.

Die Laserstrahlung wird jedoch für das Auge gefährlich, wenn ein optisches Instrument benutzt wird (Fernrohr), das den Strahlquerschnitt vermindert und damit die Leistungsdichte erhöht.

Klasse 3B:
Die zugängliche Laserstrahlung ist gefährlich für das Auge und in besonderen Fällen auch für die Haut. In dieser Klasse sind typischerweise Dauerstrich-Laser mit einer Leistung bis zu 500 mW zu finden.

Die Betrachtung vollkommen *diffuser* Reflexionen der *unfokussierten* Laserstrahlung ist nur ungefährlich bei einem Betrachtungsabstand von *mehr* als 13 cm und einer Beobachtungszeit von weniger als 10 s.

Klasse 4:
Die zugängliche Laserstrahlung ist sehr gefährlich für das Auge und gefährlich für die Haut. Auch diffus gestreute Strahlung kann gefährlich sein. Die Laserstrahlung kann Brand- und Explosionsgefahr verursachen.

Die »Unfallverhütungsvorschriften Laserstrahlung« (VBG 93) der Berufsgenossenschaft der Feinmechanik und Elektrotechnik in Köln enthalten u. a. die Vorschriften und Durchführungsanweisungen für den Bau, die Ausrüstung und den Betrieb von Lasereinrichtungen (z. B. Laserschutzbeauftragter, Kennzeichnung von Laserbereichen, Schutzmaßnahmen usw).

Einige wichtige Grundregeln sollte man immer beachten:

☐ Der Aufbau sollte stets so gewählt werden, daß die Ebene des Strahlengangs nie in Augenhöhe liegt (für den stehenden oder sitzenden Experimentator).

☐ Einen optimalen Schutz vor Laserstrahlung bildet ein Schutzgehäuse, das keine Strahlung nach außen dringen läßt. Dadurch kann die Lasereinrichtung zu einer der Klasse 1 werden.

☐ Im Laserbereich sind gut reflektierende Flächen zu vermeiden.

☐ Bei möglichst großer Umgebungshelligkeit arbeiten, damit die Augenpupillenöffnung möglichst klein ist.

☐ Die nach der Unfallverhütungsvorschrift vorgeschriebenen Laserschutzbrillen tragen.

Verwendete Größen und Formelzeichen

Formelzeichen	Maßeinheit	Größe	siehe z. B. Abschnitt
a, a'	m	Objektweite, Bildweite	
A	m²	Fläche	
A_{21}	1/s	Einstein-Koeffizient der spontanen Emission	3
A_n, a_n, b_n	z. B. V/m	Fourieramplituden	2.3.7
$A(\omega)$	z. B. V/m · Hz	spektrale Amplitudendichte	2.3.7
B	m³/J · s²	Einstein-Koeffizient der stimulierten Emission	3
b	m	Spaltbreite	2.3
c	m/s	Phasengeschwindigkeit	
c_M	m/s	Lichtgeschwindigkeit im optischen Medium	
c_o, c_{ao}	m/s	Hauptlichtgeschwindigkeiten im einachsig doppelbrechenden Kristall	2.4; 3.9.8
D, D_p, D_s		optische Dichte $= 1 \, g \, (1/T)$	2.4.2.1; 5.1
D, d	m	Durchmesser	
d_1, d_2	m	Entfernungen der Taillen von einer Linse	3.7.2
d_s	m	Speckle-Durchmesser	2.5.4; 5.2
d_z	m	Speckle-Länge	2.5.4
E	V/m	elektrische Feldstärke	
E_e	W/m²	Bestrahlungsstärke	4
F		Fresnelsche Zahl	3.7
F^*		Finesse, Kennwert eines Etalons	3.9.4
f	m	Brennweite einer Linse	3
f	Hz = 1/s	Frequenz	
f_D	Hz	Dopplerfrequenz-Signal bei LDA	5.3
f_A	Hz	Shiftfrequenz	3.9.6; 5.3.6
f_R	1/m	Raumfrequenz	2.3.7; 5.1
g_1, g_2		Spiegelparameter eines Resonators	3.7.1
$g_L(f, f_0)$	1/Hz	Lorentz-Linienform	2.3.7; 3.3
$g_G(f, f_0)$	1/Hz	Gaußsche Linienform	3.3
H	A/m	magnetische Feldstärke	2.4.1; 2.4.2.5; 5.4.1
H_e	J/m²	Bestrahlung (Belichtung)	5.1
I	W/m²	Intensität, mittlere Strahlungsflußdichte $= \langle S \rangle$	2.4.1
I	A	Strom	
I_F	A	Flußstrom	4
I_{ph}	A	Fotostrom	4
I_s	A	Sperrstrom	4
j_s	A/m²	Schwellstromdichte	4
K		Kontrast	2.5
$k = 2\pi/\lambda$	1/m	Wellenzahl	
L_C	m	Kohärenzlänge	2.5.3
L	m	Resonatorlänge	3
L	kg · m²/s	Drehimpuls	3.1
l		Drehimpulsquantenzahl	3.1
M	kg/mol	Molmasse	3.3; 3.8
m		magnetische Quantenzahl	3.1
m		Beugungsordnung	2.1
m, n		Modenparameter für transversale Moden	3.7
N_1, N_2	1/m³	Besetzungsdichten	3
N_A	1/m³	Akzeptorendichte	4
N_D	1/m³	Donatorendichte	4

Formelzeichen	Maßeinheit	Größe	siehe z. B. Abschnitt
n	$1/m^3$	Elektronendichte	4
n_i	$1/m^3$	Intrinsic-Dichte	4
n		Hauptquantenzahl	3.1
n, n_H, n_L		Brechungsindizes	
P	W	Leistung	
P		Polarisationsgrad	2.4; 4.4
$\vec{P}$	As/m^3	elektrische Polarisation pro Volumeneinheit	3.9.8
P_s	$1/s$	Schwelle der Pumpleistungsrate	3.6.2
p	$1/m^3$	Defektelektronen-(Löcher-)dichte	4
p	$1/m^3 \cdot s$	volumenbezogene Pumprate	3.6.2
p	N/m^2	Druck	5.3
p_i	$As \cdot m$	elektrisches Dipolmoment	3.9.8
p_v		Tastverhältnis	2.3.7
Q		Güte des Resonators	3.5; 3.9.5
Q		Anzahl der Lichtquanten in einem Mode	3.6.2
q		effektive Anzahl der Spalte im Beugungsgitter	2.3.4; 2.3.7
q		Modenparameter für longitudinale Moden	3.5; 3.7
r, r_p, r_s		amplitudenbezogener Reflexionsgrad	2.4.2.2
R, R_p, R_s		energiebezogener Reflexionsgrad	2.4.2.2; 3
S	W/m^2	Energieflußdichte, Leistungsdichte	2.1; 2.4; 3
$\vec{S}$	W/m^2	Poynting-Vektor	2.4.1
s	m	Gitterkonstante	2.3; 5.1
s		Spinquantenzahl	3.1
$s(\lambda)$	A/W	Empfindlichkeit eines optoelektronischen Sensors	4
s_{rel}		relative Empfindlichkeit	4
t, t_q, t_p, t_s		amplitudenbezogener Transmissionsgrad	2.3.4; 2.4.2.2; 2.3.7: 5.1
t	s	Zeit	
T, T_p, T_s		energiebezogener Transmissionsgrad	2.4.2.2
T	K	absolute Temperatur	3.1; 4
T	s	Periodendauer	
U	V	Spannung	2.4.2.4; 4
U_D	V	Diffusionsspannung	4
u	$J/m^3 \cdot Hz$	spektrale Energiedichte	3.2; 3.4
u_P	m/s	Partikelgeschwindigkeit	5.2
u_M	m/s	gemessene Geschwindigkeitskomponente	5.2
V	m^3	Volumen	
V_F	$rad \cdot m/Vs$	Verdetsche Konstante	2.4.2.5
$V(\lambda)$		Augenempfindlichkeitskurve	4
V_1		Leistungs-Einwegverstärkung	3
V_{10}		Kleinsignalverstärkung	3
V_{1S}		Schwelle der Verstärkung	3
V_{1T}		Durchgangsverstärkung	3
v_1		Amplituden-Einwegverstärkung	3
v_i		Quantenzahlen von Molekülschwingungen	3.8.4
w, w_0	m	Fleckradius des Gaußschen Strahls	3.7.2
w_V	J/m^3	Energiedichte	
w_E, w_H	J/m^3	Energiedichte des elektrischen und des magnetischen Feldes	2.4.1
$\bar{w}_V$	J/m^3	zeitlicher Mittelwert der Energiedichte	2.4.1
W	J = Ws	Energie	
W_g	J	Bandlücke (gap) im Bändermodell	4

Formelzeichen	Maßeinheit	Größe	siehe z. B. Abschnitt
z_R	m	Rayleigh-Länge (Fokustiefe)	3.7.2
a		Mie-Parameter	5.3
χ	m/V	elektrische Suszeptibilität	3.9.8
δ_B, δ_R		Beugungs- bzw. Reflexionsverluste	3.7
Δf_D	Hz	Dopplerbreite	3.3; 3.6.1
$\Delta f_{1/2}$	Hz	Halbwertsbreite	
ε, ε'		Einfalls- und Brechungswinkel	
ε_B		Brewster-Winkel	2.4.2.2; 3.9.2
ε_r		Permittivitätszahl (rel. Dielektrizitätskonstante)	2.4.2.2; 3.9.8; 4
$\Phi(x, y, z)$	rad	ortsabhängige Phase eines Wellenfeldes	5.1; 2.5.1
Φ_e	W	Strahlungsleistung	3.6.2; 3.7; 3.8; 4
$\Phi_{e\lambda}$	W/m	spektrale Strahlungsleistung	4
φ	V	elektrisches Potential	4
η_Q		Quantenwirkungsgrad	4
Λ	m	Ultraschallwellenlänge	3.9.6
λ	m	Wellenlänge	
μ_n, μ_p	m²/Vs	Beweglichkeit von Elektronen bzw. Defektelektronen	4
μ_r		Permeabilitätszahl	2.4.2.2; 2.4.2.5
ω	1/s	Kreisfrequenz	
Θ	rad	halber Öffnungswinkel des Gaußschen Strahls	
Θ_B	rad	Einfallswinkel für Bragg-Bedingung	3.9.6
ρ	m	Krümmungsradien	3.7
Σ_0, Σ_R		Objektwelle, Referenzwelle	5.1
σ	A/Vm	elektrische Leitfähigkeit	4
τ, τ_{21}	s	Lebensdauer atomarer Zustände, z. B. für Übergang $2 \rightarrow 1$	3
τ_c	s	Kohärenzdauer	2.5.3

Physikalische Konstante

$m_e = 9{,}101 \cdot 10^{-31}$ kg   Ruhmasse des Elektrons
$e = 1{,}6021 \cdot 10^{-19}$ As   Elementarladung
$c_{vak} = 2{,}99792 \cdot 10^8$ m/s   Vakuumlichtgeschwindigkeit
$\varepsilon_0 = 8{,}8544 \cdot 10^{-12}$ As/Vm   elektrische Feldkonstante
$\mu_0 = 1{,}2566 \cdot 10^{-6}$ Vs/Am   magnetische Feldkonstante
$R_m = 8{,}314$ J/mol $\cdot$ K   allgemeine Gaskonstante
$N_A = 6{,}022 \cdot 10^{23}$ mol^{-1} Avogadrosche Konstante
$k_B = 1{,}380 \cdot 10^{-23}$ J/K   Boltzmannsche Konstante
$h = 6{,}625 \cdot 10^{-34}$ Js   Plancksche Konstante
$h = h/2\,\pi = 1{,}05445 \cdot 10^{-34}$ Js   elementarer Drehimpuls

Ergebnisse der Übungsaufgaben

Zu Kapitel 2:
2.1: $2\,\lambda/b = (15 + 1)\,\lambda/s$; $s = 8\,b = 2$ mm
2.2: $u = 2\,\pi\,R \sin a/\lambda = 9{,}93$; Airy-Scheibchen und 2 Beugungsringe
2.3: $t\,(x)$ ist schon Fourierreihe. Nur -1., 0., $+1$. Beugungsordnung
2.4: $d = \lambda/\sin 2\,\varepsilon$
2.5: $\vec{E}$ in Einfallsebene, $\varepsilon_B = 53{,}1° = 0{,}927$ rad
2.6: $R = 0{,}04$
2.7: $d = 35{,}9\ \mu$m
2.8: $d = (2\,k-1)\cdot 26{,}5\ \mu$m mit $k = 1, 2, 3, \ldots$
2.9: $\Delta\varphi_{nach} = \Delta\varphi_{vor} + \pi/2 = (k+1)\,\pi$; $k_{links} = k_{rechts} + 1$; $\Delta\varphi_{nr}$ und $\Delta\varphi_{nl} = (k-1)\,\pi$
2.10: sA (oder 1A) unter 15° zur Polarisationsrichtung des linear pol. Lichts
2.11: $U_M = 5042$ V
2.12: $s_t = 18{,}9\ \mu$m
2.13: $A\,(\omega) = E_0\,\tau$ sinc $[(\omega - \omega_0)\,\tau]$; $\Delta f_{1/2}\,\tau = 0{,}442$
2.14: $L_{cw} = 1{,}7\ \mu$m; $L_{cF} = 60\ \mu$m $= 109\,\lambda$
2.15: $d_s = 2{,}9\ \mu$m
2.16: Ergebnis hängt davon ab, ob Auge des Beobachters kurz-, normal- oder übersichtig ist.
2.17: Speckle-Struktur ist nur bei ruhendem Streuobjekt beobachtbar. Die thermische Bewegung des Milch-teilchen (Brownsche Molekularbewegung) stört.
2.18: Räumlich inkohärentes Licht.

Zu Kapitel 3:
3.1: $\Delta U_{gf}/\Delta f = h/e$; $h = 6{,}04 \cdot 10^{-34}$ Js
3.2: $\lambda = 410$ nm; $\lambda_{gr} = 365$ nm (nahes UV)
3.3: $\Delta f_D = 1{,}31$ GHz
3.4: $g_G\,(f = f_0) = 0{,}94/\Delta f_D$;
     $V_{10}\,(f = f_0) = \exp\{0{,}94\,(N_2 - N_1)\,B \cdot L \cdot hf/c_M\,\Delta f_D\}$
3.5: $B = \lambda^3/8\,\pi\,h\,\tau = 1{,}52 \cdot 10^{19}$ m^3/Js^2; $(N_2 - N_1) = 8{,}3 \cdot 10^{15}$ 1/m^3
3.6: $\Delta f_R = 0{,}96$ MHz
3.7: $L_{min} = 0{,}107$ m
3.9: a) $N_0 = N_{Nd} = 1{,}38 \cdot 10^{26}$ 1/m^3; b) $N_1 = 2 \cdot 10^{-4} \cdot N_0$
3.10: $\Delta f_D = 1{,}41$ GHz; $\Delta f_{res} = 0{,}25$ MHz; Zahl der Moden ≈ 6
3.11: $\tau = 1{,}9 \cdot 10^{-7}$ s; $\Theta_B = 0{,}4°$
3.12: $\Delta t = 10^{-12}$ s $= 1$ ps
3.13: a) $E_1 = 27 \cdot 10^6$ V/m; $\dot{N}/A = 5{,}35 \cdot 10^{30}$ 1/m^2 s
     b) $\lambda_2 = 530$ nm; $\hat{E}_2 = 21{,}3 \cdot 10^6$ V/m; $\dot{N}/A = 1{,}6$ 1/m^2 s

Zu Kapitel 4:
4.1: $I_s\,(T + \Delta T)/I\,(T) = 2{,}44$
4.2: a) $n_n = N_D$; $p_p = N_A$; b) $p_n = 6{,}5 \cdot 10^3$ 1/cm^3; $n_p = 1{,}3 \cdot 10^4$ 1/cm^3;
     c) $U_D = 0{,}72$ V; $d = 0{,}4\ \mu$m; d) $3{,}8 \cdot 10^6$ V/m
4.3: $\lambda = 867$ nm
4.4: $\Delta W = 7{,}1$ m eV
4.5: $\Delta f_{res} = 8{,}4 \cdot 10^{10}$ Hz; $\Delta\lambda_{res} = 0{,}2$ nm
4.6: $\Delta f = 2{,}1 \cdot 10^{10}$ Hz
4.7: $dW_g/dT = 2{,}2 \cdot 10^{-4}$ eV/K
4.8: $d\lambda_{vak}/dT = 0{,}1$ nm/K
4.9: $\Lambda = 200$ nm
4.10: $\Theta_{\parallel} \approx 10°$; $\Theta_{\perp} \approx 68°$
4.11: a) Wirksamer Schnitt senkrecht zur Ebene der aktiven Zone, b) $f' = 150$ mm

4.12: $\Delta I/I_0 = 0{,}135$; $dN_{LT}/dt = 4{,}3 \cdot 10^{12}$ 1/s
4.13: $I_{Ph} = I_K = 230$ nA; η (850 nm) = 0,72
4.14: $I_B/I_{ges} = 0{,}903$

Zu Kapitel 5:

5.1:   Beugung am holographisch erzeugten Liniengitter
5.2:   a) $f_{rx} = 1\,640$ 1/mm; b) $K = 0{,}8$
5.3:   a) $f_{rx} = 1\,100$ 1/mm; b) $\Delta f_r = 242$ 1/mm
5.4: $a = 3°$
5.5:   a) Komponenten: $K_{sx} = 0$ und $K_{sy} = -\sqrt{3}$; b) $\Delta\Phi_{max} = 42{,}24$ rad; c) y-Richtung
5.6: $d_s = 5{,}7$ μm
5.7:   Einfacher zu handhaben, jedoch kleineres Signal
5.8:   a) $N_s = 31{,}6$; b) $D_P < d_s/2 = 1{,}6$ μm; c) $f_D = 3{,}16 \cdot 10^5\ u_M/$m
5.9:   b) $u_M = 0{,}18$ m/s
5.10: $f_2 - f_1 = 560$ MHz
5.11: $B_0 = 7{,}15 \cdot 10^{-5}$ T
5.12: $\lambda_L (1000) = 632{,}821653$ nm; $\lambda_L (1\,013) = 632{,}819449$ nm
5.13: $\Delta f_{D\,max} = 595{,}75$ kHz; $(f - \Delta f_{D\,max}) < f_1 < (f_1 + \Delta f_{D\,max})$

Literaturverzeichnis

Die Titel sind – ihrem Themenschwerpunkt entsprechend – den einzelnen Kapiteln zugeordnet. Nur ein Teil ist im Text zitiert.

Literatur zur Technischen Optik, Wellenoptik und zu angrenzenden Gebieten:

[2.1] BERGMANN-SCHÄFER: *Lehrbuch der Experimentalphysik*, Band III: Optik. Berlin, New York: Walter de Gruyter, 1987.

[2.2] FLÜGGE, J.: *Studienbuch zur Technischen Optik*. Uni-Taschenbuch 109. Göttingen: Vandenhoek & Ruprecht, 1976.

[2.3] GHATAK, A. K., THYGARAJAN, K.: *Optical Electronics*. Cambridge: Cambridge University Press, 1989.

[2.4] HAFERKORN, H.: *Optik*. Thun, Frankfurt/M.: Verlag Harry Deutsch, 1981.

[2.5] HECHT, E.: *Optik*. München: Addison-Wesley (Deutschland) GmbH, 1989.

[2.6] HERING/MARTIN/STOHRER: *Physik für Ingenieure*. Düsseldorf: VDI-Verlag, 1989.

[2.7] MEYER-ARENDT, J. R.: *Introduction to Classical and Modern Optics*. Englewood Cliffs, New Jersey: Prentice-Hall, Inc., 1984.

[2.8] NAUMANN/SCHRÖDER: *Bauelemente der Optik*, 5. Auflage. München: Hanser-Verlag, 1987.

[2.9] POHL, R. W.: *Optik und Atomphysik*. Berlin: Springer-Verlag, 1976.

[2.10] SCHRÖDER, G.: *Technische Optik*, 7. Auflage. Würzburg: Vogel Buchverlag, 1990.

[2.11] SCHRÖDER, G.: *Übungen zur Technischen Optik*. Würzburg: Vogel Buchverlag, 1979.

[2.12] STEWARD, E. G.: *Fourier Optics an introduction*. Chichester: Ellis Horwood Limited, 1983.

Literatur zur Atomphysik und Laserphysik:

Atomphysik:

[3.1] HAKEN, H., WOLF, H. C.: *Atom- und Quantenphysik*. Berlin: Springer-Verlag, 1987.

[3.2] HELLWEGE, K. H.: *Einführung in die Physik der Atome*. Berlin: Springer-Verlag, 1974.

[3.3] HELLWEGE, K. H.: *Einführung in die Physik der Moleküle*. Berlin: Springer-Verlag, 1989.

[3.4] KACHER, H., MEYER, H.: *Skriptum Atomphysik*. Berlin: Springer-Verlag, 1988.

Laserphysik:

[3.5] BAER, T. M.: Spectra-Physics Mountain View. *Laser Focus* (6) 1986.

[3.6] BERTOLOTTI, M.: *Masers and Lasers, An historical Approach*. Bristol: Hilger, 1985.

[3.7] BRUNNER, W., RALOFF, W., JUNGE, K.: *Quantenelektronik*. Berlin: VEB Deutscher Verlag der Wissenschaften, 1975.

[3.8] DONGES, A.: *Physikalische Grundlagen der Lasertechnik*. Heidelberg: Hüthig-Verlag, 1988.

[3.9] DEMTRÖDER, W.: *Grundlagen und Techniken der Laserspektroskopie*, Berlin, Heidelberg, New York: Springer-Verlag, 1977.

[3.10] EICHLER, J., HODGSON, N.: Slab-Laser-Technologie, Ein Überblick. *Laser Magazin* (4) 1989, S. 12–18.

[3.11] HAKEN, H.: *Licht und Materie I, II*. Mannheim: BI-Wissenschaftsverlag, 1989 bzw. 1981.

[3.12] HERMANN/WILHELMI: *Laser für ultrakurze Lichtimpulse*. Weinheim: Physik-Verlag, 1984.

[3.13] KLEEN, W., MÜLLER, R.: *Laser*. Berlin: Springer-Verlag, 1969.

[3.14] KNEUBÜHL, F. K., SIGRIST, M. W.: *Laser*. Stuttgart: B. G. Teubner, 1988.

[3.15] KÜHLING, F. H., WELLEGEHAUSEN, B.: Resonatorinterne Frequenzverdopplung eines He-Ne-Lasers. *Laser und Optoelektronik* (6) 1989, S. 46–49.

[3.16] LANGE, W.: *Einführung in die Laserphysik*. Darmstadt: Wissenschaftliche Verlagsgesellschaft, 1983.

[3.17] RÖSS, D.: *Laser, Lichtverstärker und Oszillatoren*. Frankfurt am Main: Akademische Verlagsgesellschaft, 1966.

[3.18] SCHÜRER, H. J., ARB, H. P. v.: Hochleistungslaser in Slab-Geometrie. *Laser Magazin* (3) 1989, S. 18–24.

[3.19] SIEGMAN, A. E.: *Lasers*. Mill Valley, California: University Science Books, 1986.

[3.20] TRADOWSKY, L.: *Laser*. Würzburg: Vogel Buchverlag, 1979.

[3.21] WEBER, H., HERZGER, G.: *Laser-Grundlagen und Anwendungen*. Weinheim: Physik-Verlag, 1972.

[3.22] WESTERMANN, F.: *Laser*. Stuttgart: B. G. Teubner, 1976.

[3.23] WINNACKER, A.: *Physik von Maser und Laser*. Mannheim: BI-Wissenschaftsverlag, 1984.

Literatur zur Halbleiter-Optoelektronik:

[4.1] BALZER, W., TSCHUDI, T.: Einsatz von CCD-Zeilenkameras für quantitative Messungen. *Laser und Optoelektronik* (2) 1989, S. 48–53.

[4.2] BLEICHER, M.: *Halbleiter-Optoelektronik.* Heidelberg: Hüthig-Verlag, 1986.

[4.3] FISCHBACH, J.: *Bauelemente der Halbleiter-Optoelektronik,* 2. Auflage. Ehningen: expert verlag, 1982.

[4.4] EBELING, K. J.: *Integrierte Optoelektronik.* Berlin: Springer-Verlag, 1989.

[4.5] HARTH, W., GROTHE, H.: *Sende- und Empfangsdioden für die Optische Nachrichtentechnik.* Stuttgart: B. G. Teubner Verlag, 1984.

[4.6] SCHMIDT U., FEUSTEL, O.: *Optoelektronik.* Würzburg: Vogel Buchverlag, 1975.

[4.7] WILSON, J., HAWKES, J. F. B.: *Optoelectronics: An introduction.* London: Prentice-Hall, 1983.

[4.8] WINSTEL, G., WEYRICH, C.: *Optoelektronik I.* Berlin: Springer-Verlag, 1980.

Literatur zur Laser-Meßtechnik:

Werke zu mehreren Anwendungen:

[5.1] BIMBERG, D., und 6 Mitautoren: *Laser in der Industrie und Technik,* 2. Auflage. Ehningen: expert verlag, 1985.

[5.2] KOHLER, H. (Herausgeber): *Laser, Technologie und Anwendungen, Jahrbuch,* 1. Ausgabe. Essen: Vulkan-Verlag, 1988.

[5.3] BRUNNER, W., JUNGE, K.: *Lasertechnik.* Heidelberg: Alfred Hüthig Verlag, 1987.

[5.4] ROSENBERGER, D.: *Technische Anwendungen des Lasers.* Berlin: Springer-Verlag, 1975.

Holographie:

[5.5] DÄNDLIKER, R., THALMANN, R., WILLEMIN, F. J.: Fringe Interpretation by Two-Reference-Beam Holographic Interferography: Reducing sensitivity to Hologram Misalignment, *Opt. Comm.* (42) 1982, 301.

[5.6] DÖRBAND, B.: Die 3-Inteferogramm-Methode zur automatischen Streifenauswertung in rechnergesteuerten digitalen Zweistrahlinterferometern. *Optik* (2) 1982, S. 161–174.

[5.7] KIEMLE, H., RÖSS, D.: *Einführung in die Technik der Holographie.* Frankfurt/M.: Akademische Verlagsgesellschaft, 1969.

[5.8] KREIS, T.: Methoden zur Auswertung holographischer Interferenzmuster: Ein Vergleich. *Laser und Optoelektronik* (2) 1989, S. 54–61.

[5.9] MILER, M.: *Optische Holographie, theoretische und experimentelle Grundlagen.* München: Verlag Karl Thiemig, 1978.

[5.10] LENK, H.: *Holographie.* Leipzig: VEB Georg Thieme, 1971.

[5.11] STEINBICHLER, H.: Holographische Meßtechniken. *Laser Magazin* (5) 1988, S. 8–12.

[5.12] TIZIANI, H. J.: Rechnergestützte Laser-Meßtechnik. *Technisches Messen* (6) 1987, S. 221–230.

[5.13] WERNICKE/OSTEN: *Holographische Interferometrie.* Weinheim: Physik-Verlag, 1982.

Speckle-Interferometrie und Speckle-Meßtechnik:

[5.14] BRÜNINGS, W. D., SCHEITHAUER, H.: Meßbereiche und Meßfehler der Speckle-Fotografie. *Laser und Optoelektronik* 5 (1989), S. 62–69.

[5.15] DAINTY, J. C. (Herausgeber): *Laser Speckle and Related Phenomena.* Berlin: Springer-Verlag, 1975.

[5.16] ERF, R. K. (Herausgeber): *Speckle Metrology.* New York: Academic Press, 1978.

[5.17] HEGE, G. H., TIZIANI, H. J.: Speckleverfahren zur absoluten Abstandsmessung. *Technisches Messen* 8 (1978), S. 237–242.

[5.18] JONES, R., WYKES, C.: *Holographic and Speckle Interferometry.* Cambridge: Cambridge University Press, 1983.

[5.19] WEBER, J.: Elektronische Speckle-Pattern-Interferometrie. *Feinwerktechnik & Meßtechnik* 94 (1986), S. 426–428.

Laserdoppler-Anemometrie:

[5.20] DURST, F., MELLING, A., WHITELAW, J. H.: *Principles and Practice of Laser-Doppler-Anemometry.* London: Academic Press, 1981.

[5.21] RUCK, B. (Hrsg.): *Lasermethoden in der Strömungsmeßtechnik.* Stuttgart. AT-Fachverlag, 1990.

[5.22] RUCK, B.: Einfluß der Tracerteilchengröße auf die Signalinformation in der Laser-Doppler-Anemometrie. *Technisches Messen* 7/8 (1990).

[5.23] WIEDEMANN, J.: *Laser-Doppler-Anemometrie.* Berlin: Springer-Verlag, 1984.

Laserinterferometrie:

[5.24] LEONHARD, K., RIPPERT, K. H., TIZIANI, H. J.: Optische Mikroprofilometrie und Rauhigkeitsmessung. *Technisches Messen* 6 (1987), S. 243–252.

[5.25] *GMR-Bericht 6,* Vorträge zum Aussprachetag

«Laserinterferometrie in der Längenmeß-technik». Braunschweig 12.–13. März 1985. VDI/VDE-Gesellschaft, Meß- und Regelungs-technik.

[5.26] *VDI-Berichte 548, Dokumentation Laserin-terferometrie in der Längenmeßtechnik.* Düsseldorf: VDI-Verlag, 1985.

[5.27] *VDI-Berichte 749, Laserinterferometrie in der industriellen Meßtechnik.* Düsseldorf: VDI-Verlag, 1989.

Literatur zum Laserstrahlenschutz:

[6.1] HOLZINGER/KROY/SCHREIBER/SUTTER: *Schutz vor Laserstrahlen.* Dortmund: Bundesanstalt für Arbeitsschutz und Unfallforschung.

[6.2] SUTTER/SCHREIBER/OTT: *Handbuch Laser-strahlenschutz.* Berlin: Springer-Verlag, 1989.

[6.3] *Unfallverhütungsvorschriften Laserstrah-lung (VBG 93).* Köln: Berufsgenossenschaft der Feinmechanik und Elektrotechnik.

Stichwortverzeichnis

A

Abklingzeit im Resonator 66
Absorption 55, 57 f., 91, 124
– von Strahlung im Auge 173
Absorptionsgrenze, langwellige 124
Absorptionskoeffizient 124
Absorptionsspektrum von Rhodamin 91
abstimmbarer Laser 89, 91
abstimmbares Filter, akustooptisch 98
Ähnlichkeitsgesetz der Beugung 74
Airy-Scheibchen 24 f., 74
aktive Zone 116
aktives Medium 62, 65
akustooptischer Deflektor 97
– Modulator 97 ff., 164, 169
Akzeptoren 108 ff.
Amplitude, komplexe 15, 22, 29, 135, 143
amplitudenbezogene Transmissionsfunktion 22, 29
Amplitudendichte 28
Amplitudenhologramm 143 f.
Amplitudenmodulation 138
Amplitudenspektrum 27 f., 31
Amplitudentransmissionsgrad 142
Amplitudenverstärkung 65
anamorphotisches Prismenpaar 123
Anschwingvorgang 67 f.
Aperturfunktion (Transmissionskoeffizient) 29
Argon-Ionenlaser 90
astigmatisches Lichtbündel 129
Astigmatismus (Laserdioden) 123
Astigmatismus-Verfahren 130
atomare Resonanzfrequenz 65
Auflösevermögen 25
Ausgangsleistung 70 f., 81, 86, 89, 90, 100, 165
Auskoppelverluste 66, 70, 74
äußerer Fotoeffekt 53, 105
außerordentlicher Strahl (ao-Strahl) 38 f.
Auswahlregel 57
Auswanderungsverluste 75
Autokollimationsfernrohr (AKF) 128
Avalanche-Fotodiode 129
axiale Moden (longitudinale Moden) 65, 72 f., 99, 118
axiale Resonanzen 65

B

Babinetsches Theorem 21
Bahndrehimpuls-Quantenzahl 56
Bandabstand 110, 119
Bandbreite (siehe Halbwertsbreite)
Bändermodell 105 ff.
Belichtungsdauer 141

Besetzungsdichte 57 ff.
Besetzungsinversion (Laserdiode) 114
Besselfunktion 25, 149, 158
Bestrahlung 137, 143 f., 144
Bestrahlungsstärke 130
Beugung 19 ff.
– am Doppelspalt 22, 155
– am Gitter 22 f.
– am Spalt 20 f.
– an der Lochblende 24 f.
–, Fraunhofersche 19
–, Fresnelsche 19
beugungsbegrenzte Abbildung 153
Beugungsgitter 22, 97, 140
Beugungsordnung 22, 24, 30, 97, 140
Beugungsverluste 65, 74
Beugungswirkungsgrad 143
Beweglichkeit 107
Bilanzgleichungen 70
Bildverarbeitung, elektronische 152, 156
Bohrsches Atommodell 54
Boltzmann-Faktor 62
Bragg-Bedingung 97
Bragg-Zelle 164
Brechungsgesetz 36
Brechungsindex 36 ff., 42, 97, 99, 107, 119, 143, 166
Brechzahlen, spezifische 166 f.
Brewster-Platten 93
Brewstersches Gesetz 35
buried heterostructure 116

C

c-Achse 38
CCD-Kamera 129 ff., 151, 156, 158
chemische Laser 62
Chrom-Ionen 84
CO_2-Laser 86
Compact-Disk-Abtastsystem 129
Compliance 142

D

Daten von Halbleitern 107
Defektelektron (Loch) 107
Defektelektronendichte 108 ff.
destruktive Interferenz 16
DFB-Laser 120
Diamantgitter 106
dichroitische Filter 34

Dichte, optische 35, 144, 238
dielektrische Spiegel 93
Dielektrizitätskonstante, relative 37
differentieller Wirkungsgrad 118
Differenz-Doppler-Verfahren 159
Diffusionslänge 113, 116, 124
Diffusionsspannung 111
Diffusionsstrom 110
Diodenkennlinie 113, 125
Diodenstrom 125
Dipolcharakteristik 33
Dipolmoment 101
Dipolstrahlung 31 ff.
Donatoren 108
Doppelbelichtungs-ESPI 156 f.
Doppelbelichtungs-Hologramm 145 ff., 151
Doppelbelichtungs-Interferogramm 147
Doppelbelichtungs-Specklegramm 155
Doppelbrechung 38 ff.
Doppelheterostruktur (DH-Struktur) 116
Doppelpuls-Holographie 148
Doppelspalt 22, 44, 155
Dopplerbreite 61, 165
Dopplereffekt 14, 61, 68, 160, 168
–, relativistisch 14
Dopplerfrequenz 160
Dopplersignal (burst) 161 ff.
Dopplerverbreiterung 60 f.
Dotierung 79, 83, 108 ff.
Drehimpuls, elementarer 55
Drei-Niveau-Inversionsverfahren 83
Drei-Phasen-CCD 129 f.
Driftgeschwindigkeit 107
Druckverbreiterung 60
Dunkelstrom 125

E
ebene Welle 13, 19, 137
Echtzeit-Holographie 145
Edelgashalogenid 89
Edelgas-Ionenlaser 90
Edlèn-Formel 166
Eindringtiefe 124
Einfallsebene 35
Einmodenlaser (Einfrequenzlaser) 76, 165
Einsteinkoeffizient 59
Einwegverstärkung 62
elektrische Polarisation 101
elektrischer Dipol 101
elektrisches Feld 31 f., 41, 101
elektromagnetische Wellen 11, 31 ff.
Elektronendichte 107 ff.
Elektronenkonfiguration 56 f., 85
Elektronen-Loch-Paare 108, 124 f., 131
Elektronenstoßanregung 63, 85, 89, 91

Elektronenzustand 56 f., 91, 105
Elektronic Speckle Pattern Interferometrie (ESPI) 156 f.
elektronische Bildverarbeitung 152, 156
elektronisches Autokollimationsfernrohr 128
elektrooptischer Effekt, linearer 41
– Modulator 99
elementarer Drehimpuls 55
Elementhalbleiter (Ge, Si) 106 f.
elliptischer Zylinderspiegel 81, 83
Elongation 13
Emission, spontane 58, 67, 70
–, stimulierte 58 f., 62, 70, 115
Emissionsspektrum einer Laserdiode 118 f.
– von Rhodamin 91
Empfindlichkeit, spektrale 125, 144
Energiedichte 14
–, mittlere 31, 37
–, spektrale 58
Energieflußdichte (Leistungsdichte) 14, 33, 77, 175
Energieniveauschema (Termschema) 55 f., 79, 84, 87, 90
Energiestrom (siehe Leistungsfluß) 37
entarteter Halbleiter 114
Entartung 57, 86, 165
ESPI 156 f.
Etalon 76, 85, 94 ff.
Excimer-Laser 89 f.
externer Wirkungsgrad 118

F
Faraday-Effekt 42
Farbstoff-Laser 91
Feldstrom 110
Feldwinkel 40
Fermi-Energie 107 ff.
Fermi-Verteilungsfunktion 107
Festkörperlaser 62, 80
Finesse 95
Fleckgröße 78
Fleckradius (Strahlradius) 77 f.
Fokusfehlersignal 129
fotochemische Schädigung 173
Fotodiode im Diodenbetrieb 124
Fotoeffekt, äußerer 53, 105
–, innerer 105 ff., 124 f.
–, inverser innerer 105, 114 ff.
Fotoelement 124, 126
Fotoleitfähigkeit 106
Fotoplatte 137, 143 f.
Fotostrom 106
fotothermoplastischer Film 145
Fotowiderstand 108
Fourier-Koeffizenten 27 f., 31
Fourier-Optik 29 f., 94

Fourier-Reihe 27, 99
Fourier-Transformation 28 f., 48
Franck-Condon-Prinzip 89
Fraunhofersche Beugung 20
freier Spektralbereich eines Etalons 95
Frequenzmodulation 138
Frequenznachlauf-Demodulation 163
Frequenzshifter, akustooptisch 98
frequenzstabilisierter Laser 164 ff.
Frequenz-Tracker 163
Frequenzverdopplung 100 ff.
Fresnelsche Beugung 20
– Formeln 35 ff., 93, 115
– Zahl 74
Fresnelsches Geschwindigkeitsellipsoid 38
Fundamentalschwingungen eines Moleküls 86

G
GaAlAs 107, 118
GaAs 106
Gangunterschied (optischer Wegunterschied) 18,
    40, 45
gap (verbotene Energiezone) 105
Gaslaser 63, 80, 85 ff.
Gaußsche Strahlen 77 ff., 94, 123, 161, 170
Gauß-Verteilung (Gaußsche Linienform) 61 f.
Gebäudeschwingungen 141
Gefährdung des Auges 173 f.
geometrische Optik 19, 75, 136
Geradheitsmessung, interferometrisch 169
Geschwindigkeitsmessung 158 ff.
Geschwindigkeitsrichtung 164
gewinngeführte Laserdioden 116 ff., 123
Gitterkonstante 22, 97
Gitterschwingungen 59
Glan-Thompson-Prisma 40
Granulation des Lichts (siehe Speckle) 48 ff.,
    153 ff.
Grundfrequenz 17, 27, 99
Grundgleichung (holographische Interferome-
    trie) 148
Grundmode TEM_{00} 72 ff., 81, 141, 159
Grundzustand 55 ff., 83 f., 87, 89, 91
Güte eines Resonators 66, 96

H
Halbleiter, entarteter 114
Halbwertsbreite 29, 47, 65, 70, 100, 119
Harmonische (Oberwelle) 17, 27, 72, 102
Hauptbrechzahl 39
Hauptlichtgeschwindigkeit 38
Hauptquantenzahl 56 f.
Hauptschnitt (siehe Kristallhauptschnitt) 39
He-Ne-Laser 85 f.
Heterodyn-Laserinterferometer 168 f.

Heterodyn-Mikroprofilometrie 170
Heterostruktrur-Laserdiode 116 f.
hole burning 68
Hologramm 137 ff.
Holographie 135 ff.
holographische Interferometrie 145 ff.
homogene Linienverbreiterung 59 f.
Homojunction-Laserdiode 115 f.
Huygens-Fresnelsches Prinzip 19, 135

I
Indexellipsoid 38
indexgeführte Laserdioden 116 ff., 123
inhomogene Linienverbreiterung 60 f.
Injektionsstrom 115
inkohärente Wellen 44
innerer Fotoeffekt 105, 124 ff.
instabile Resonatoren 75
instabiler konfokaler Resonator 76
Intensität (Energieflußdichte) 14, 16, 21, 25, 33,
    43 f., 135, 137, 152
Intensitätsspektrum 27, 29, 47, 61
interferentielle Längenmeßtechnik 164 ff.
Interferenz 15 ff., 43 ff., 94, 137 ff.
–, destruktive 16, 43, 150
–, konstruktive 16, 43, 93, 97, 148
–feld 138
–linien (Interferenzstreifen) 43, 49, 137 ff., 161
–linienabstand 138, 161
–ordnung 18, 43
–streifen-Modell 160
Interferometrie 145 ff.
interner Wirkungsgrad 118
Intrinsic-Dichte (Eigenleitungsdichte) 107
Intrinsic-Schicht 127
inverser innerer Fotoeffekt 105
Inversion 62 f., 115
Inversionsverfahren 63, 81, 83, 85, 88, 90, 115
IR-Strahlung 11

K
Kalkspat 40 f.
KDP-Kristall 51, 102 f.
Kennlinie (Fotoplatte) 143 f.
Kennlinienfeld der Fotodiode 125 f.
Klassifikation von Lasereinrichtungen 175
klassische Fotografie 135
– Interferometrie 145
Kleinsignalverstärkung 62, 67 f.
Knoten 17
Knotenlinien 150
Kohärenz 43 ff., 141, 159
Kohärenzbedingung 45
Kohärenzdauer 47 f.
Kohärenzlänge 47 f., 141, 159

Kollimationsoptik 123
komplexe Amplitude 15, 22, 29, 135, 143
– Fourier-Reihe 27
komplexer Amplitudentransmissionsgrad 142
konfokaler Resonator 71 f.
konstruktive Interferenz 16, 43, 93, 97, 148
Kontrast 42 ff., 137, 152, 161
Konzentrationsprodukt 107 f.
Kristallhauptschnitt 39
Krypton-Ionenlaser 91
Kugelwelle 14, 18, 137
Kurzschlußstrom 126

L
Ladungsträgerdichten 107 ff.
Ladungsträgerinjektion 63, 115 f.
Lambda/4-Platte (λ/4) 40 f., 129, 168
Längenmessung, interferometrisch 164 ff.
Laser, frequenzstabilisiert 165 f.
Laserdioden 63 f., 81, 114 ff.
Laserdioden-Strukturen 116
Laserdoppler-Anemometrie 158 ff.
Laserinterferometrie 164 ff.
Lasermeßtechnik 135 ff.
Laserschutzbeauftragter 176
Laserschutzbrille 176
laserspezifische Gefahren 173
Laserspiegel 92
Lasertypen 79 f.
Laserübergänge beim He-Ne-Laser 86
laserunspezifische Gefahren 173
laterale Richtung (Definition) 116
Lateraleffekt-Diode 127 f.
Lawinen-Fotodiode 129
LDA 158 ff.
LDA-Burst 163
LDA-Counter 163
Lebensdauer eines Zustandes 58 f., 70, 88, 89
Lebensdauer (Ladungsträger) 108
Leerlaufspannung 126
Leistungsdichte (Intensität, Energieflußdichte) 21, 77, 123, 175
Leistungsdichteverteilung beim Grundmode 77
Leistungsfluß 37
Leistungsverstärkung (Durchgangsverstärkung) 65
Leitungsband 105 ff.
lichtelektrischer Effekt 53
Lichtfalle 160
Lichtgeschwindigkeit 37
Lichtquant (siehe Photon)
Lichtquanten-Hypothese 54
Lichtschwebungen 160, 169
Lichtverstärkung 62
linear polarisiertes Licht 34, 93
linearer elektrooptischer Effekt 41

Linienbreite, natürliche 59
Linienspektrum 28, 54
Linienverbreiterung, homogene 59 f., 68
–, inhomogene 60 f., 68
Littrow-Anordnung 93
Loch (Defektelektron) 107
longitudinale Moden (transversale Grundmoden) 65, 72 f., 99, 118
Lorentz-Linienform 28, 59 f., 68

M
magnetische Quantenzahl 56, 165
magnetisches Feld 31, 42, 165
Majoritätsträger 108 ff., 131
Malussches Gesetz 34
Materialien für akustooptische Modulatoren 99
Maxwellsche Geschwindigkeitsverteilung 61
Meßkamera 132
Meßvolumen (LDA) 159
Metallspiegel 93
metastabiler Zustand 83
Michelson-Interferometer 16, 46 f., 167 f.
MIE-Parameter 158
Mikroprofilometrie 170
Mikrowellen 11
Minoritätsträger 108 ff., 124, 131
mode competition 68
Mode, dominierender 119
Moden 65, 68, 71 ff., 99, 119 f.
Modenblende 76, 94
Modenkopplung (mode locking) 99 f.
Modenparameter (m, n, q) 72 f.
Modenselektion 76, 96 f.
Modensprünge 120
Modenvolumen 75
Monitordiode 120
monochromatische Lichtwelle 47
MOS-Kondensatorelement 129 f.

N
natürliche Linienbreite 59, 68
Nd : Glas-Laser 83
Nd : YAG-Laser 79 ff.
–, diodengepumpt 82, 123
Netzhaut (Retina) 173
Netzlinienplot 152
Nichtlinearität der elektrischen Polarisation 101
n-Leiter 108 f.

O
Objektwelle 135 ff., 156
optisch einachsiger Kristall 38 f.
optische Dichte 35, 144
– Kristallachse 38 f.
– Resonatoren 71 ff., 115 f.

optischer Isolator 42
– Weg 20, 44, 93, 95, 141, 145
optisches Pumpen 62, 81, 83, 93
ordentlicher Strahl (o-Strahl) 38 f.
Ortsfrequenz (siehe Raumfrequenz) 23, 29 f., 138 f., 142

P
p-Leiter 109 f.
Pauli-Prinzip 56
Perot-Fabry-Etalon 94 ff.
Perot-Fabry-Resonator 65, 71, 74 f., 115
Phase 13, 31, 73, 135 f., 152
Phasenanpassung (phase matching) 102
Phasenbild 157
Phasendifferenz 16, 43, 137, 148, 152
Phasenfläche (siehe Wellenfront) 13, 77, 135, 139
Phasengeschwindigkeit 13, 101
Phasengitter, bewegtes 97
Phasenhologramm 143, 145
Phasenkopplung der longitudinalen Moden 99
Phasenkorrelation 47
Phasenmodulation 158
Phasenshift-Verfahren 132, 150 ff.
Phasenspektrum 27, 31
Phasensprung 17, 93
Phasenverschiebung 41, 96, 156, 167
Photon 11, 54, 58, 70, 108, 114, 118, 124, 131
Piezotranslator 152, 166
PIN-Fotodiode 126
Pixel 129, 152, 158
Plancksche Konstante 54
pn-Fotodiode 126
pn-Übergang 108 ff.
Pockels-Effekt 41
Pockels-Zelle 96
Polarisation der Laserdiodenstrahlung 121
– durch Reflexion 35 f.
– einer Lichtwelle 31 ff.
–, elektrische 101
Polarisationsfilter 34 ff.
Polarisationsgrad 34, 38, 121
Polarisations-Strahlenteiler-Würfel 38, 129, 168
polarisierte Laserstrahlung 93
Positions-sensitive Detektoren (PSD) 127 f.
Potentialtopf 131
Poynting-Vektor 33
pseudo-dreidimensionale Darstellung 157
pseudoskopisches Bild 140
Pulslaser 96, 99, 141
pumpen 63
Pumpleistung 70
Pumplichtquellen 81 f., 83, 93
Pumprate 67, 70

Q
Q-switch 97, 141, 148
Quadranten-Fotodiode 128
Quadratursignal 167
Quantenausbeute 108, 127
Quantenbahnen 54
Quantenwirkungsgrad der Fotodiode 124
–, interner 118
Quantenzahlen 54
Quasi-Fermi-Energie 112, 115

R
Raumfrequenz (Ortsfrequenz) 23, 29 f., 138 f., 142
Raumfrequenzbandbreite 139
Raumfrequenzfilter 94
Raumfrequenzfilterung 31
Raumladungszone 110 ff., 124 f., 131
räumliche Kohärenz 44 ff., 141
Rayleigh-Kriterium 27
Rayleigh-Länge (Fokustiefe) 78
Realtime-Holographie 145
Referenzwelle 137 ff., 156 ff.
Reflexions-Beugungsgitter 93
Reflexionsgrad (siehe Reflexionskoeffizient)
Reflexionskoeffizient, amplitudenbezogen 36, 64
–, energiebezogen 37, 64
Reflexionsverluste 66, 93, 96
Refraktometer 166
Registriermedium 142
Rekombinationsstrahlung 105, 114 f.
Rekonstruktion der Objektwelle 140 f.
relative spektrale Empfindlichkeit 125 f.
Relaxationsschwingungen (Spiking) 71
Resonanzschwingungen 17, 57 f.
Rhodamin 6G 91
Rotationsenergie 86, 91
Rotationsquantenzahlen 87
Rotationsschwingungsspektrum 11, 87, 91
Rubin-Laser 83 f.
rückgekoppelter Verstärker 65 f.
Rydberg-Konstante 55

S
Sättigungszustand 63
Schallgeschwindigkeit 99
Schutzmaßnahmen 176
Schwärzungskurven 144
Schwebungsfrequenz 160, 169
Schwellinversion 67 ff.
Schwellstromdichte 115 f.
Schwellverstärkung 67 f.
Schwingungsanalyse 149, 158
Schwingungsisolation 141
Schwingungsquantenzahl 86 f.
Sensitivitätsvektor 148

Shiftfrequenz 164
Signalform (LDA) 161 f.
sinc-Funktion 21
Slab-Geometrie 81
Speckle 48 ff., 153 ff.
– Fotografie 154 f.
– Größe 49
– Interferometrie 156 ff.
Speckles, objektive 50
–, subjektive 50
Spektraldichte (siehe Amplitudendichte) 29
spektrale Empfindlichkeit 125 f., 144
– Energiedichte 58, 65
Sperrsättigungsstrom 113, 125
Sperrschicht 110
spezifische Brechzahlen 166 f.
Spiking (Relaxationsschwingungen) 71
Spinquantenzahl 56
spontane Emission 58, 67, 70
Stabilitätsbedingungen für optische Resonatoren 75 f.
stehende Wellen 17, 66
stimulierte Absorption 57 f.
– Emission 58 f., 62, 70, 115
Störstellenhalbleiter 108 ff.
Stöße 2. Art (resonante Stöße) 57, 85
Stoßionisation 129
Strahldivergenz 77, 123
strahlender Rekombinationsvorgang 114 f.
Strahlradius (siehe Fleckradius) 77
Strahltaille 72, 77 f., 159 f., 170
Streifenmodell 161
Streifenzählung (LDA) 163
Streulichtverteilung 159

T
Taillen-Fleckradius 77
Tastverhältnis 27, 29
Teilchendurchmesser 158
TEM-Moden 72 f.
Temperatur 60, 107, 110, 145, 166
Temperaturdrift 119
Termschema (siehe Energieniveauschema) 55 f., 79, 84, 87, 90
thermische Schädigung 173
thermoakustische Schädigung 173
thermodynamisches Gleichgewicht 62, 107 ff., 126
Tiefpaß 31
Tracerteilchen 158
Trägerfrequenz-Hologramm (Trägerwelle) 138 ff., 140
Transformation von Gaußschen Strahlen 78
Transitzeit eines akustooptischen Modulators 99

Transmission der Schwingungsisolation 142
Transmissionsfunktion (siehe Transmissionskoeffizient)
Transmissionsgrad (siehe Transmissionskoeffizient)
Transmissionskoeffizient, amplitudenbezogen 22, 29, 64 f., 138, 142 ff.
–, energiebezogen 36, 64 f., 94, 138, 173
Transmissionslinie eines Etalons 95
Transmissionsvermögen (siehe Transmissionskoeffizient)
transversale Kohärenzlänge 46
– Moden 72 f.
– Richtung (Definition) 116
Transversalwellen 13
Triangulationsverfahren 128
Tripelreflektoren 167

U
Ultraschallwelle 97
Unfallverhütungsvorschriften 175
UV-Strahlung 11, 107

V
Vakuumwellenlänge der roten He-Ne-Laserlinie 166
Valenzband 105 ff.
Valenzelektronen 106
verbotene Energiezone (gap) 105
Verdetsche Konstante 42
Verluste des Resonators 66, 70, 74 f., 96
Verschiebevektor 148
Verzögerungsplatten 41 f.
Vier-Niveau-System 63, 79, 91
Voltage-Controlled Oscillator 163
Vorwärts-Rückwärts-Zähler 167

W
Wellenfront 13, 77, 135, 139
Wellenlänge 13, 166
wellenlängenselektive Spiegel 93
Wellenvektor 148
Wellenwiderstand 37
Wellenzahl 13
Wiedergabewelle 140, 142
Wirkungsgrad 81, 85, 86, 89, 91
–, differentieller 118
–, externer 118
Wollaston-Prisma 40, 169

Y
YAG-Kristall 79
Yttrium-Eisen-Granat 42

Z
Zeeman-Effekt 57, 165, 168
zeitliche Kohärenz 46 ff.
Zeitmittel-ESPI 158
Zeitmittel-Holographie 149 f.

zerstörungsfreie Werkstoffprüfung 148
zirkular polarisiertes Licht 41, 165, 168
Zwei-Referenzstrahl-Anordnung 151
Zylinderwelle 14